工业和信息化普通高等教育“十二五”规划教材立项项目

21 世纪高等院校电气工程与自动化规划教材
21 century institutions of higher learning materials of Electrical Engineering and Automation Planning

Machine Tool Electrical Control

机床电气控制技术

陈光柱　主编

人 民 邮 电 出 版 社
北 京

图书在版编目（CIP）数据

机床电气控制技术 / 陈光柱主编. -- 北京 : 人民邮电出版社, 2013.8(2023.9重印)
21世纪高等院校电气工程与自动化规划教材
ISBN 978-7-115-32661-4

Ⅰ. ①机… Ⅱ. ①陈… Ⅲ. ①机床－电气控制－高等学校－教材 Ⅳ. ①TG502.35

中国版本图书馆CIP数据核字(2013)第176884号

内容提要

本书系统地介绍了机床电气控制技术所涉及的三大部分内容：低压电器及基本控制线路基础、可编程序控制器基础、机床电气控制系统。另外，本书还附有附录。全书共分 7 章，主要内容有：机床常用低压电器、电气控制线路基础、常用机床的电气控制线路、S7-200 PLC 基础知识、S7-200 PLC 的指令系统及网络、S7-200 开发软件、常用机床的 PLC 控制。

本书为高等院校机械专业“机床电气控制技术”课程的教材，可作为授课时数为 60 学时左右的各类学校非工业电气自动化专业的教学用书，还可作为电气、机械工程技术人员及有关专业师生的参考用书。

◆ 主　　编　陈光柱
责任编辑　刘　博
责任印制　彭志环　杨林杰

◆ 人民邮电出版社出版发行　　北京市丰台区成寿寺路 11 号
邮编　100164　　电子邮件　315@ptpress.com.cn
网址　https://www.ptpress.com.cn
涿州市般润文化传播有限公司印刷

◆ 开本：787×1092　1/16
印张：13.75　　　　2013 年 8 月第 1 版
字数：341 千字　　　　2023 年 9 月河北第 8 次印刷

定价：34.00 元

读者服务热线：(010)81055256　印装质量热线：(010)81055316
反盗版热线：(010)81055315

前 言

机床电气控制技术是综合了机床设备、低压电气控制、PLC 应用技术的一门新兴学科，是实现机械加工、工业生产、科学研究以及其他各个领域自动化的重要技术，是机械工程专业、电气工程、自动化工程等专业的一门重要专业课。

本书较系统地介绍了机床电气控制技术所涉及的三大部分，共 7 章。第一部分介绍低压电器及基本控制线路基础。第二部分介绍可编程序控制器基础。第三部分介绍机床电气控制系统。具体内容有：机床常用低压电器、电气控制线路基础、常用机床的电气控制线路、S7-200 PLC 基础知识、S7-200 PLC 的指令系统及网络、S7-200 开发软件、常用机床的 PLC 控制以及附录（低压电器产品型号编制方法、S7-200 存储器范围及特性、S7-200CPU 操作数范围、S7-200 指令集）。

本书在编写过程中，既强调机床电气控制技术的基础理论，又强调其实践性。内容的选择上强调机床电气控制技术的完整性与独立性，内容的编排结构按层次递进。由于可编程控制器（PLC）在国内应用的型号较多，考虑到工作实际需要，本书主要介绍西门子公司 S7-200 系列可编程控制器。每章后都附有思考题与练习题，以便于教师布置作业和学生自学。由于各个单位采用的实验设备和环境不一致，本书不附实验环节内容，但可根据本书内容编写实验环节训练。

本书第 1 章由陈光柱编写，第 2 章由黄洪全编写，第 3 章和第 7 章由张晴编写，第 4 章由王洋编写，第 5、6 章由杨小峰编写，附录部分由陈光柱和杨小峰共同编写。全书由陈光柱负责统稿。

本书为高等院校机械专业“机床电气控制技术”课程的教材，可作为授课时数为 60 学时左右的各类学校非工业电气自动化专业的教学用书，也可作为高职高专相关专业的教材，还可作为电气、机械工程技术人员及有关专业师生的参考用书。

本书得到了成都理工大学优秀创新团队培育计划（编号：KYTD201301）的资助。

由于编者水平有限，本书难免有疏漏和欠妥之处，敬请读者批评指正。

目　录

第1章 机床常用低压电器

1.1 电器的基本知识

1.1.1 电器的定义和分类

1. 电器的定义

电器是指能依据操作信号或外界现场信号的要求，自动或手动接通和断开电路，从而连续或断续地改变电路参数或状态，实现对电路或用电设备的切换、控制、保护、检测、变换和调节的电气元件或设备。

2. 电器的分类

（1）按电压高低分类

高压电器：工作电压高于交流电压1200V或直流电压1500V的各种电器。例如，高压断路器、隔离开关、电抗器、电压互感器、电流互感器等。

低压电器：工作电压在交流电压1200V或直流电压1500V以下的各种电器。例如，接触器、起动器、自动开关、熔断器、继电器、主令电器等。

（2）按控制作用分类

主令电器：用来发出信号指令的电器。例如：按扭、主令控制器、转换开关等。

配电电器：用来实现电能的输送和分配的电器。例如，开关、低压断路器、隔离器等。

执行电器：用来完成某种动作或传递功率的电器。例如，接触器、电磁阀、电磁铁。

控制电器：用来控制电路的通断的电器。例如，继电器。

保护电器：用来保护电源、电路及用电设备的安全，使它们不致在短路、过载状态下运行，免遭损坏的电器。例如：熔断器、热继电器、过（欠）电流（压）继电器、漏电保护器等。

（3）按操作方式分类

手动电器：通过人力操作而动作的电器。例如，刀开关、隔离开关、按钮开关等。

自动电器：按照信号或某个物理量的变化而自动动作的电器。例如，高、低压断路器、接触器、继电器等。

（4）按动作原理分类

电磁式电器：根据电磁铁的原理来工作的电器。例如，接触器、继电器等。

非电磁式电器：依靠外力（人力或机械力）或某种非电量的变化而动作的电器。例如，按钮、行程开关、速度继电器、热继电器等。

1.1.2 电磁式低压电器的基本结构和工作原理

电磁式低压电器在电气控制线路中使用量最大，其类型也很多，各类电磁式低压电器在工作原理和构造上亦基本相同。就其结构而言，大都由电磁机构、触点、灭弧装置和其他缓冲机构等部分组成。

1. 电磁机构

电磁机构由吸引线圈、铁芯和衔铁三部分组成，如图 1-1 所示。当线圈中有工作电流通过时，通电线圈产生磁场，于是电磁吸力克服弹簧的反力使得衔铁与铁芯闭合，由连接机构带动相应的触点动作。

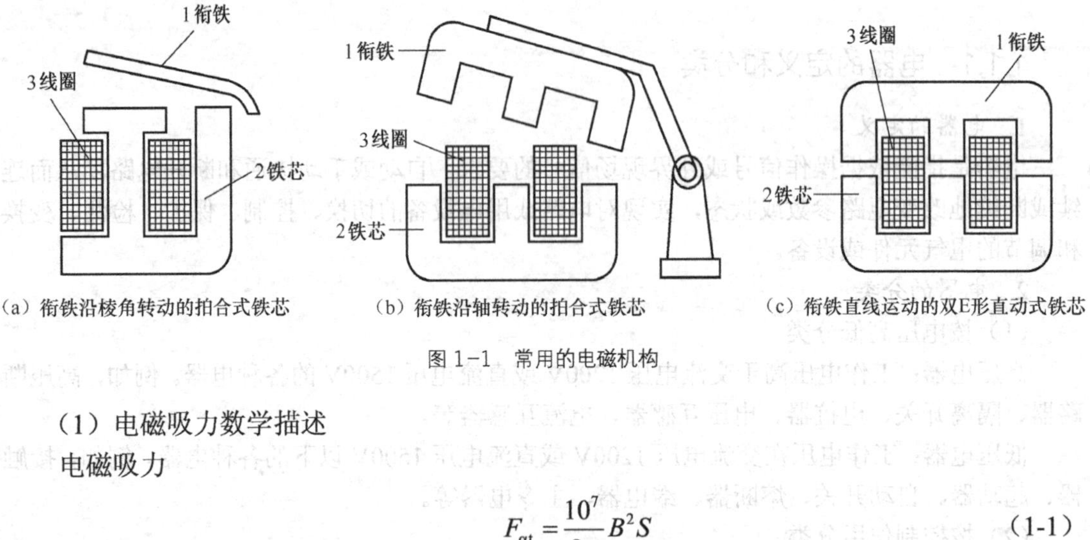

（a）衔铁沿棱角转动的拍合式铁芯　（b）衔铁沿轴转动的拍合式铁芯　（c）衔铁直线运动的双E形直动式铁芯

图 1-1　常用的电磁机构

（1）电磁吸力数学描述

电磁吸力

$$F_{\alpha t} = \frac{10^7}{8\pi} B^2 S \tag{1-1}$$

式中　$F_{\alpha t}$——电磁吸力，单位为 N；

B——气隙中磁感应强度，单位为 T。直流电磁铁时，B=恒定值；交流电磁铁时，$B=B_m\sin\omega t$；

S——磁极截面积，单位为 m^2。

（2）吸力与反力特性

电磁机构的工作原理通常用吸力特性和反力特性来表征。电磁机构使衔铁吸合的力与气隙长度的关系的曲线称为吸力特性；电磁机构使衔铁释放（复位）的力与气隙长度的关系曲线称为反力特性。

吸力特性与反力特性之间的配合关系如图 1-2 所示。欲使电磁衔铁可靠吸合，在整个吸合过程中，吸力需大于反力，这样才能保证执行机构可靠动作。直流与交流电磁机构的吸力特性分别如曲线 1 和 2 所示，反力特性曲线如曲线 3 所示。在 $\delta_1 \sim \delta_2$ 的区域内，反力随气隙减小略有增大。到达 δ_2 位置时，动触点开始与静触点接触，这时触点上的初压力作用到衔铁上，反力骤增，曲线突变。其后在 δ_2 到 0 的区域内，气隙越小，触点压得越紧，反力越大，线段较 δ_1～δ_2 段陡。

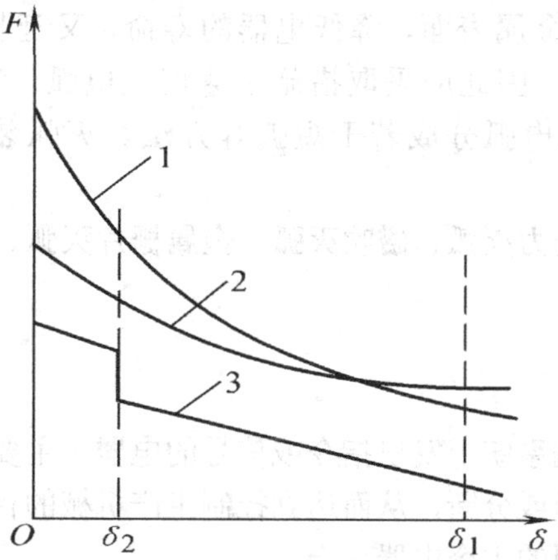

图 1-2　吸力特性与反力特性之间的配合关系

2. 触点

触点是一切有触点电器的执行部件，这些电器通过触点的动作来接通或断开被控制电路。触点通常由动、静触点组合而成。

（1）触点的结构形式

触点的结构形式主要有两种：桥式触点和指形触点。触点的接触形式有点接触、线接触和面接触 3 种。图 1-3 所示为触点的几种形式。

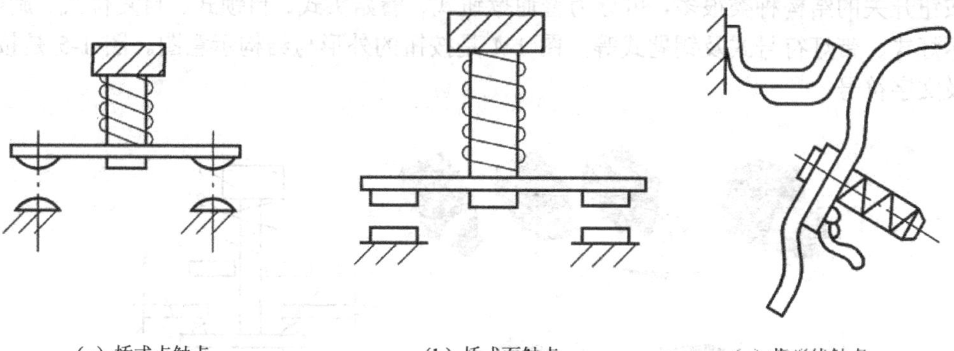

（a）桥式点触点　　（b）桥式面触点　　（c）指形线触点

图 1-3　触点结构形式

点接触适用于电流不大，触点压力小的场合；线接触适用于接通次数多，电流大的场合；面接触适用于大电流的场合。

（2）触点的分类

按原始状态分为常开触点和常闭触点。当线圈不带电时，动、静触点是分开的称为常开触点；当线圈不带电时，动、静触点是闭合的称为常闭触点。

3. 灭弧方法

开关触点在大气中断开电路时，如果电路的电流超过 0.25～1A，电路断开后加在触点间的电压超过 12～20V，则在触点间隙（又称弧隙）中便会产生一团温度极高、发出强光和能够导电的近似圆柱形的气体，称之为电弧。电弧实际上一种气体放电现象。电弧的存在，既烧损触点金属表面，降低电器的寿命，又延长了电路的分断时间，严重时会引起火灾或其他事故，因此应采取措施迅速熄灭电弧。为使电弧熄灭，可采用将电弧拉长、使弧柱冷却、把电弧分成若干短弧等方法。灭弧装置就是基于这些原理来设计的。

常见的灭弧方法有电动力灭弧、磁吹灭弧、金属栅片灭弧、灭弧罩等几种。

1.2 主令电器

主令电器是在自动控制系统中发出指令或信号的电器，主要用来控制接触器、继电器或其他电器线圈，使电路接通或分断，从而达到控制生产机械的目的。主令电器应用广泛、种类繁多，本节介绍几种常用的主令电器。

1.2.1 按钮开关

按钮开关简称按扭，是一种结构简单，应用广泛的手动电器。在低压控制电路中，用于手动发出控制信号，短时接通和断开小电流的控制电路。

按钮一般由按钮帽、复位弹簧、触点和外壳等部分组成，通常做成复合式，即具有常闭（动断）和常开（动合）触点。按下按钮帽时常闭触点先断开，然后常开触点闭合。去掉外力后，在复位弹簧的作用下，常开触点断开，常闭触点复位。复合按钮用于联锁控制电路中。

按钮开关的结构种类很多，可分为普通揿钮式、蘑菇头式、自锁式、自复位式、旋柄式、带指示灯式、带灯符号式及钥匙式等，图 1-4 是按钮的外形与结构示意图。图 1-5 是按钮的图形及文字符号。

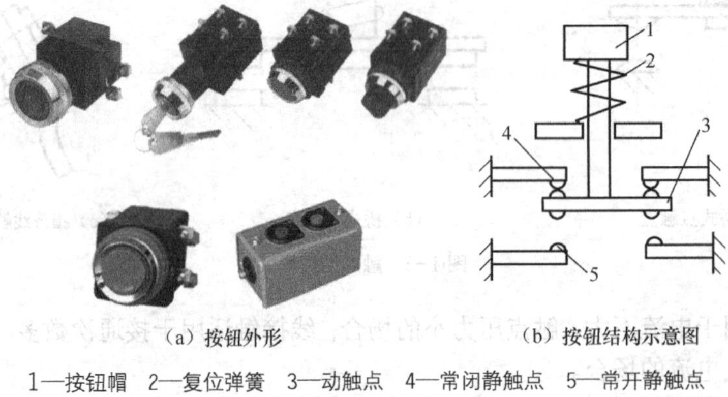

（a）按钮外形　　（b）按钮结构示意图

1—按钮帽　2—复位弹簧　3—动触点　4—常闭静触点　5—常开静触点

图 1-4　按钮外形与结构示意图

为了便于操作人员识别，避免发生误操作，生产中用不同的颜色和符号标志来区分按钮的功能及作用。如红色表示停止按钮，绿色表示启动按钮，如表 1-1 所示。

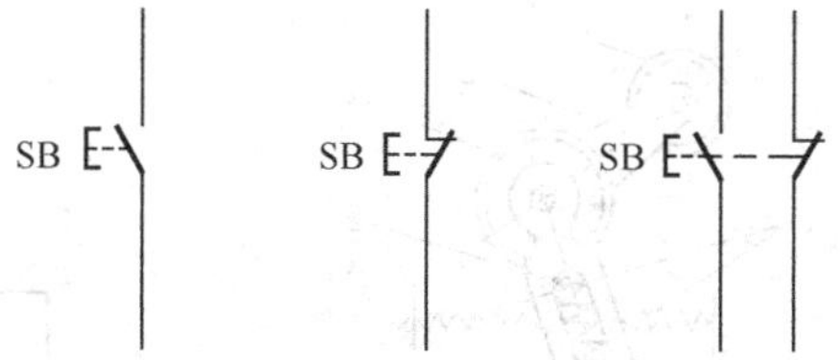

（a）常开按钮　（b）常闭按钮　（c）复合按钮

图 1-5　按钮的图形和文字符号

表 1-1　　按钮颜色及其含义

颜色	含义	说　明	应用示例
红	紧急	危险或紧急情况时操作	急停
黄	异常	异常情况时操作	干预、制止异常情况；干预、重新启动中断了的自动循环
绿	安全	安全情况或为正常情况准备时操作	启动/接通
蓝	强制性的	要求强扭动作情况下的操作	复位功能
白	未赋予特定含义	除急停以外的一般功能的启动	启动/接通（优先）停止/断开
灰			启动/接通停止/断开
黑			启动/接通停止/断开（优先）

按钮的主要参数有型式及安装孔尺寸，触点数量及触点的电流容量，在产品说明书中都有详细说明。

生产机械常用主令电器有 LA2、LA10、LA18、LA19、LA20 等系列，型号构成及含义如下。

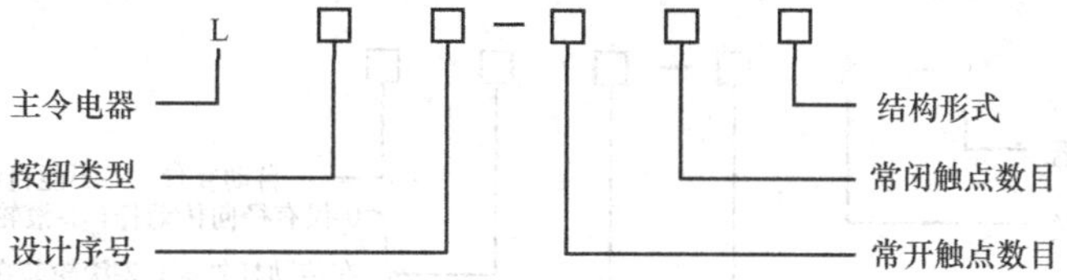

按钮字母含义：A—按钮；K—开启式；S—防水式；H—保护式；F—防腐式；J—紧急式；X—旋钮式；Y—钥匙式；D—带指示灯式；DJ—紧急式带指示灯。

选用原则：根据使用场合、被控电路所需触点数目、钮帽颜色等综合考虑。

1.2.2　行程开关

行程开关又称限位开关或位置开关，是一种利用生产机械某些运动部件对开关操作机构的碰撞而使触点动作，发出控制信号的主令电器。主要用来控制生产机械的运动方向、行程及位置保护。

行程开关按其结构可分为直动式、滚轮式、微动式。机床上常使用微动式行程开关。图 1-6 是行程开关的结构示意图。图 1-7 是行程开关的图形和文字符号。

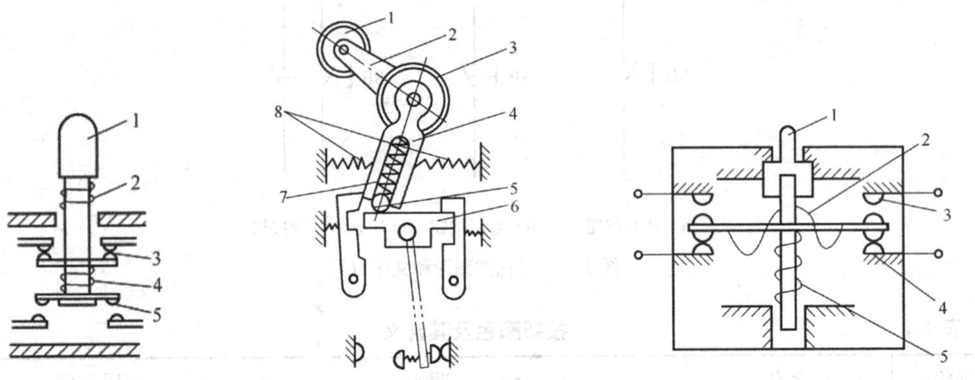

（a）直动式行程开关

1—顶杆　2—弹簧　3—动断触点
4—触点弹簧　5—动合触点

（b）滚轮式行程开关

1—滚轮　2—上转臂　3—盘形弹簧
4—推杆　5—小滚轮　6—操纵杆
7—压缩弹簧　8—左右弹簧

（c）微动式行程开关

1—推杆　2—弹簧　3—动合触点
4—动断触点　5—压缩弹簧

图 1-6　行程开关结构示意图

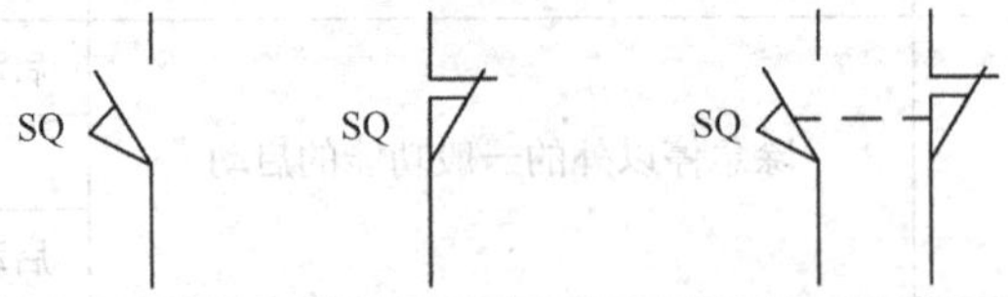

（a）常开触点　（b）常闭触点　（c）复合触点

图 1-7　行程开关的图形和文字符号

行程开关的主要参数有动作行程、工作电压及触点的电流容量等。

常用行程开关有 LX19 系列和 JLXK1 系列，型号构成及含义如下。

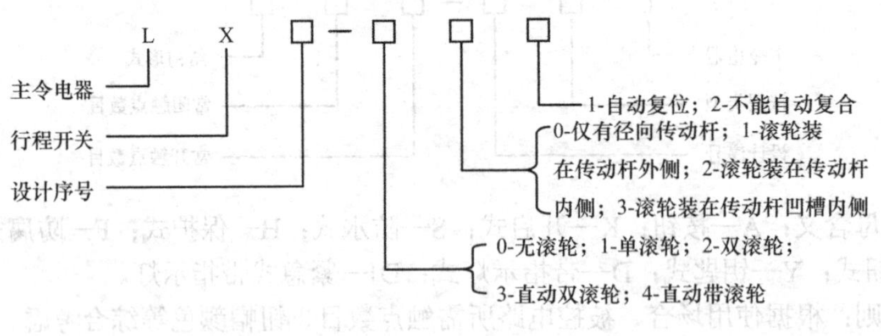

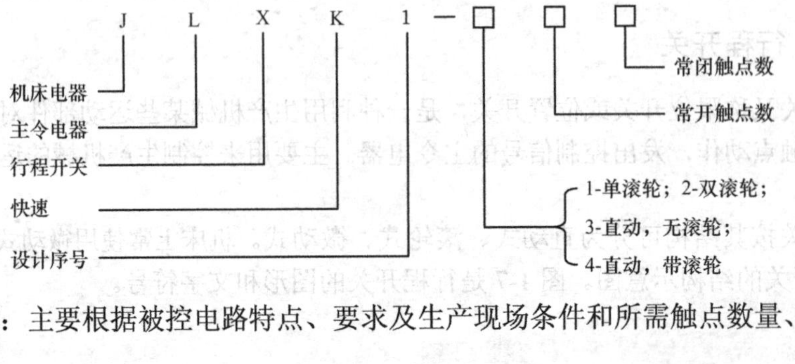

选用原则：主要根据被控电路特点、要求及生产现场条件和所需触点数量、种类等因素

综合考虑。

1.2.3 接近开关

接近开关又称作无触点行程开关，当某种物体与之接近到一定距离时就发出动作信号，它不像机械行程开关那样需要施加机械力，而是通过其感应头与被测物体间介质能量的变化来获取信号。接近开关按其工作原理分有：高频振荡型、电容型、感应电桥型、永久磁铁型、霍尔效应型等，其中高频振荡型最为常用。图 1-8 为接近开关的工作原理图，图 1-9 为接近开关的图形和文字符号。

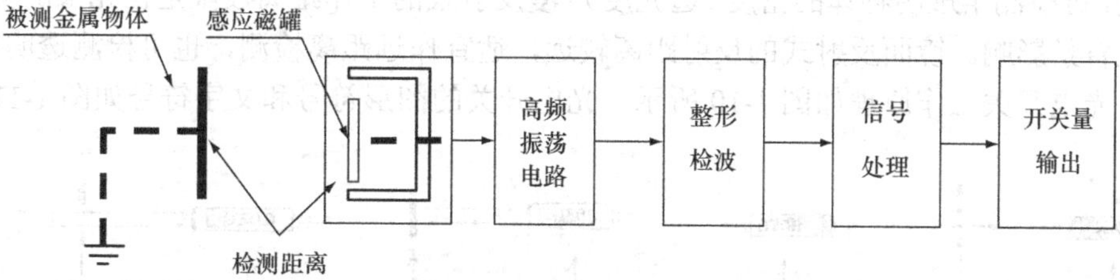

（a）电感式接近开关工作原理

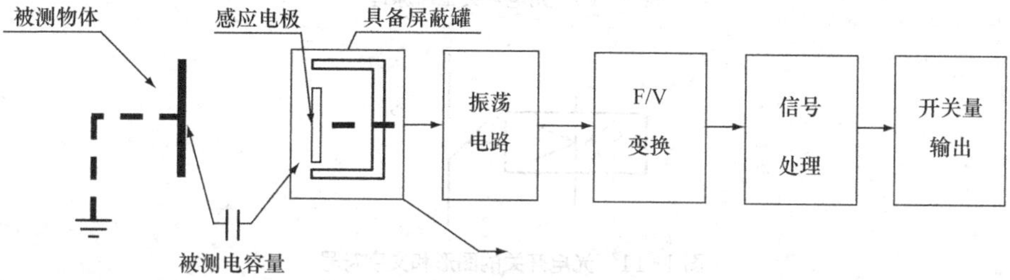

（b）电容式接近开关工作原理

图 1-8 接近开关工作原理图

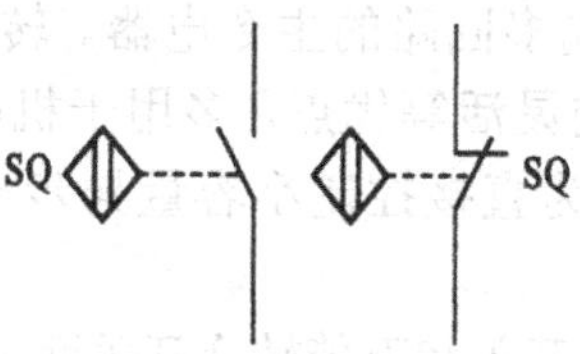

（a）常开触点 （b）常闭触点

图 1-9 接近开关的图形和文字符号

接近开关的主要技术参数包括：动作距离、重复精度、操作频率、复位行程等。

1.2.4 光电开关

光电开关（光电传感器）是光电接近开关的简称，是另一种类型的非接触式检测装置，它是应用光电效应原理的制作而成的一种电子设备。它是利用被检测物对光束的遮挡或反射，由同步回路选通电路，从而检测物体有无的。物体不限于金属，所有能反射光线的物体均可被检测。光电开关将输入电流在发射器上转换为光信号射出，接收器再根据接收到的光线的强弱或有无对目标物体进行探测。多数光电开关选用的是波长接近可见光的红外线光波型。

光电开关是由发射器、接收器和检测电路三部分组成。发射器对准目标发射光束，发射的光束一般来源于半导体光源，发光二极管（LED）、激光二极管及红外发射二极管。光束不间断地发射，或者改变脉冲宽度。受脉冲调制的光束辐射强度在发射中经过多次选择，朝着目标不间断地运行。接收器有光电二极管或光电三极管、光电池组成。在接收器的前面，装有光学元件如透镜和光圈等。在其后面是检测电路，它能滤出有效信号和应用该信号。此外，光电开关的结构元件中还有发射板和光导纤维。

常用光电开关按检测方式可分为对射式、漫反射式和镜面反射式三种类型。对射式检测距离远，可检测半透明物体的密度（透光度）。漫反射式的工作距离被限定在光束的交点附近，以避免背景影响。镜面反射式的反射距离较远，适宜作远距离检测，也可检测透明或半透明物体。光电开关工作原理如图 1-10 所示，光电开关的图形符号和文字符号如图 1-11 所示。

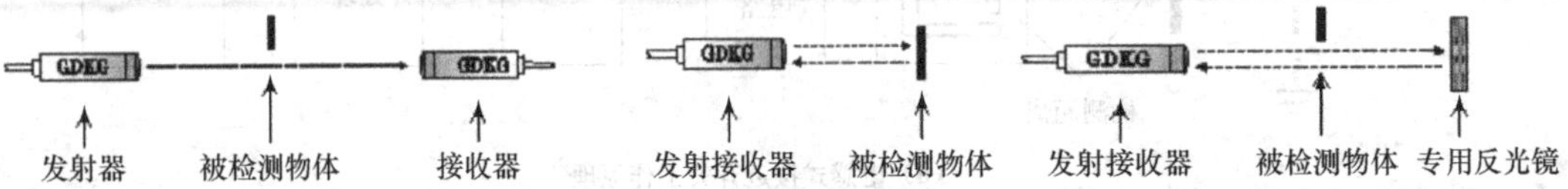

（a）对射式光电开关　（b）漫反射性光电开关　（c）镜面反射式光电开关

图 1-10　光电开关工作原理

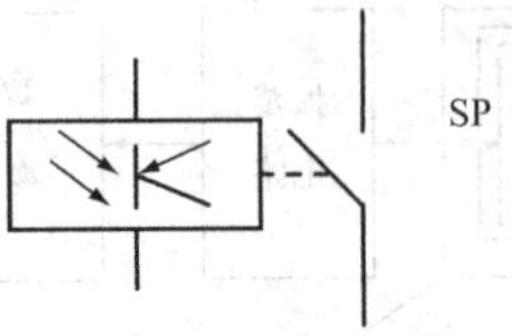

图 1-11　光电开关的图形和文字符号

1.2.5　转换开关

转换开关是一种多档式、控制多回路的主令电器。转换开关具有多触点、多位置、体积小、性能可靠、操作方便、安装灵活等优点，多用于机床电气控制线路中电源的引入开关，起着隔离电源作用，还可作为直接控制小容量异步电动机不频繁起动和停止的控制开关。

目前常用的转换开关包括组合开关和万能转换开关两大类。两者的结构和工作原理基本类似，在某些应用场合可以相互替代。转换开关按结构可以分为普通型、开启型和防护组合型。按其用途又可分为主令控制和控制电动机两种。

1. 组合开关

组合开关实质上也是一种特殊的刀开关，与刀开关的操作不同，它是在平行于安装面的平面内向左或向右转动操作。在电气控制线路中，组合开关常被作为电源引入的开关，也可以用作不频繁地接通和断开电路、接换电源和负载，以及控制 5KW 以下的小容量电动机的正反转和星形或三角形起动等。组合开关的结构图如图 1-12 所示。组合开关主要根据电源种类、电压等级、工作电流、使用场合的具体环境条件等来进行选择。图 1-13 为组合开关的图形和文字符号。

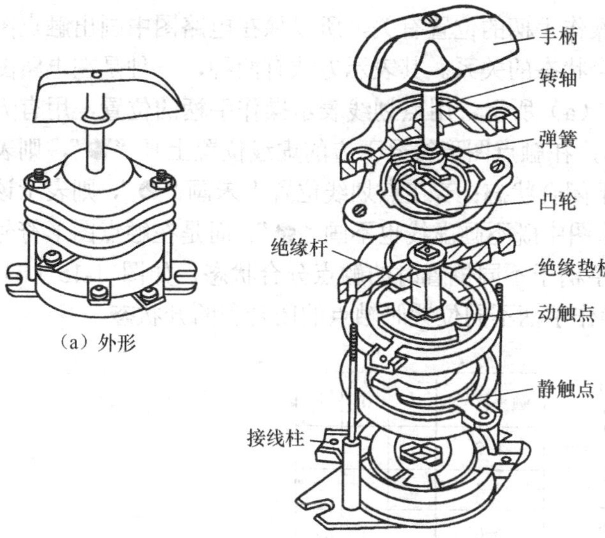

（a）外形　　（b）结构

图 1-12　组合开关的结构图

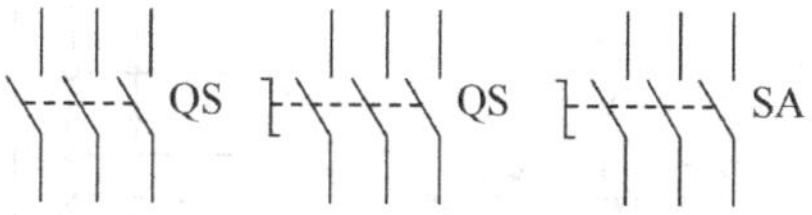

（a）用作电源开关　　（b）用作控制开关

图 1-13　组合开关的图形和文字符号

HZ 系列组合开关型号构成及含义如下。

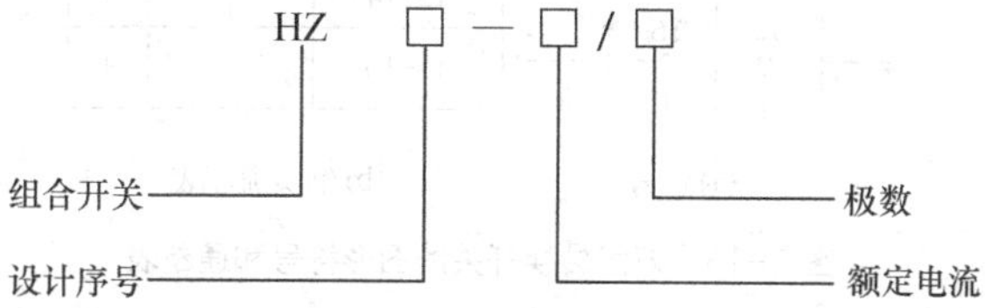

2. *万能转换开关*

万能转换开关由多组相同结构的开关元件叠装而成，它由操作机构、定位装置、触点、接触系统、转轴、手柄等部件组成。它具有更多操作位置和触点，能够连接多个电路的一种手动控制主令电器。由于它的档位多、触点多，可控制多个电路，所以能适应复杂线路的要求。万能转换开关的结构图见图 1-14。按手柄的操作方式可分为自复式和自定位式两种，所谓自复式是指用手拨动手柄于某一档位时，手松开后，手柄自动返回原位；定位式则是指手柄被置于某档位时，不能自动返回原位而停在该档位。目前常用的万能转换开关有 LW5、LW6 等系列。万能转换开关的选用主要根据用途、所需触点挡数和额定电流来选择。

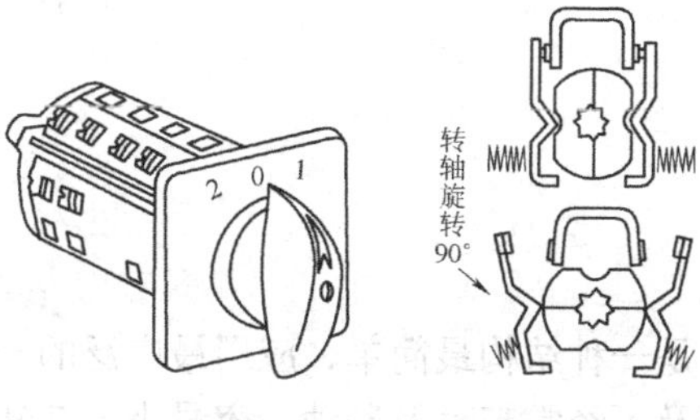

(a) 外形　　(b) 触头通断示意图

图 1-14　万能转换开关的结构图

万能转换开关的手柄操作位置是以角度表示的，不同型号的万能转换开关的手柄有不同的操作位置。由于其触点的分合状态与操作手柄的位置有关，所以除在电路图中画出触点图形符号外，还应画出操作手柄与触点分合状态的关系。其表示方法有两种，一种是在电路图中画虚线和画“●”的方法，如果 1-15（a）所示，用点划线表示操作手柄的位置，用有无“●”表示触点的闭合和断开状态。例如，在触点图形符号下方的虚线位置上画“●”，则表示当操作手柄处于该位置时，该触点处于闭合状态；若在点划线位置上未画“●”，则表示该触点处于断开状态。另一方法是，在电路图中既不画虚线也不画“●”，而是在触点图形符号上标出触点编号，再用通断表表示操作手柄于不同位置时的触点分合状态，如图 1-15（b）所示。在接通表中用有无“+”来表示操作手柄不同位置时触点的闭合和断开状态。

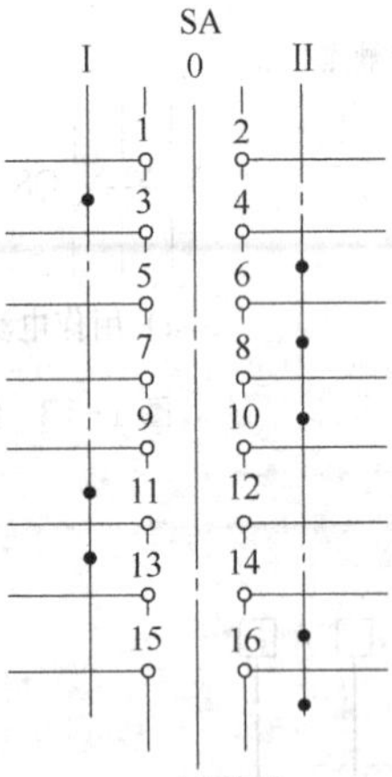

(a) 符号

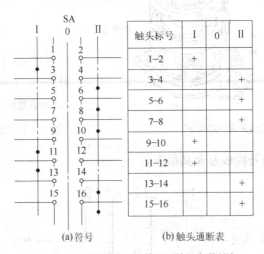

触头标号	I	0	II
1–2	+		
3–4			+
5–6			+
7–8			+
9–10	+		
11–12	+		
13–14			+
15–16			+

(b) 触头通断表

图 1-15 万能转换开关的图形符号和通断表

万能转换开关的文字符号为：SA。

万能转换开关型号构成及含义如下。

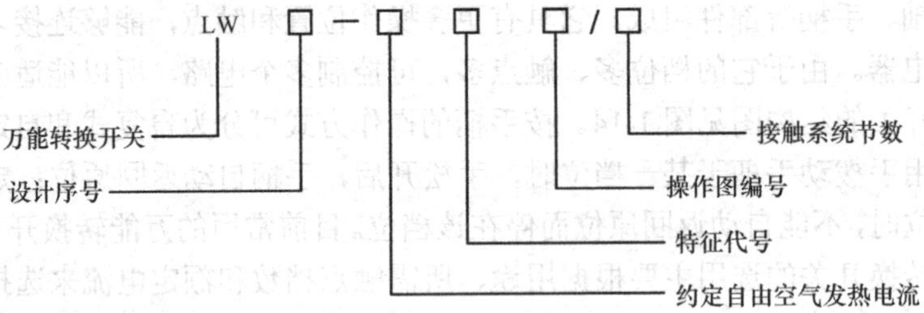

1.3 配电电器

1.3.1 刀开关

刀开关俗称闸刀开关，是一种结构最简单、应用最广泛的一种手动电器。主要用于接通和切断长期工作设备的电源及不经常起动及制动、容量小于 7.5kW 的异步电动机。

按刀数可分为单极、双极和三极。单极一般适用于控制 220V 的照明回路；双极适用于 220V 的插座回路；三极适用于 380V 的动力回路。

刀开关的选用主要考虑回路额定电压、长期工作电流（额定电流）以及短路电流所产生的动、热稳定性（动稳定电流/热稳定电流）等因素。刀开关的额定电流应大于其所控制的最大负荷电流。

刀开关的结构及其图形文字符号如图 1-16（a）、（b）两图所示。

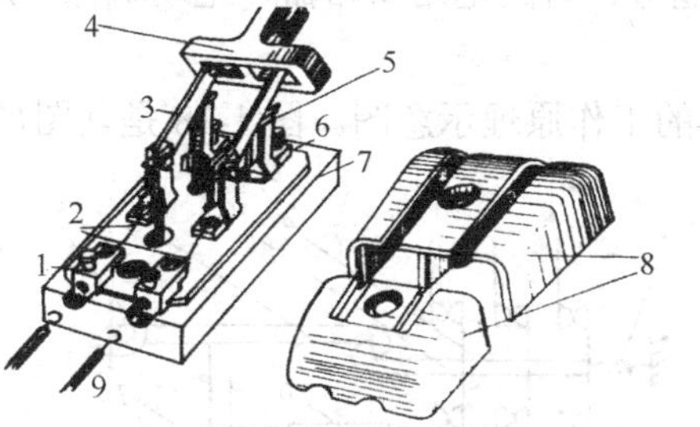

（a）胶盖瓷底刀开关的结构

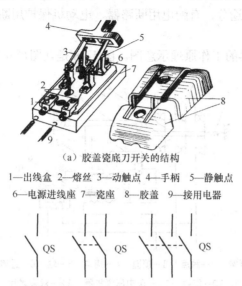

1—出线盒　2—熔丝　3—动触点　4—手柄　5—静触点

6—电源进线座　7—瓷座　8—胶盖　9—接用电器

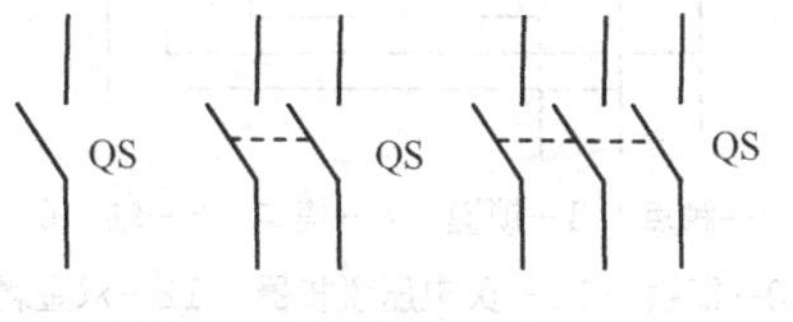

ⓐ单极　ⓑ双极　ⓒ三极

（b）图形及文字符号

图 1-16　刀开关的结构及其图形、文字符号

常用 HK 系列的型号构成及含义如下。

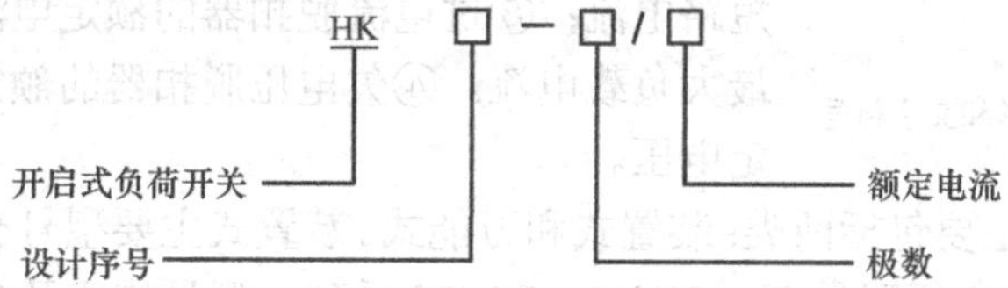

选用原则：主要根据电源种类、电压等级、所需极数、断流容量等进行选择。

1.3.2　低压断路器

低压断路器又称自动空气开关，用于分配电能、不频繁地启动异步电动机以及对电源线路及电动机等的保护，当发生严重的过载、短路或欠电压等故障时能自动切断电路，是低压配电线路应用非常广泛的一种保护电器。在低压配电系统中，常用它做终端开关和支路开关，所以，现在大部分的使用场合，断路器取代了过去常用的闸刀开关和熔断器的组合。

低压断路器的结构及工作原理如下。

低压断路器由触点、灭弧系统和各种脱扣器等组成。脱扣器是自动开关的主要保护装置，包括过电流脱扣器（作短路保护）、热脱扣器（作过载保护）、欠电压脱扣器等种类。

过电流脱扣器的线圈串联在主电路中，若电路或设备短路，主电路电流增大，线圈磁场增强，吸动衔铁，使操作机构动作，断开主触点，分断主电路而起到短路保护作用。过电流脱扣器有调节螺钉，可以根据用电设备容量和使用条件手动调节脱扣器动作电流的大小。热脱扣器是一个双金属片热继电器。它的发热元件串联在主电路中。当电路过载时，过载电流使发热元件温度升高，双金属片受热弯曲，顶动自动操作机构动作，断开主触点，切断主电路而起过载保护作用。

低压断路器一般按用途分，有配电用断路器、电动机保护用断路器、照明用断路器和漏电保护断路器等。

图 1-17 是低压断路器的工作原理示意图。图 1-18 是其图形和文字符号。

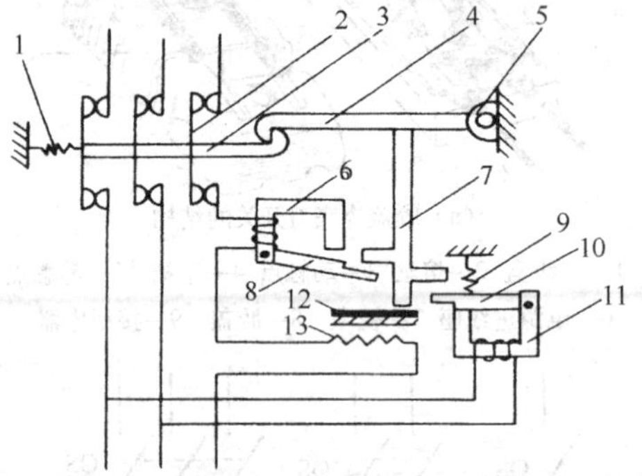

1、9—弹簧　2—触点　3—锁键　4—搭钩　5—轴　6—过电流脱扣器
7—杠杆　8、10—衔铁　11—欠电压脱扣器　12—双金属片　13—电阻丝

图 1-17　低电压断路器的工作原理示意图

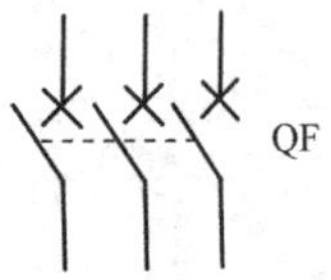

图 1-18　低压断路器的图形和文字符号

低压断路器的选择应：①低压断路器的额定电流和额定电压应大于或等于线路、设备的正常工作电压和工作电流；②低压断路器的极限分断能力应大于或等于电路最大短路电流；③过电流脱扣器的额定电流大于或等于线路的最大负载电流。④欠电压脱扣器的额定电压等于线路的额定电压。

低压断路器型号主要包括两类：装置式和万能式。装置式主要型号有：DZ5、DZ10、DZ15、DZ20 等系列。万能式主要型号有：DW10、DW15 系列。型号构成及含义如下。

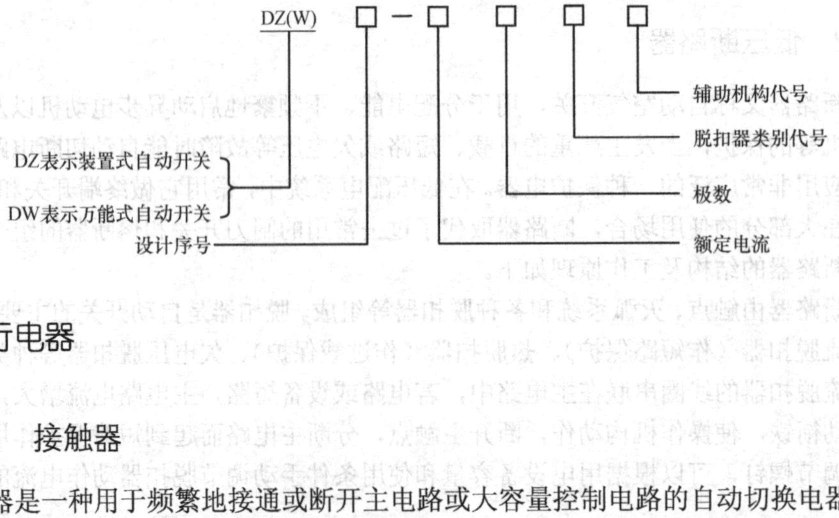

1.4　执行电器

1.4.1　接触器

接触器是一种用于频繁地接通或断开主电路或大容量控制电路的自动切换电器。它主要

应用于电力、配电与用电。接触器通常分为交流接触器和直流接触器。

1. 接触器的结构

交流接触器主要由电磁机构、触点系统、灭弧装置、反力装置、支架与底座等五大部分组成。接触器结构示意图如图 1-19 所示。

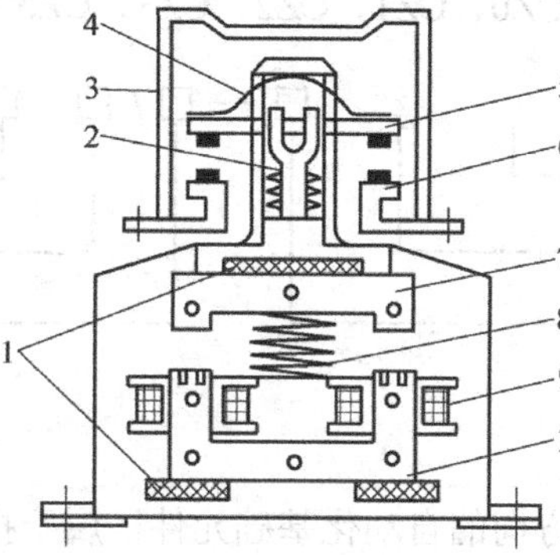

1—垫毡 2—触点弹簧 3—灭弧罩 4—触点压力簧片 5—动触点
6—静触点 7—衔铁 8—缓冲弹簧 9—电磁线圈 10—铁芯

图 1-19 交流接触器结构示意图

2. 交流接触器的工作原理

当电磁线圈通电后，铁芯被磁化产生磁通，由此在衔铁气隙处产生电磁力将衔铁吸合，主触点在衔铁的带动下闭合，接通主电路。同时衔铁还带动辅助触点动作，动断辅助触点首先断开，接着动合辅助触点闭合。当电磁线圈失电或电压显著降低后，吸力消失或减弱（小于反力），在反力弹簧的作用下衔铁释放，主触点、辅助触点又恢复到原来的状态。

直流接触器的工作原理与交流接触器基本相同。在结构上也是由电磁结构、触点系统、灭弧装置等部分组成。不同之处在于，两者的线圈形式、铁心结构、触点形状和数量、灭弧方式以及吸力特性等方面有所区别。

3. 接触器的图形符号和文字符号

接触器在电路图中的图形符号和文字符号如图 1-20 所示。

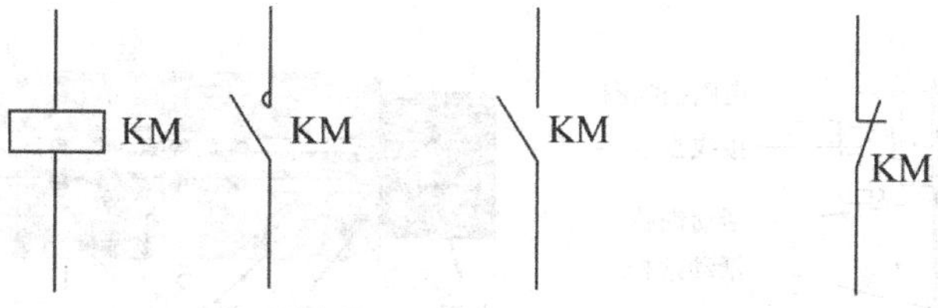

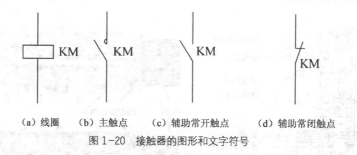

（a）线圈 （b）主触点 （c）辅助常开触点 （d）辅助常闭触点

图 1-20 接触器的图形和文字符号

4. 接触器的主要技术参数

接触器的主要技术参数有额定电压、额定电流、线圈的额定电压、接通与分断能力、操作频率、电气与机械寿命等。

常用交流接触器有 CJ0、CJ10、CJ12、CJ20 等系列，型号构成及含义如下。

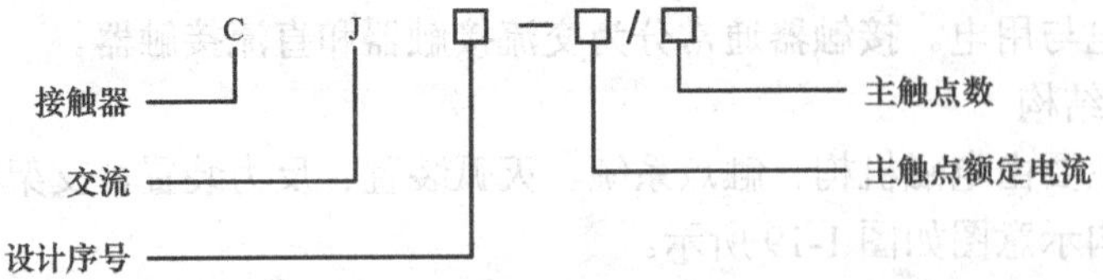

直流接触器，常用的有 CZ0、CZ1、CZ2、CZ3、CZ5 系列，型号构成及含义如下：

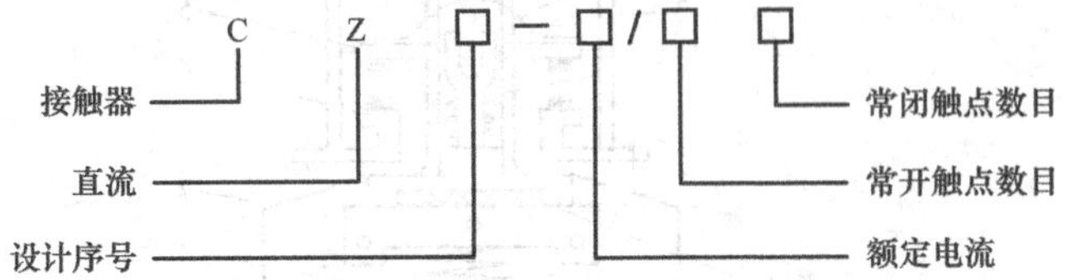

1.4.2 电磁阀

电磁阀是用来控制流体方向的自动化基础元件，属于执行器；通常用在机械控制和工业阀门上面，通过一个电磁线圈来控制阀芯位置，切断或接通气源或液源以达到改变流体流动方向的目的，来对介质方向进行控制，从而达到对阀门开关的控制。按内部结构可分为膜片式和活塞式电磁阀；按其断电时电磁阀的状态可分常开型和常闭型；按动作方式可分为直动式、分步直动式和先导式电磁阀。电磁阀的结构性能用其位置数和通路数表示，“位”是指滑阀位置，“通”是指流体的通道数，通常有常用的电磁阀有二位二通、二位三通、二位四通、三位五通等。

1. 电磁阀的基本结构及工作原理

电磁阀主要包括阀体和电磁部件。阀体由滑阀芯、滑阀套、弹簧底座等组成，电磁阀的电磁部件由固定铁芯、动铁芯、线圈等部件组成。电磁阀的对流体通路的开关功能是通过其内部的电磁动铁芯的上升或落下来实现的，而动铁芯的动作是由电磁线圈的通电或断电来完成。

常闭型电磁阀的工作原理如图 1-21 所示：电磁线圈断电时，电磁阀呈关闭状态，当线圈通电时产生电磁力，使动铁芯克服弹簧力后被提起，此时电磁阀打开，介质呈通路状态；当线圈断电时，电磁力消失，动铁芯在弹簧力的作用下复位，直接关闭阀口，电磁阀关闭，介质断流；常开型与此相反。

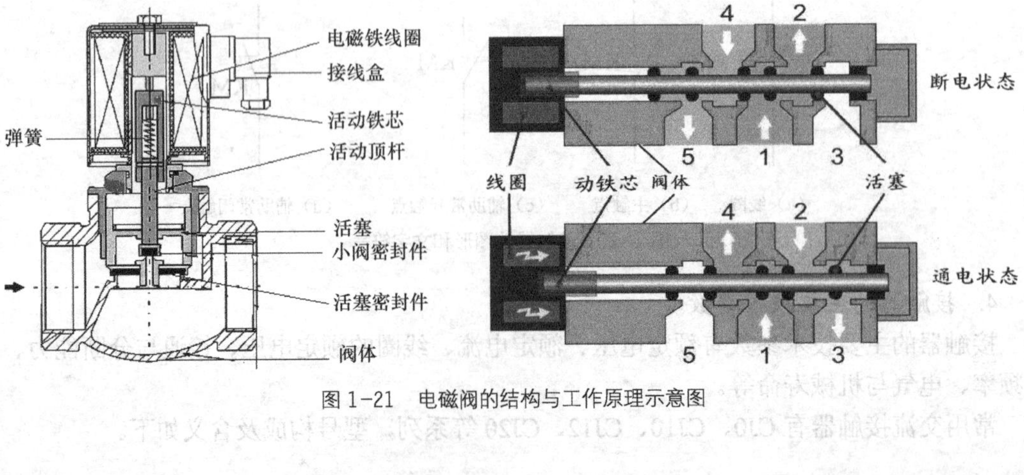

图 1-21 电磁阀的结构与工作原理示意图

2. 电磁阀图形符号

直动式	两位两通	两位三通常通	两位三通常断
	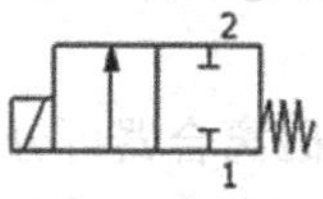	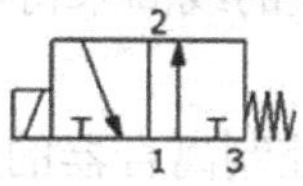	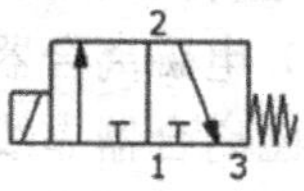
先导式	两位两通	两位三通常通	两位三通常断
	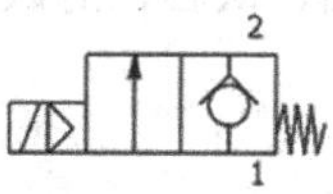	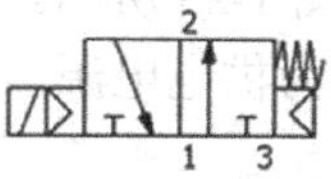	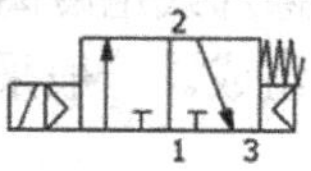
	两位五通单电控	两位五通双电控	
	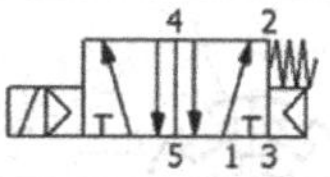		
	三位五通中封	三位五通中泄	三位五通中压
	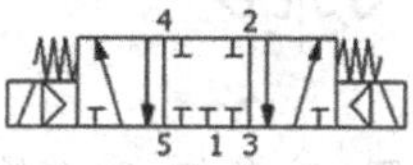	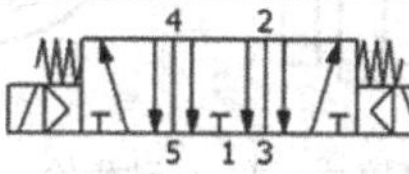	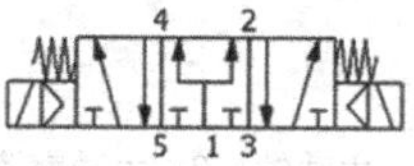

电磁阀的文字符号为 YV。

1.4.3 制动电磁铁

制动电磁铁主要用于对电动机进行机械制动，一般包括电磁抱闸制动器和电磁离合器。

（1）电磁抱闸制动器

电磁抱闸制动器分为断电制动型和通电制动型两种。断电制动型电磁抱闸制动器结构示意图、图形与文字符号如图 1-22 所示。

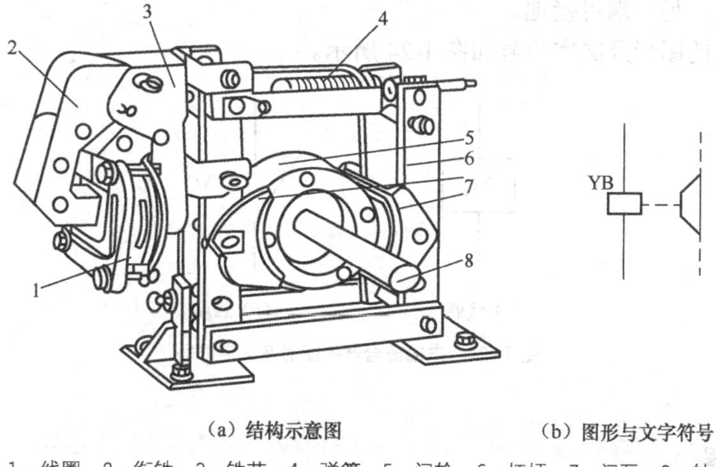

（a）结构示意图　　（b）图形与文字符号

1—线圈　2—衔铁　3—铁芯　4—弹簧　5—闸轮　6—杠杆　7—闸瓦　8—轴

图 1-22　断电制动型电磁抱闸制动器

闸轮与电动机装在同一根转轴上。对于断电制动型电磁抱闸制动器，当电磁铁线圈未得电时，闸轮被闸瓦抱住，与之同轴的电动机则不能转动；当电磁铁的线圈得电时，则闸瓦与闸轮松开，电动机可以转动。

通电制动型电磁抱闸制动器则与之相反，当电磁铁线圈通电时，闸轮被闸瓦抱住，与之同轴的电动机则不能转动；当电磁铁的线圈未得电时，则闸瓦与闸轮松开，电动机可以转动。

（2）电磁离合器

电磁离合器靠线圈的通断电来控制离合器的接合与分离。电磁离合器可分为：干式单片电磁离合器、干式多片电磁离合器、湿式多片电磁离合器、磁粉离合器、转差式电磁离合器等。摩擦片式电磁离合器的结构如图 1-23 所示。主要由激磁线圈、铁芯、衔铁、摩擦片及联接件等组成。一般采用直流 24V 作为供电电源。

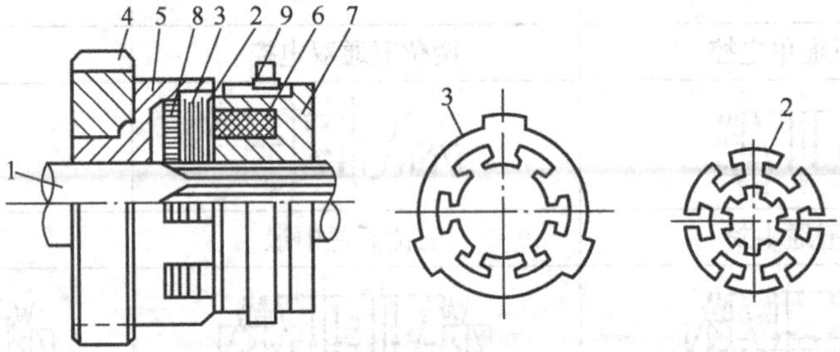

1—主动轴　2—主动摩擦片　3—从动摩擦片　4—从动齿轮　5—套筒　6—线圈　7—铁芯　8—衔铁　9—滑环

图 1-23　电磁离合器结构图

主动轴 1 的花键轴端装有主动摩擦片 2，它可以沿轴向自由移动，因系花键联接，将随主动轴一起转动。从动摩擦片 3 与主动摩擦片 2 交替装叠，其外缘凸起部分卡在与从动齿轮 4 固定在一起的套筒 5 内，因而从动摩擦片 3 可以随同从动齿轮 4，在主动轴 1 转动时它可以不转。当线圈 6 通电后，将摩擦片吸向铁芯 7，衔铁 8 也被吸住，紧紧压住各摩擦片。依靠主、从动摩擦片之间的摩擦力，使从动齿轮随主动轴转动。线圈断电时，装在内外摩擦片之间的圈状弹簧使衔铁和摩擦片复原，离合器即失去传递力矩的作用。线圈一端通过电刷和滑环 9 输入直流电，另一端可接地。

电磁离合器的图形及文字符号如图 1-24 所示。

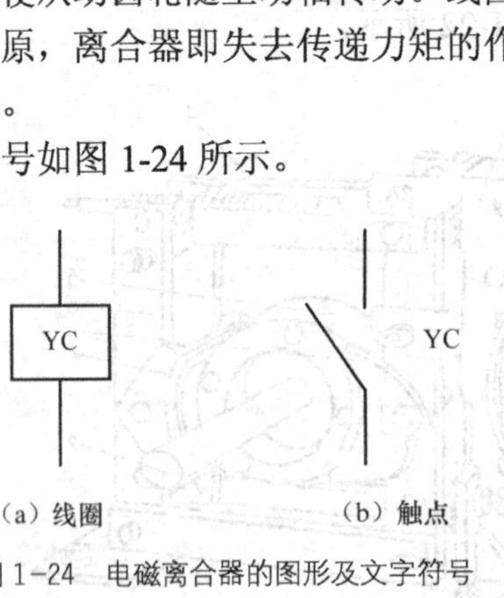

（a）线圈　　（b）触点

图 1-24　电磁离合器的图形及文字符号

1.5　控制电器

控制电器包括开关电器和起控制作用的继电器。开关电器广泛用于配电系统和电力拖动控制系统，用作电源的隔离、电气设备的保护和控制。可分为手动开关和自动开关两大类。继电器是指主要借助电磁力或某个物理量的电磁继电器。继电器是一种利用各种物理量的变化，将电量或非电量信号转化为电磁力或使输出状态发生阶跃变化，从而通过其触点或突变量促使在同一电路或另一电路中的其他器件或装置动作的一种控制元件。它用于各种控制电路中进行信号传递、放大、转换、联锁等，控制主电路和辅助电路中的器件或设备按预定的动作程序进行工作，实现自动控制和保护的目的。继电器一般由输入感测机构和输出执行机构两部分组成。前者用于反映输入量的变化，后则完成触点分合动作（对有触点继电器）或半导体元件的通断（对无触点继电器）。

1.5.1 电磁式继电器

电磁式继电器是应用得最早、最多的一种继电器，其结构和工作原理与接触器大体相同，也由铁芯、衔铁、线圈、复位弹簧和触点等部分组成。电磁式继电器与接触器的主要区别在于：继电器可对多种输入量的变化做出反应，而接触器只有在一定的电压信号作用下动作；继电器用于切换小电流的控制电路和保护电路，而接触器用来控制大电流电路；继电器没有灭弧装置，也无主辅触点之分等。电磁式继电器典型结构如图 1-25 所示。

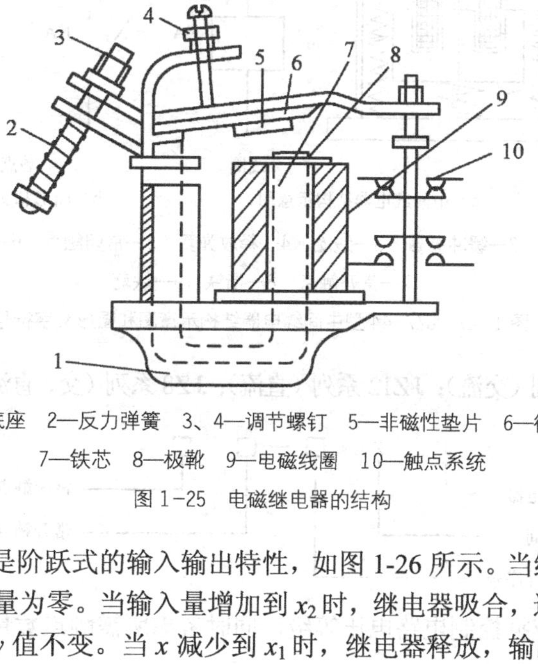

1—底座 2—反力弹簧 3、4—调节螺钉 5—非磁性垫片 6—衔铁 7—铁芯 8—极靴 9—电磁线圈 10—触点系统

图 1-25 电磁继电器的结构

继电器的工作特点是阶跃式的输入输出特性，如图 1-26 所示。当继电器输入量由零增加到 x_1 以前，继电器输出量为零。当输入量增加到 x_2 时，继电器吸合，通过其触点的输出量突变为 y_1，若 x 再增加，y 值不变。当 x 减少到 x_1 时，继电器释放，输出由 y_1 突降为零，x 再减少，y 值仍为零。

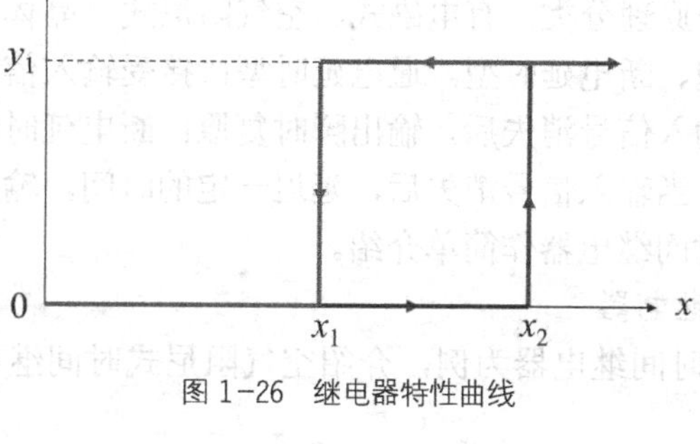

图 1-26 继电器特性曲线

1.5.2 中间继电器

中间继电器是一种电压继电器，通常用于传递信号和同时控制多个电路，也可直接用它来控制小容量电动机或其他电气执行元件。中间继电器触点容量小，触点数目多，用于控制线路。

中间继电器的吸引线圈属于电压线圈，但它的触点数量较多（一般有4对常开、4对常闭），触点容量较大（额定电流为5～10A），且动作灵敏。其主要用途是当其他继电器的触点数量或触点容量不够时，可借助中间继电器来扩大触点容量（触点并联）或触点数量，起到中间转换的作用。

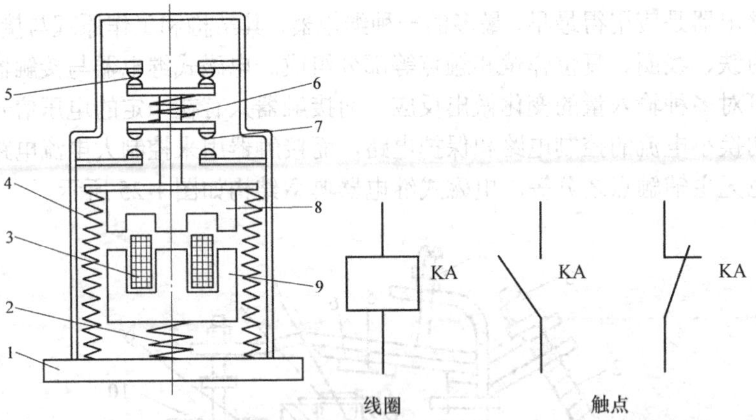

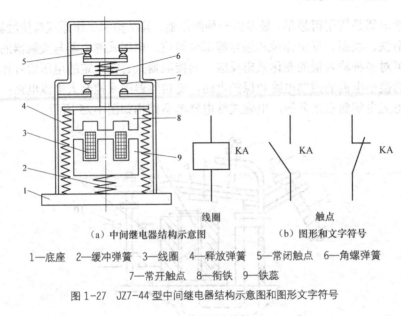

（a）中间继电器结构示意图　　（b）图形和文字符号

1—底座　2—缓冲弹簧　3—线圈　4—释放弹簧　5—常闭触点　6—角螺弹簧
7—常开触点　8—衔铁　9—铁蕊

图 1-27　JZ7-44 型中间继电器结构示意图和图形文字符号

常用型号：JZ7系列（交流）；JZ12系列（直流）；JZ8系列（交、直流）。型号构成与含义如下。

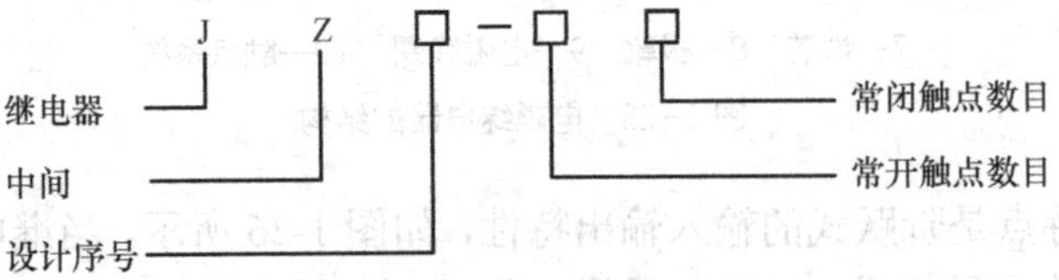

选用原则：主要依据控制电路电压等级，同时考虑所需触点数量、种类及容量。

1.5.3 时间继电器

时间继电器是感受部分在感测到外界信号变化后，经过一段时间（延时时间）执行机构才动作的继电器。按工作原理分类，有电磁式、空气阻尼式、晶体管式和数字式等。按延时方式分类，有通电延时型、断电延时型。通电延时型：接受输入信号后延迟一定的时间，输出信号才发生变化；当输入信号消失后，输出瞬时复原；断电延时型：接受输入信号时，瞬时产生相应的输出信号；当输入信号消失后，延迟一定的时间，输出才复原。下面就常用的空气阻尼式、晶体管式时间继电器作简单介绍。

1. 空气阻尼式时间继电器

下面以 JS7-A 系列时间继电器为例，介绍空气阻尼式时间继电器的结构与工作原理。

JS7-A 系列时间继电器是利用空气阻尼原理来获得延时动作的，由电磁系统、工作触点、气室及传动机构等部分组成。

JS7-A 系列时间继电器有通电延时和断电延时两种类型，当衔铁位于铁芯和延时机构之间时为通电延时型，如图 1-28（a）所示；当通电延时型电磁机构翻转 180° 安装时，即使铁芯位于衔铁和延时机构之间时为断电延时型，如图 1-28（b）所示。以通电延时型为例介绍其工作原理。

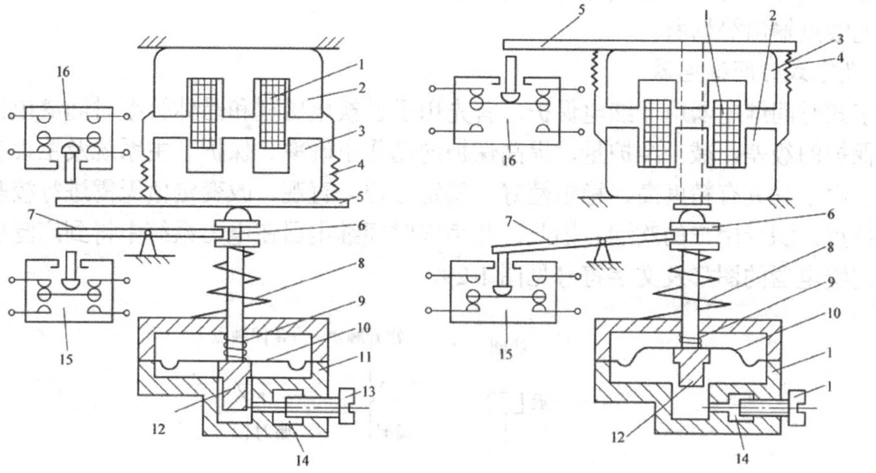

（a）通电延时型　　（b）断电延时型

1—线圈　2—铁芯　3—衔铁　4—反力弹簧　5—推板　6—活塞杆　7—杠杆　8—塔形弹簧
9—弱弹簧　10—橡皮膜　11—空气室壁　12—活塞　13—调节螺杆　14—进气孔　15，16—微动开关

图 1-28　空气阻尼式时间继电器的延时原理

当线圈 1 通电后，衔铁 3 吸合，微动开关 16 受压其触点动作无延时，活塞杆 6 在塔形弹簧 8 的作用下，带动活塞 12 及橡皮膜 10 向上移动，但由于橡皮膜下方气室的空气稀薄，形成负压，因此活塞杆 6 只能缓慢地向上移动，其移动的速度视进气孔的大小而定，可通过调节螺杆 13 进行调整。经过一定的延时后，活塞杆才能移动到最上端。这时通过杠杆 7 压动微动开关 15，使其常闭触点断开，常开触点闭合，起到通电延时作用。

当线圈 1 断电时，电磁吸力消失，衔铁 3 在反力弹簧 4 的作用下释放，并通过活塞杆 6 将活塞 12 推向下端，这时橡皮膜 10 下方气室内的空气通过橡皮膜 10、弱弹簧 9 和活塞 12 肩部所形成的单向阀，迅速地从橡皮膜上方的气室缝隙中排掉，微动开关 15、16 能迅速复位，无延时。从图中可看出，微动开关 15 两个延时触点，即一个延时断开的动断触点和一个延时闭合的动合触点。在线圈 1 通电和断电时，微动开关 16 在推板 5 的作用下都能瞬时动作，用作时间继电器的瞬动触点。

空气阻尼式时间继电器的特点是：延时范围可达 0.4～180s，结构简单，受电磁干扰小，寿命长，价格低。但其延时误差大（±10%～±20%），无调节刻度指示，难以精确整定延时值，且延时值易受周围介质温度、尘埃及安装方向的影响。因此，空气阻尼式时间继电器只适用于对延时精度要求不高的场合。

2. 晶体管式时间继电器

晶体管式时间继电器又称为半导体式或电子式时间继电器，它是利用延时电路来进行延时的，电路有单结晶体管电路和场效应管电路两种。晶体管式时间继电器的特点有：结构简单，延时范围宽，整定精度高，体积小、耐冲击振动，消耗功率小，调整方便及寿命长。

晶体管式时间继电器按结构分阻容式和数字式两种；按延时方式分为通电延时型、断电延时型、带瞬动触点的通电延时型。

晶体管式时间继电器适用于交流 50Hz、电压 380V 及以下直流 220V 及以下的控制电路中作延时元件。用于电磁式时间继电器不能满足要求，要求延时精度高或控制回路相互协调需要无触点输出等场所。

3. 数字式时间继电器

数字式时间继电器用于继电保护，首先用于替换电磁型和晶体管型时间继电器。它可缩短过流保护的级差，减少维护量，提高保护的动作正确率。保护了主系统及主设备的安全稳定运行。由于它具有精度高、稳定性好、整定方便、直观、改变定值无需进行校验、整定范围宽等特点，深受用户的欢迎。因此，数字式时间继电器在电力系统中得到广泛应用。

时间继电器的图形及文字符号见图 1-29。

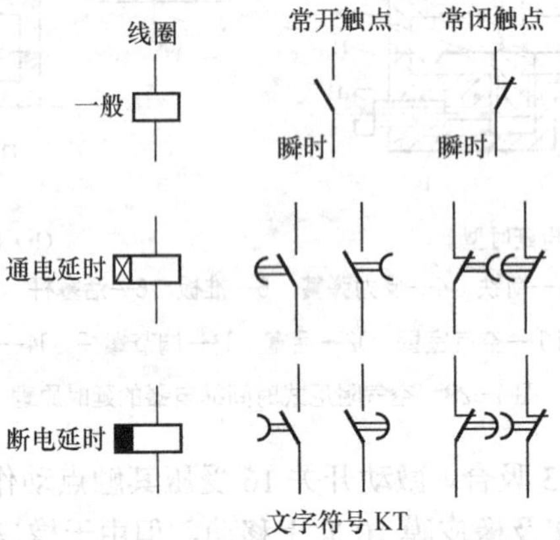

图 1-29 时间继电器的图形符号

常用空气式时间继电器 JS7-A 系列有通电延时和断电延时两种类型；常用的晶体管式时间继电器有 JS14、JS20、ST3P 等系列；常用的数字式时间继电器有 JSS14、JS14S 等系列。空气式时间继电器 JS7-A 系列型号及含义如下。

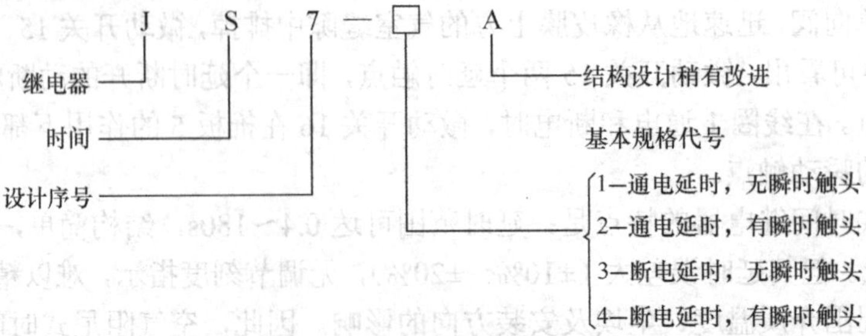

选用时间继电器时应注意：其线圈（或电源）的电流种类和电压等级应与控制电路相同；按控制要求选择延时方式和触点型式；校核触点数量和容量，若不够时，可用中间继电器进行扩展。

1.5.4 速度继电器

速度继电器用来感受转速和转向。它的感受部分主要包括转子和定子两大部分，执行机构是触点系统。速度继电器主要用作鼠笼式异步电动机的反接制动控制中，故称为反接制动继电器。速度继电器的工作原理示意图如图 1-30 所示。

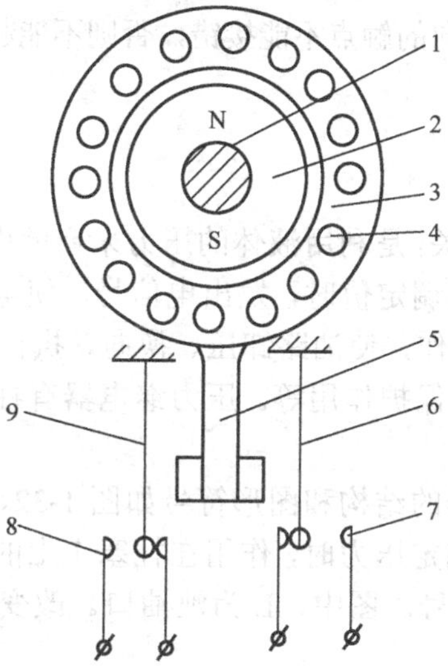

1—转轴 2—转子 3—定子 4—绕组 5—摆锤 6、9—簧片 7、8—静触点

图 1-30 速度继电器的工作原理示意图

速度继电器转子的轴与被控电动机的轴相连接，而定子套在转子上。当电动机转动时，速度继电器的转子随之转动，定子内的短路导体便切割磁场，产生感应电动势，从而产生电流。此电流与旋转的转子磁场作用产生转矩，于是定子开始转动。当转到一定角度时，装在定子轴上的摆锤推动簧片动作，使常闭触点分断，常开触点闭合。当电动机转速低于某一值时，定子产生的转矩减小，触点在弹簧作用下复位。

速度继电器的结构图以及图形和文字符号分别如图 1-31 和 1-32 所示。

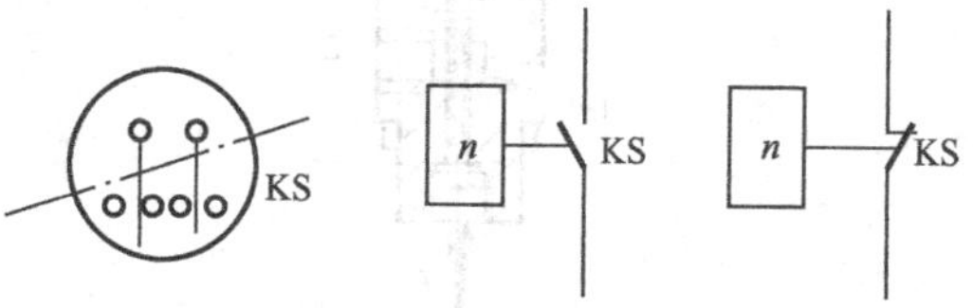

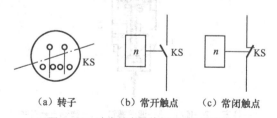

(a) 转子　(b) 常开触点　(c) 常闭触点

图 1-31 速度继电器的图形和文字符号

常用的速度继电器有 JY1 型和 JFZ0 型两种。其中，JY1 型可在 700～3600r/min 范围内可靠地工作；JFZ0－1 型适用于 300～1000r/min；JFZ0-2 型适用于 1000～3600r/min。一般速度继电器的动作速度为 120r/min，触点的复位速度在 100r/min 以下，转速在 3000～3600r/min 能可靠地工作，允许操作频率不超过 30 次/h。速度继电器的型号构成及含义如下。

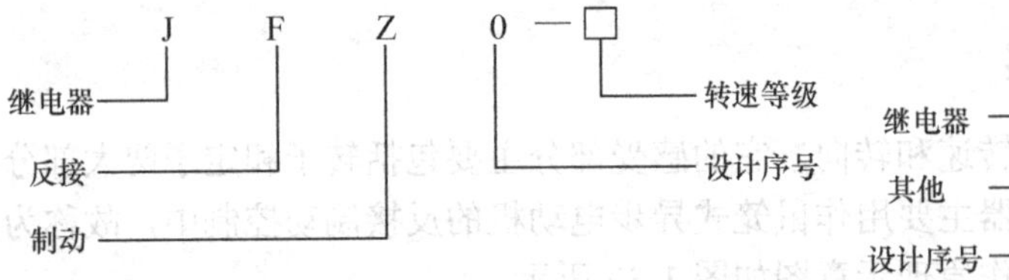

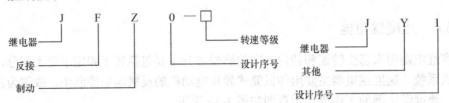

速度继电器主要根据电动机的额定转速来选择。使用时，速度继电器的转轴应与电动机同轴连接，安装接线时，正反向的触点不能接错，否则不能起到反接制动时接通和断开反向电源的作用。

1.5.5 压力继电器

压力继电器，又称压力开关，是利用液体的压力来启闭电气触点的液压电气转换元件。当系统压力达到压力继电器的调定值时，发出电信号，使电气元件（如电磁铁、电机、时间继电器、电磁离合器等）动作，使油路卸压、换向，执行元件实现顺序动作，或关闭电动机使系统停止工作，起安全保护作用等。压力继电器有柱塞式、膜片式、弹簧管式和波纹管式四种结构形式。

单触点柱塞式压力继电器的结构和图形符号如图 1-32、图 1-33 所示。当进油口 P 处油液压力达到压力继电器的调定压力时，作用在柱塞 1 上的液压力通过顶杆 2 的推动，合上微动电器开关 4，发出电信号。图中，L 为泄油口。改变弹簧的压缩量，可以调节继电器的动作压力。

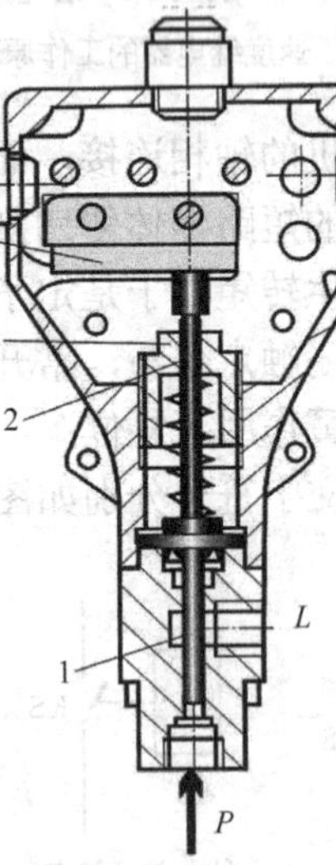

1—柱塞　2—顶杆　3—调压螺钉　4—微动电器开关

图 1-32　单触点柱塞式压力继电器的结构

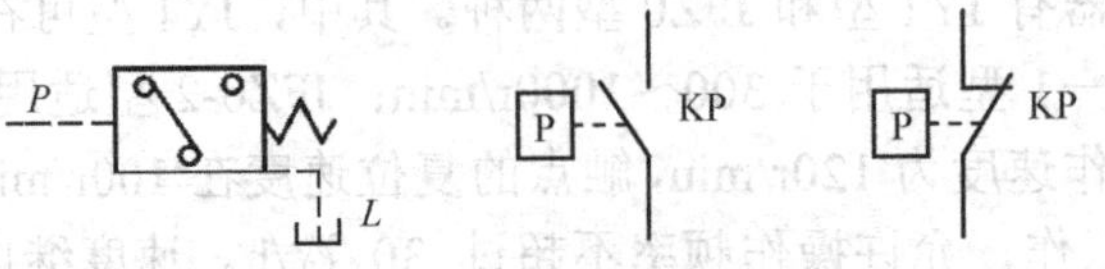

（a）图形符号　　（b）常开触点　　（c）常闭触点

图 1-33　压力继电器的图形和文字符号

1.6 保护电器

1.6.1 熔断器

熔断器是根据电流超过规定值一定时间后，以其自身产生的热量使熔体熔化，从而使电路断开的原理制成的一种电流保护器。它串接在所保护的电路中，作为电路及用电设备的短路及严重过载的保护元件。

熔断器主要由熔体、安装熔体的熔管和熔座等元器件组成，其中熔体是控制熔断特性的关键部分，既是感测元件又是执行元件。熔体的材料、尺寸和形状决定了熔断特性，熔体材料分为低熔点和高熔点两类。低熔点材料如铅和铅合金，其熔点低容易熔断，由于其电阻率较大，故制成熔体的截面尺寸较大，熔断时产生的金属蒸汽较多，适用于低分断能力的熔断器。高熔点材料如铜、银，其熔点高，不易熔断，但其由于电阻率较低，可制成比低熔点熔体较小的截面尺寸，熔断时产生的金属蒸气少，适用于高分断能力的熔断器。熔体的形状分为丝状和带状两种，改变截面的形状可显著改变熔断器的熔断特性。

熔断器根据使用电压可以分为高压熔断器和低压熔断器。按用途来分有一般工业用熔断器和半导体器件保护用快速熔断器和特殊熔断器(如自复式熔断器等)。按结构来分常见的有：瓷插式、螺旋式、有填料式、无填料密封式、快速熔断器、自复式熔断器。

常用的部分熔断器的外形图如图 1-34 所示。

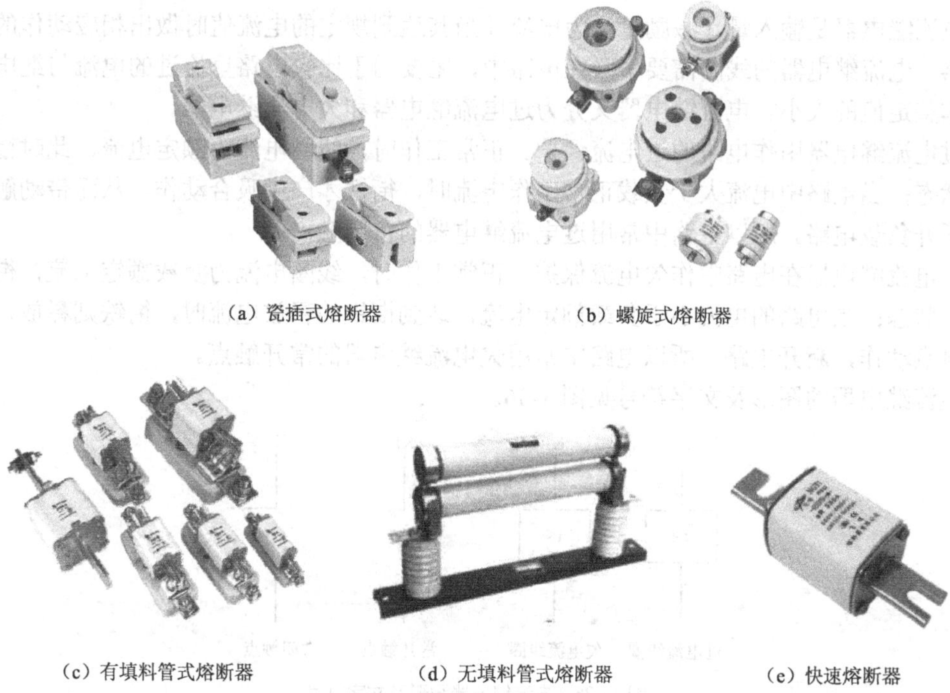

(a) 瓷插式熔断器　(b) 螺旋式熔断器

(c) 有填料管式熔断器　(d) 无填料管式熔断器　(e) 快速熔断器

图 1-34 常用熔断器

熔断器的图形及文字符号见图 1-35。

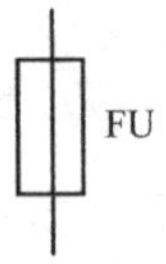

图 1-35　熔断器的图形符号和文字符号

选择熔断器主要是选择熔断器的类型、额定电压、额定电流及熔体的额定电流。熔断器的类型应根据线路要求和安装条件来选择。熔断器的额定电压应大于或等于线路的工作电压。熔断器的额定电流应大于或等于熔体的额定电流。对没有冲击电流的电路，熔体的额定电流应稍大于线路工作电流，对有冲击电流的电路，熔体的额定电流应取为最大电流的0.4倍。

熔断器的型号构成及含义如下。

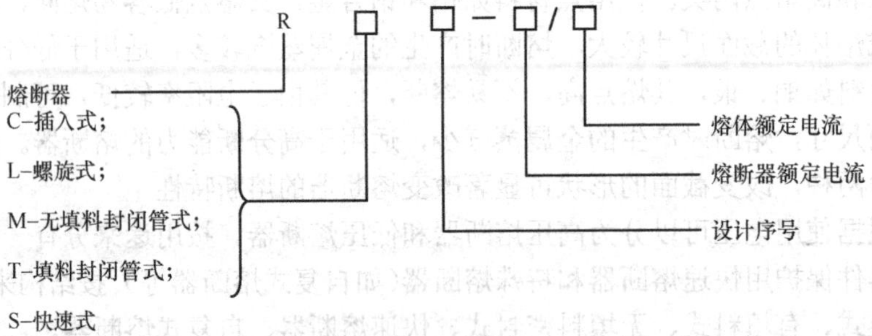

1.6.2　电流继电器

电流继电器是输入量（激励量）为电流并当其达到规定的电流值时做出相应动作的一种继电器。电流继电器的线圈需要串联在电路中，主要用于比较电路里流过的电流与继电器额定动作整定值的大小。电流继电器又分为过电流继电器和欠电流继电器。

过电流继电器用作电路的过电流保护。正常工作时，线圈电流为额定电流，此时衔铁为释放状态；当电路中电流大于负载正常工作电流时，衔铁才产生吸合动作，从而带动触点动作，断开负载电路。所以电路中常用过电流继电器的常闭触点。

欠电流继电器在电路中作欠电流保护。正常工作时，线圈电流为负载额定电流，衔铁处于吸合状态；当电路的电流小于负载额定电流，达到衔铁的释放电流时，衔铁则释放，同时带动触点动作，断开电路。所以电路中常用欠电流继电器的常开触点。

电流继电器的图形及文字符号见图1-36。

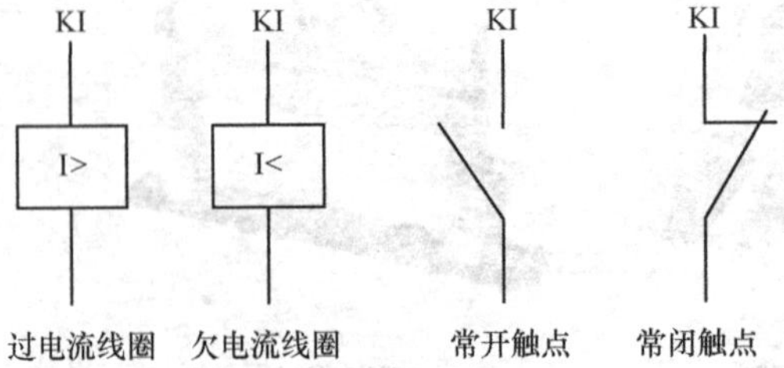

图 1-36　电流继电器图形及文字符号

在机床电气控制系统中，常用的电流继电器有JL14、JL15、JT3、JT9、JT10等型号，主要根据主电路内的电流种类和额定电流来选择。电流继电器型号构成及含义如下。

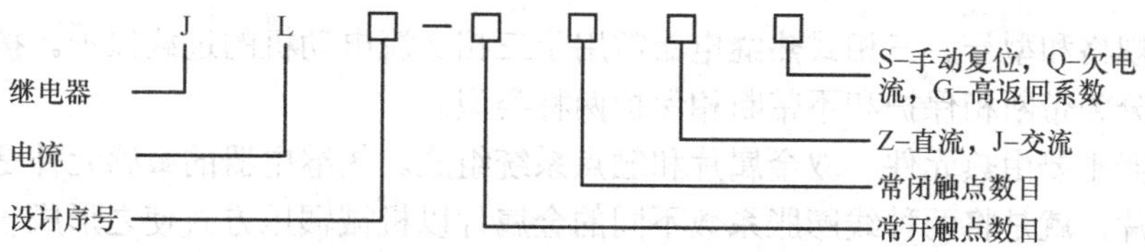

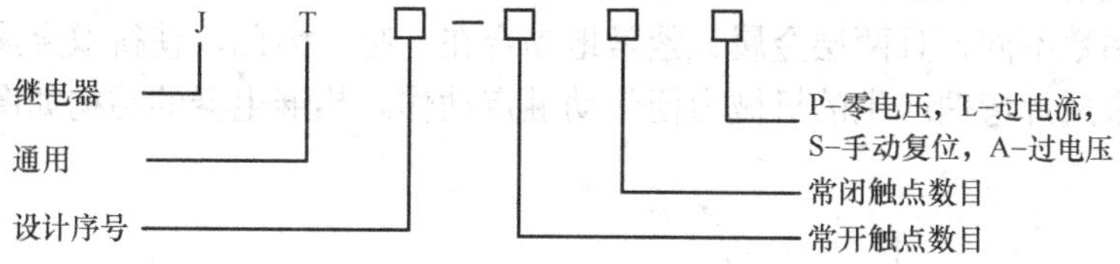

1.6.3 电压继电器

电压继电器是一种按电压值动作的继电器。电压继电器的线圈需要并联在电路中。按线圈电流的种类可分为交流型和直流型；按吸合电压相对额定电压的大小又分为过电压继电器和欠电压继电器。

过电压继电器在电路中用于过电压保护。过电压继电器线圈在额定电压时，衔铁不产生吸合动作，只有当线圈的电压高于其额定电压的某一值时衔铁才产生吸合动作，所以称为过电压继电器。过电压继电器衔铁吸合而动作时，常利用其常闭触点断开需保护的电路的负荷开关，起到保护的作用。

欠压继电器又称零电压继电器，用作交流继电器的欠电压或零电压保护。当电路中的电气设备在额定电压下正常工作时，欠电压继电器的衔铁处于吸合状态；如果电路出现电压降低至线圈的释放电压时，衔铁由吸合状态转为释放状态，同时断开与它相连的电路，实现欠电压保护，所以控制电路中常用欠电压继电器的常开触点。

电压继电器的图形及文字符号如图 1-37 所示。

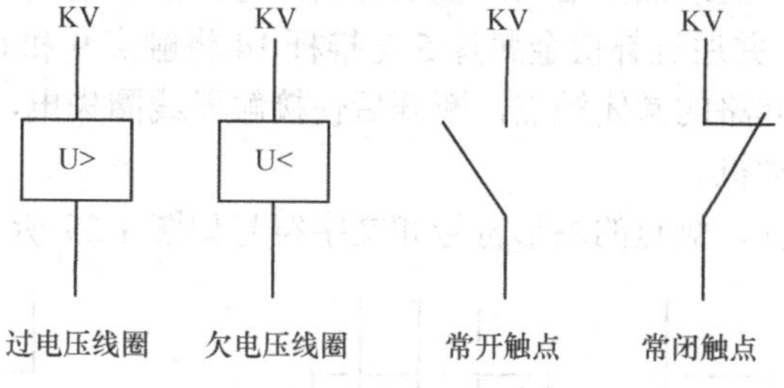

图 1-37 电压继电器图形及文字符号

在机床电气控制系统中，常用的电压继电器有 JT3、JT4 型。

1.6.4 热继电器

热继电器是利用电流的热效应原理来进行动作的一种保护电器，主要用于电动机的过载保护、断相保护及其他电气设备发热状态的控制。由于热继电器中发热元件有热惯性，对短时间大电流不会立即动作，在电路中不能作瞬时过载保护，更不能作短路保护，因此，它不同于过电流继电器和熔断器。

热继电器按相数来分，有单相、两相和三相 3 种类型，每种类型按发热元件的额定电流又有不同的规格和型号。三相式热继电器常用于三相交流电动机的过载保护。按功能三相式热继电器可分为带断相保护和不带断相保护两种类型。

热继电器主要由热元件、双金属片和触点系统组成。热继电器的敏感元件是双金属片。所谓双金属片，就是将两种线膨胀系数不同的金属片以机械辗压方式使之形成一体。线膨胀系数大的称为主动片，线膨胀系数小的称为被动片。双金属片受热后产生线膨胀，由于两层金属的线膨胀系数不同，且两层金属又紧紧地黏合在一起，因此，使得双金属片向被动片一侧弯曲。由双金属片弯曲产生的机械力便带动触点动作。热继电器的结构如图 1-38 所示。

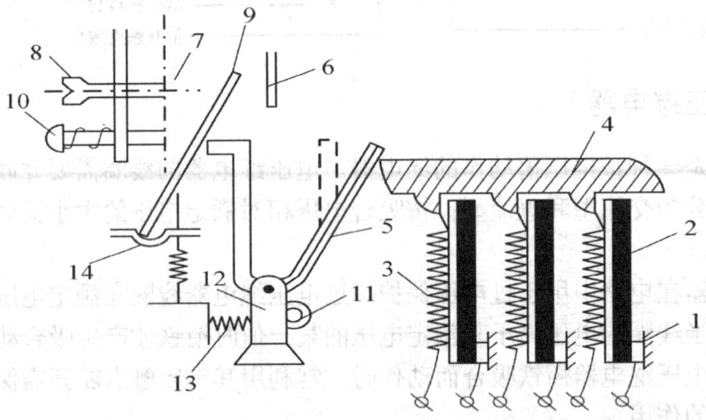

1—双金属片固定支点　2—双金属片　3—发热元件　4—导板　5—补偿双金属片　6—常闭触点　7—常开触点　8—复位调节　9—动触点　10—复位按钮　11—调节旋钮　12—支撑　13—压簧　14—推杆

图 1-38　热继电器的结构

热元件 3 串接在电动机的定子绕组中，电动机定子绕组电流即为流过热元件的电流。当电动机正常运行时，热元件产生的热量虽能使双金属片 2 弯曲，但还不足以使继电器动作。电动机过载时，热元件产生的热量增大，使双金属片弯曲位移增大，经过一定时间后，又金属片弯曲到推动导板 4，并通过补偿金属片 5 与推杆 14 将触点 9 和 6 分开，触点 9 和 6 为热继电器串于接触器线圈回路的常闭触点，断开后使接触器线圈失电，接触器的主触点为断开电动机的电源以保护电动机。

热继电器的发热元件、触点的图形符号和文字符号如图 1-39 所示。

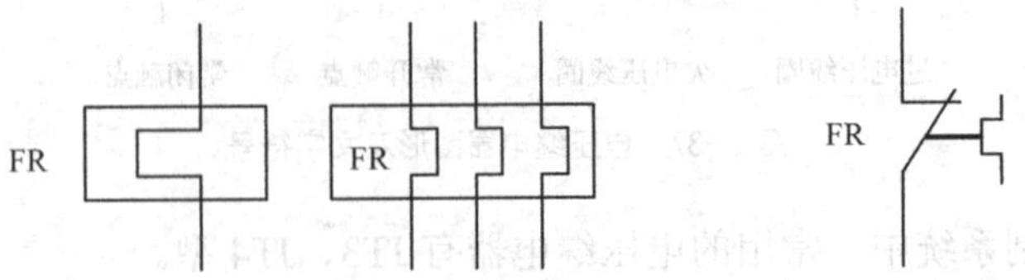

(a) 发热元件　　(b) 常闭触点

图 1-39　发热元件、触点的图形符号和文字符号

热继电器的选择主要根据电动机的额定电流来确定热继电器的型号及热元件的额定电流等级。通常，选取热继电器的额定电流（实际上是选取发热元件的额定电流）为电动机的额定电流的 60%～80%。对于过载能力较差的电动机，其配用的热继电器（主要是发热元件）的额定电流可适当小些。

常用的热继电器有JR0、JR1、JR2、JR16等系列，其型号构成及含义如下。

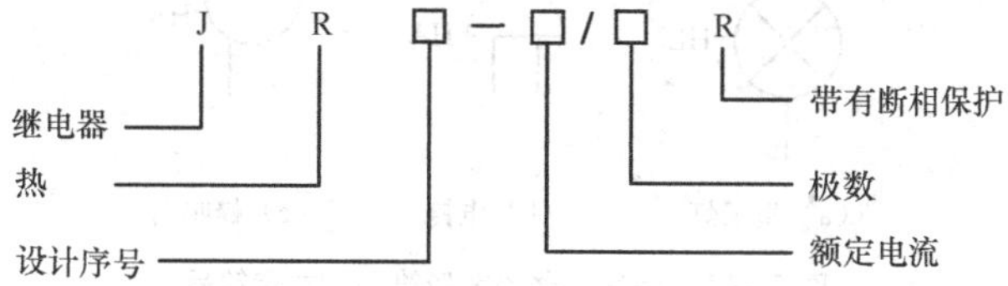

1.7　信号电器

信号电器主要用来对电器控制系统中的某些信号的状态、报警信息等进行指示。典型的产品主要有信号灯（指示灯）、灯柱、电铃和蜂鸣器等。

信号灯在各类电器设备及电气线路中做电源指示及指挥信号、预告信号、运行信号、故障信号及其他信号的指示。信号灯主要有壳体、发光体、灯罩等组成。外形结构多种多样，发光体主要有白炽灯、氖灯和半导体型三种。发光颜色有红、黄、绿、蓝、白五种，使用时按国标规定的用途选用，如表1-2所示。信号的主要参数有安装孔尺寸、工作电压及颜色等。

表1-2　　信号灯的颜色及其含义

颜　色	含　义	解　释	典型应用
红色	异常或警报	对可能出现的危险和需要立即处理的情况进行报警	参数超过规定限制，切断被保护电器
黄色	警告	状态改变或变量接近其极限值	参数偏离正常值
绿色	准备、安全	安全运行条件指示或机械准备启动	设备正常运转
蓝色	特殊指示	上述几种颜色未包括的任意一种功能	—
白色	一般信号	上述几种颜色未包括的各种功能	—

电铃和蜂鸣器都属于声响类的指示器件。在警报发生时，不仅需要指示灯指示出具体的故障点，还需要声响器件报警，以便告知在现场的所有操作人员。蜂鸣器一般在控制设备上，而电铃主要用在较大的场合的报警系统。

信号电器的外形见图1-40。信号电器的图形符号和文字符号见图1-41。

（a）信号灯　　（b）电铃　　（c）蜂鸣器

图1-40　信号电器的外形

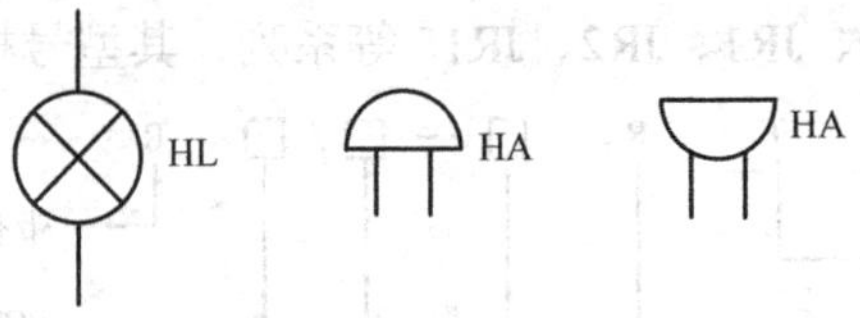

（a）指示灯　（b）电铃　（c）蜂鸣器

图 1-41　信号电器的图形符号和文字符号

思考题与练习题

1-1　什么是电器？什么是低压电器和高压电器？

1-2　电磁机构的吸力特性与反力特性是什么？吸力特性与反力特性之间应满足怎样的配合关系？

1-3　常用的灭弧方法有哪些？

1-4　接触器和继电器有何异同？

1-5　中间继电器与接触器有何异同？

1-6　说明热继电器和熔断器保护功能的不同之处。

1-7　控制按钮、转换开关、行程开关、接近开关、光电开关在电路中各起什么作用？

1-8　电磁阀分几大类？各自的工作原理是什么？

1-9　说明各类低压电器的图形及文字符号。

第2章 电气控制线路基础

2.1 电气控制电路图的电气符号及绘制原则

电气控制电路是把某些电气元件（如接触器、继电器、按钮、行程开关）和电动机等用电设备按某种要求用导线联接起来的电气线路，通常采用电气控制电路图来说明生产机械电气控制系统的组成、结构、工作原理，方便电气控制设备安装、调试、维修、维护等技术要求。在绘制电气控制电路图时，必须使用国家统一规定的电气符号。

2.1.1 电气符号

电气符号包括文字符号和图形符号两种，可详见电气符号国家标准 GB7159-87 和 GB4728-2008。

1．电气文字符号

文字符号是用来表示电气设备、装置和元器件的种类和功能的代号，又可分为基本文字符号、辅助文字符号和补充文字符号。

基本文字符号可用单字母符号或双字母符号表示。单字母符号是按拉丁字母将各种电气设备、装置和电器元件进行分类，每一类用一个专用单字母符号表示，如表 2-1 所示。单字母符号应优先采用。双字母符号由一个表示种类的单字母符号与另一个字母构成，单字母应在前。如“G”代表发电机，“GD”表示直流发电机。双字母符号只有在单字母符号不能满足要求，需要将大类进一步划分，以便较详细和更具体地表述电气设备、装置和元器件时，才使用。电气设备、装置和元器件常用基本文字符号如表 2-2 所示（GB7159—87）。

辅助文字符号常加于基本文字符号之后，可进一步表示电气设备装置和元器件的功能、特征及状态等。如“H”表示高，“YE”表示黄色等。辅助文字符号也可标在图形符号处单独使用，如“DC”，“AC”分别表示直流和交流。电气设备、装置和元器件常用辅助符号（标准 GB7159-87）如表 2-3 所示。

表 2-1　　　　表示电气设备、装置和元器件种类的单字母符号

种　类	符号	种　类	符号
组件部件	A	测量设备、实验设备	P
（非电量）电量到非电量（电量）变换器	B	电力电路的开关器件	Q

续表

种　类	符号	种　类	符号
电容器	C	电阻器	R
二进制元件、延迟器件、存储器件	D	控制、记忆、信号电路的开关器件选择器	S
其他元器件	E	变压器	T
保护器件	F	调制器、变换器	U
发生器、发电机、电源	G	电子管、晶体管	V
信号器件	H	传输通道、波导、天线	W
继电器、接触器等	K	端子、插头、插座	X
电感器、电抗器	L	电气操作的机械器件	Y
电动机	M	终端设备、混合变压器、滤波器、均衡器、限幅器	Z
模拟元件	N		

表 2-2　　电气设备、装置和元器件常用基本文字符号（标准 GB7159-87）

名　称	单字母符号	双字母符号	名　称	单字母符号	双字母符号
发热器件	E	EH	电压表	P	PV
照明灯	E	EL	断路器	Q	QF
过电压放电器件避雷器件	F		电动机保护开关	Q	QM
具有瞬时动作的限流保护器件	F	FA	隔离开关	Q	QS
具有延时动作的限流保护器件	F	FR	电阻器	R	
具有延时和瞬时动作的限流保护器件	F	FS	变阻器	R	
熔断器	F	FU	电位器	R	RP
限压保护器件	F	FV	热敏电阻器	R	RT
同步发电机	G	GS	压敏电阻器	R	RV
异步发电机	G	GA	控制开关	S	SA
蓄电池	G	GB	选择开关	S	SA
旋转式或固定式变频机	G	GF	按钮开关	S	SB
声响指示器	H	HA	压力传感器	S	SP
光指示器	H	HL	位置传感器（包括接近传感器）	S	SQ
指示灯	H	HL	转数传感器	S	SR

续表

名　称	单字母符号	双字母符号	名　称	单字母符号	双字母符号
瞬时接触继电器	K	KA	温度传感器	S	ST
瞬时有或无继电器	K	KA	变压器	T	
交流继电器	K	KA	电流互感器	T	TA
闭锁接触继电器	K	KL	控制电路电源用变压器	T	TC
双稳态继电器	K	KL	电力变压器	T	TM
接触器	K	KM	电压互感器	T	TV
极化继电器	K	KP	控制电路用电源的整流器	V	VC
簧片继电器	K	KR	导线、电缆、母线	W	
延时有或无继电器	K	KT	接线柱	X	
逆流继电器	K	KR	连接片	X	XB
感应线圈、线路陷波器、电抗器	L		插头	X	XP
电动机	M		插座	X	XS
同步电动机	M	MS	端子排	X	XT
可作发电机或电动机用的电机	M	MG	气阀	Y	
力矩电动机	M	MT	电磁铁	Y	YA
电流表	P	PA	电磁制动器	Y	YB
（脉冲）计数器	P	PC	电磁离合器	Y	YC
电度表	P	PJ	电动阀	Y	YM
时钟、操作时间表	P	PT	电磁阀	Y	YV

表 2-3　　电气设备、装置和元器件常用辅助文字（标准 GB7159-87）

名　称	辅助文字符号	名　称	辅助文字符号
高	H	黑	BK
低	L	向后	BW
直流	DC	顺时针	CW
接地	E	逆时针	CCW
绿	GN	交流	AC
降	D	速度	V
差动	D	电压	V
延时	D	电流	A
接地	E	保护	P
正，向前	FW	保护接地	PE

续表

名　称	辅助文字符号	名　称	辅助文字符号
闭锁	LA	保护接地与中性线共用	PEN
主	M	不接地保护	PU
中	M	起动	ST
中性线	N	停止	STP
辅	AUX	时间	T
中	M	温度	T
正	FW	闭合	ON
反	R	断开	OFF
右	R	附加	ADD
红	RD	异步	ASY
黄	YE	同步	SYN
白	WH	自动	A，AUT
篮	BL	辅助	AUX

补充文字符号是当基本文字符号、辅助文字符号不够用时所补充的符号。

2. 电气图形符号

图形符号是电气图纸或其他文件中用来表示电气设备或概念的图形记号或符号，它又分为基本图形符号、一般图形符号和明细符号三种。

（1）基本图形符号。基本符号不表示独立的电器元件，只说明某些特征。如“～”表示交流，用符号“＋”表示表示正极，用符号“△”表示绕组三角形接法。基本图形符号可以标注于设备或器件明细符号旁边或内部。

（2）一般图形符号。用来表示某一大类设备或器件的符号。

（3）明细符号。用于代表具体器件或设备，是一般图形符号与基本符号或文字符号相结合所派生出的符号。

表 2-4 是一些常用器件和设备的图形符号。

表 2-4　　常用器件和设备图形符号（标准 GB4728-2008）

名　称	图形符号	名　称	图形符号
直流电	—	三级开关（多线表示）	
交流电	～	断路器	
交直流	≃	三级断路器	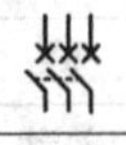
正极	＋	热继电器的驱动器件	
负极	—	三相鼠笼型异步电动机	

续表

名　称	图形符号	名　称	图形符号
继电器、接触器、磁力启动器线圈		串励直流电动机	
直流电流表		并励直流电动机	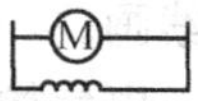
交流电压表		三相绕线型异步电动机	
按钮开关（动断按钮）		双绕组变压器	
按钮开关（动合按钮）		铁芯	
手动开关一般符号	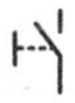	星型－三角形连接的三相变压器	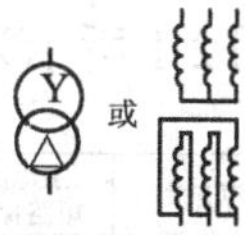
位置开关和限位开关的动断触点		电阻器的一般符号	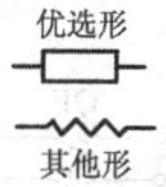
位置开关和限位开关的动合触点		可变电阻器	
继电器动断触点		滑动触点电位器	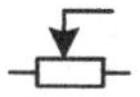
继电器动合触点		电容器的一般符号	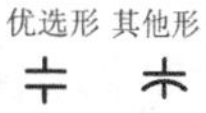
开关一般符号（动合）		极性电容器	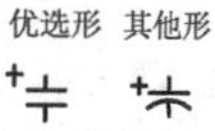
开关一般符号（动断）	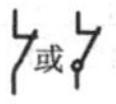	半导体二极管一般符号	
液位开关（常开触点）		发光二极管	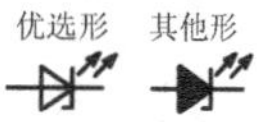
热继电器动断触点		单向击穿二极管、电压调整二极管	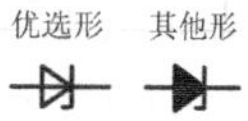
接触器动合触点		NPN 型半导体	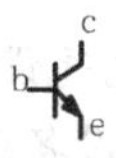
接触器动断触点		PNP 型半导体	
三级开关（单线表示）		桥式全波整流方框符号	

2.1.2 电气图

电气图有三种：电路图、电气设备位置图和电气设备接线图。

1. 电路图

电路图用于详细表示电路、设备或成套装置的全部基本组成和连接关系，而不考虑各电器元件的实际安装位置和实际接线情况，绘制电气电路图时，一般要遵循以下规则：

（1）电气控制电路分为主电路和控制电路，要分开来画。主电路用粗线绘出，而控制线路用细线画。一般主电路画在左侧，控制电路画在右侧。

（2）电气控制电路中，同一电气元件的各导电部分如线圈和触头常常不画在一起，但要用同一文字标明。

（3）电气控制电路的全部触头都按“平常”状态绘出。“平常”状态对接触器、继电器等电操作元件是指线圈未通电时的触头状态；对按钮、行程开关等机械操作元件是指没有受到外力时的触头状态；对主令控制器是指手柄置于“零位”时各触头状态；断路器和隔离开关的触头处于断开状态。

图 2-1 所示为某车床控制线路的电路图。

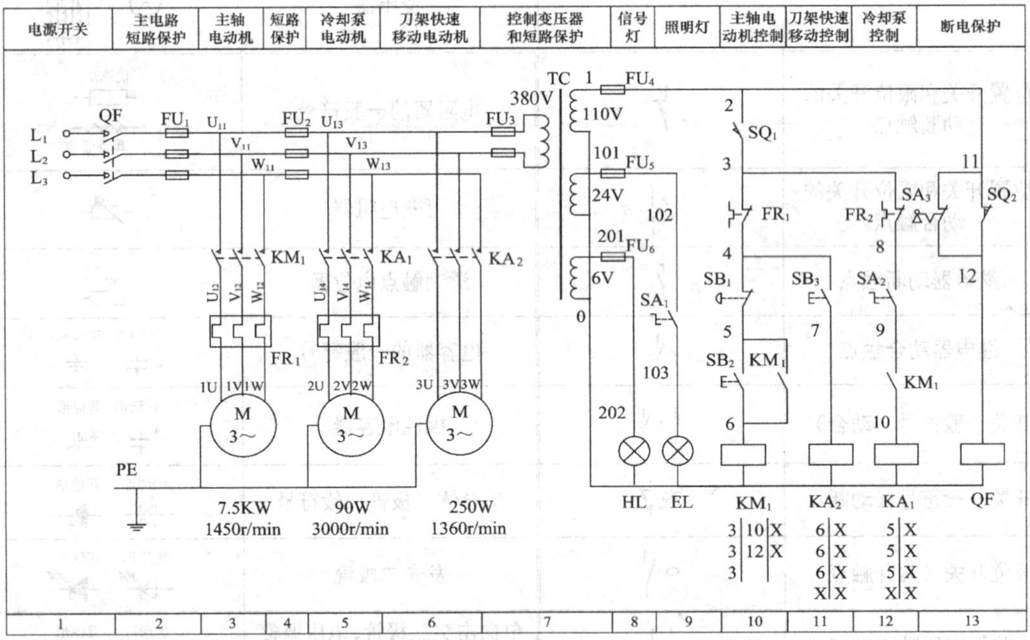

图 2-1　某车床控制线路的电路图

2. 电气设备位置图

电气设备位置图用来表示各电气设备（如元件、器件、部件、组件、成套设备等）在机械设备和电气控制柜中的实际安装位置。各电气设备的安装位置是由机械的结构和工作要求决定的，如电动机要和被拖动的机械部件在一起，行程开关应放在要取得信号的地方，操作元件放在便于操作的地方，一般电气元件应放在控制柜内。图 2-2 为某电气设备位置示意图。

3. 电气设备接线图

电气设备接线图用来表示各电气设备之间实际接线情况。绘制接线图时应把各电气元件的各个部分（如触点与线圈）应画在一起；文字符号、元件连接顺序、线路号码编制都必须与电路图一致。电气设备接线图和电气设备位置图是用于安装接线、检查维修和施工的。图 2-3 为某电气设备接线示意图。

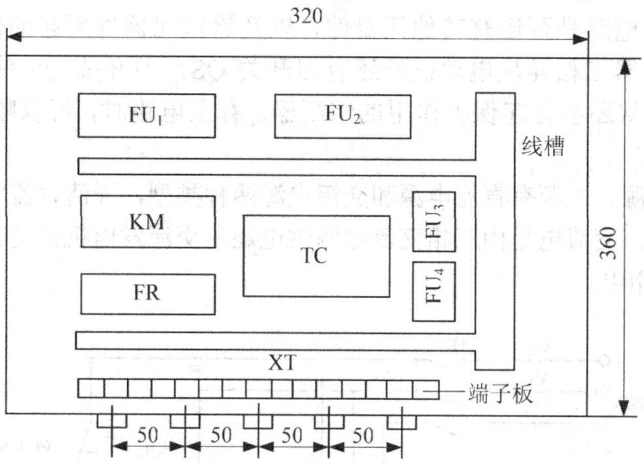

图 2-2 某电气设备位置示意图

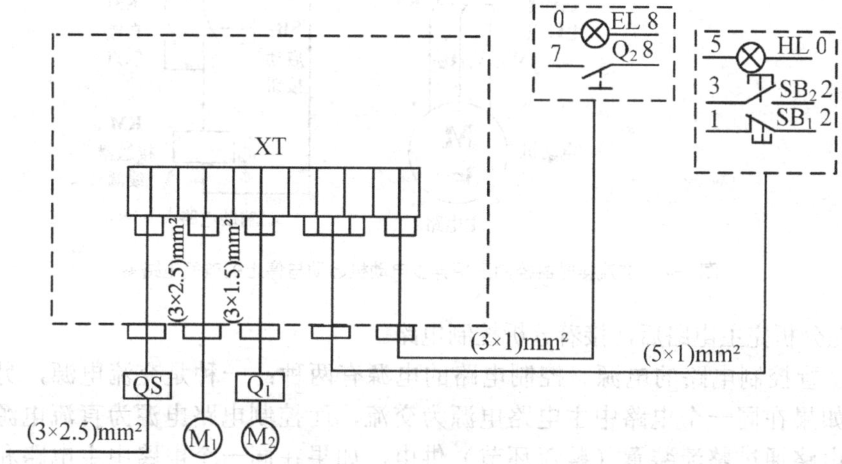

图 2-3 某电气设备接线示意图

2.1.3 电气识图方法与步骤

1. 识图方法

（1）结合电工基础知识准确、迅速地识别电气图。如改变异步电动机电源相序以改变其旋转方向，改变绕线式异步电动机的转子电阻以增大起动转矩等。

（2）结合典型电路识图，如电动机的起动、制动、顺序控制等，以便看懂较复杂的电气图。

（3）结合制图所遵循的规则和要求准确地识图。

2. 识图步骤

（1）首先，应了解机床设备生产过程和工艺对电路提出的要求，了解各种用电设备和控制电器的位置及用途，了解图中的图形符号及文字符号的意义。

（2）进行主电路的识别。

先看主电路中的用电器（如电动机、电弧炉等），弄清它们的类别、用图、接线方式等。再看各用电器是由那些（个）元件所控制，在图 2-4 中，电动机由 KM 控制。

其次，弄清主电路是否还有其他元器件，以及这些元器件所起的作用。例如在图 2-4 中，主电路除用电器三相异步电动机外还有刀开关 QS。刀开关 QS 使电路与总电源接通或断开。主电路通常还会有起保护作用的熔断器。看主电路时，可以顺着电源引入端向下逐次观察。

最后，观察电源。电源有直流电源和交流电源两种类型，弄清直流电是直流发电机供电还是整流设备供电，交流电是由三相交流电网供电还是交流发电机供电。在图 2-4 中电路电源为 380V 交流三相电。

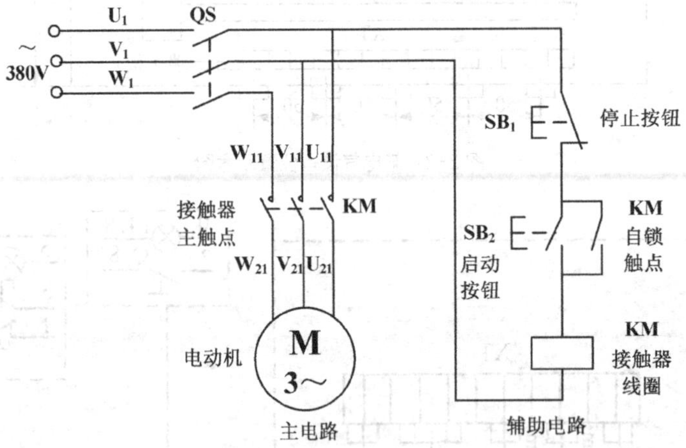

图 2-4　交流接触器控制三相异步电动机起动与停止的电气电路图

（3）在分析完主电路后，接着分析控制电路。

首先，看控制电路的电源。控制电路的电源有两种：一种是交流电源，另一种是直流电源。如果在同一个电路中主电路电源为交流，而控制电路电源为直流电源，一般情况是控制电路通过整流装置（整流环节）供电。如果在同一个电路中主电路和控制电路的电源都为交流电，则控制电路电源一般引自主电路。在图 2-4 中，主电路和控制电路电源都是交流电，控制电路电源是从主电路 V_1 和 U_1 引出的，控制电路电源电压为 380V，这就要求控制元件的按钮开关 SB 应能承受 380V 交流电，接触器线圈额定电压必须是交流 380V。

其次，弄清控制电路中每个控制元件的作用，这是识电路图的关键环节。

在图 2-4 所示的电路中，有控制停止和启动的两个按钮开关 SB_1 和 SB_2、一个交流接触器 KM 等控制元件。按钮开关用于控制交流接触器线圈通、断电；而交流接触器 KM 通过其主触点控制主电路三相异步电动机启动或停止。当总电源刀开关 QS 闭合，按下按钮开关 SB_1 和 SB_2 后，使交流接触器线圈得电，接触器的常开触点（主电路中的触点）闭合，最后主电路的电动机 M 与电源接通启动运行。当松开停止按钮开关 SB_1 时，SB_1 常开触点复位（返回断开状态），交流接触器线圈断电，交流接触器的常开触点复位断开，最后使电动机 M 断电停止运行。

最后，弄清控制电路中各个控制元件之间的制约关系。在图 2-4 所示的控制电路中，按钮开关 SB_1 和 SB2 就是控制交流接触器 KM 线圈接通或断电的元件。

（4）最后，阅读保护、照明、信号指示、检测等部分。

2.2 电气控制的基本控制线路

任何复杂的控制线路都是由一些较为简单的基本控制线路组成的，弄清楚了这些基本控制线路后就很容易理解复杂的控制线路。三相异步电动机是实际生产过程中常用的主要电气设备，它的启动、停止、保护等电气控制线路是最基本的控制线路，这些电路以三相交流异步电动机和由其拖动的机械运动系统为控制对象，通过由接触器、熔断器、热继电器和按钮等所组成的控制装置对控制对象进行控制。下面对不同基本控制线路加以分析。

2.2.1 电动机的启动和自锁控制线路

如图 2-5 所示为简单的电动机启动、停止、保护电气控制线路。主电路由刀开关 QS、熔断器 FU_1、接触器 KM 的主触点、热继电器 FR 的发热元件和电动机 M 组成；控制电路由熔断器 FU_2、热继电器 FR 的常闭触点、停止按钮 SB_1、启动按钮 SB_2、接触器 KM 的常开辅助触点和线圈组成。

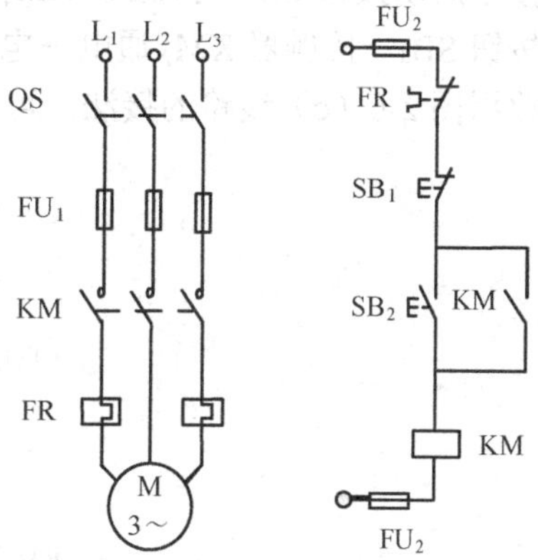

图 2-5 电动机启动、停止、保护控制线路

1．启动控制线路

合上刀开关 QS→按下启动按钮 SB_2→接触器 KM 线圈通电→KM 主触点闭合（松开 SB_2），KM 常开辅助触点闭合→电动机 M 接通电源启动。当松开启动按钮 SB_2 后，由于接触器 KM 的辅助常开触点仍闭合使 KM 线圈继续保持通电，故 KM 主触点闭合，保证电动机的连续运行。这种依靠接触器自身辅助常开触点而使线圈保持通电的控制方式，称为自锁。与启动按钮 SB_2 并联起自锁作用的辅助常开触点，称为自锁环节。自锁环节具有对命令的记忆功能。

2．停止控制线路

按下停止按钮 SB_1→KM 线圈断电→KM 主触点和辅助常开触点断开→电动机 M 断电停止。

3．保护控制线路

短路保护：发生短路时通过熔断器 FU_1 的熔体熔断而切断电路起保护作用。

过载保护：在电动机启动时间不太长的情况下，当电流为几倍额定值时，由于热继电器 FR 较大的热惯性而不会立即动作。当电动机长期过载时，热继电器 FR 通过其常闭触点使控制电路断电。

欠电压、失电压保护：当电源电压由于某种原因而严重欠电压或失电压（如停电）时，接触器 KM 断电释放，电动机停止转动。当电源电压恢复正常时，接触器线圈不会自行通电，电动机也不会自行启动，只有在重新按下启动按钮 SB_2 后，电动机才能启动。这是通过接触器 KM 的自锁环节来实现。

2.2.2 联锁控制和顺序控制线路

联锁控制是指不同的运动部件之间互相联系又互相制约，又称互锁控制。联锁可以起到顺序控制的作用，称为顺序联锁控制。例如，龙门刨床的导轨润滑油泵要先启动才能进行工作台的移动；磨床的润滑油泵要先启动才能启动主轴电动机；铣床的主轴先旋转方可移动工作台等都是按顺序联锁控制。

顺序联锁控制遵循如下原则：

（1）若要求甲接触器动作后乙接触器才能工作，则应将甲接触器的常开触点串联在乙接触器的线圈电路中。

（2）若要求甲接触器动作后乙接触器不能工作，则应将甲接触器的常闭触点串联在乙接触器的线圈电路中。

在图 2-6（a）所示的线路中，接触器 KM_1 控制电动机 M_1 的启动和停止；接触器 KM_2 控制电动机 M_2 的启动和停止。现要求控制线路按顺序的联锁工作：电动机 M_1 启动后，电动机 M_2 才能启动。将 2-6（a）所示线路改成 2-6（b）所示线路，其工作原理为：合上分开关 QS→按下启动按钮 SB_2→接触器 KM_1 通电→电动机 M_1 启动→KM_1 常开辅助触点闭合→按下启动按钮 SB_4→接触器 KM_2 通电→电动机 M_2 启动；按下停止按钮 SB_1，两台电动机同时停止。如改用图 2-6（c）线路的接法，可以省去接触器 KM_1 的常开触点，使线路得到简化。

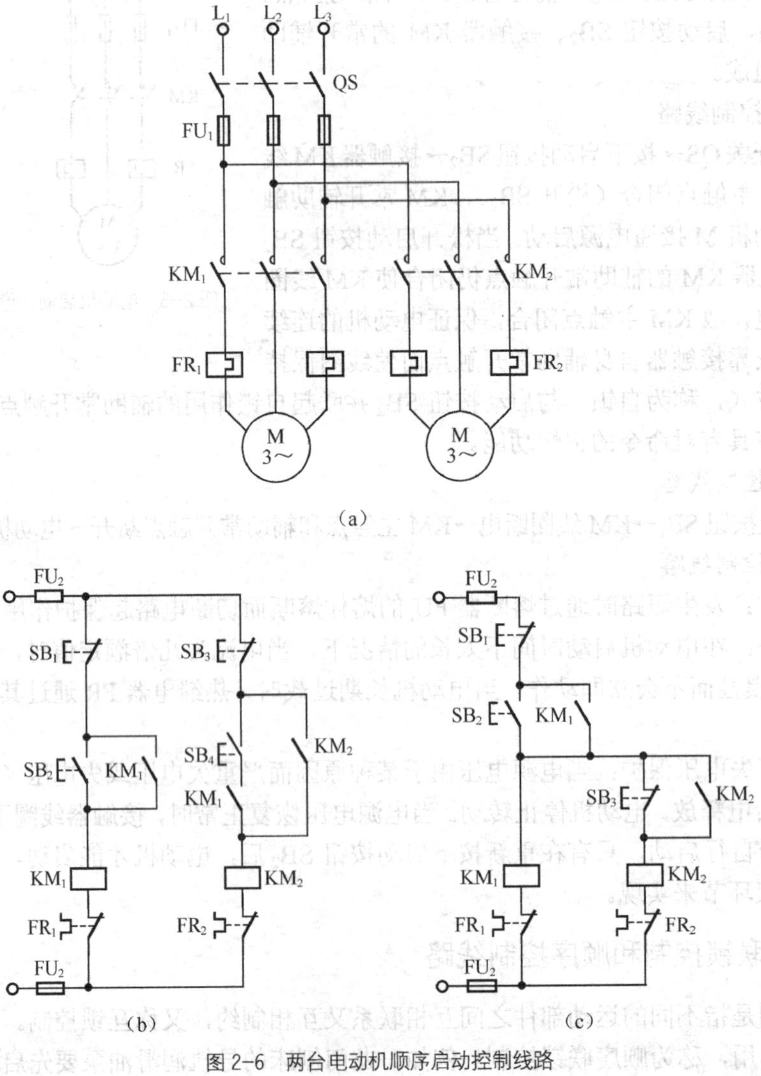

图 2-6 两台电动机顺序启动控制线路

图 2-7 所示电路是采用时间继电器按时间原则顺序启动的控制线路，要求电动机 M_1 启动 t 秒后，电动机 M_2 自动启动，这可利用时间继电器的延时闭合常开触点来实现。

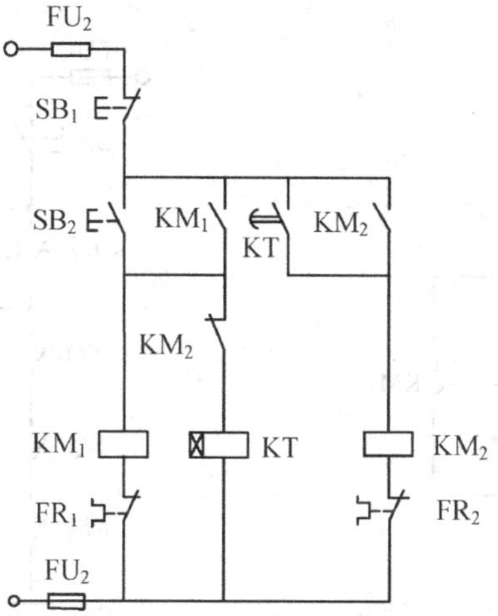

图 2-7　按时间原则顺序启动的控制线路

2.2.3　多地点控制线路

多地点控制是指能在多个地点对同一台电动机实现控制，以方便操作。例如，大型机床、起重运输机等电气设备。如图 2-8 所示为三地点控制线路，由一个启动按钮和一个停止按钮组成一组，把三组启动、停止按钮分别放置在三地，即能实现三地点控制。多地点控制线路的接线原则是：启动按钮应并联连接，停止按钮应串联连接。

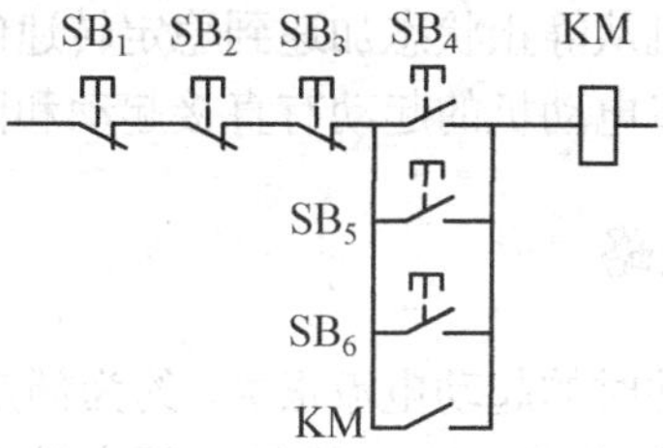

图 2-8　三地点控制线路

2.2.4　自动循环控制线路

在机床电气设备中，有些设备是通过工作台自动往复循环工作的，如龙门刨床的工作台前进、后退。自动往复循环通常采用限位开关（或行程开关），如机械式限位开关、光电式限位开关等，对电动机进行正、反转切换来实现的。自动循环控制线路按照行程控制原则，利用生产机械运动的行程位置实现控制。如图 2-9 所示为常见的自动循环控制线路。

图中 SQ_3 和 SQ_4 分别为正、反向终端保护限位开关，防止限位开关 SQ_1 和 SQ_2 失灵时造成工作台从床身上冲出的事故。

实际生产过程中的复杂控制线路，都是由一些比较简单的基本线路按照需要组合而成的。

通过基本控制线路、典型控制线路，由浅入深、由易到难地加以认识，才能打下阅读电气控制线路的良好基础，才能掌握好电气控制的基本知识和设计技能。

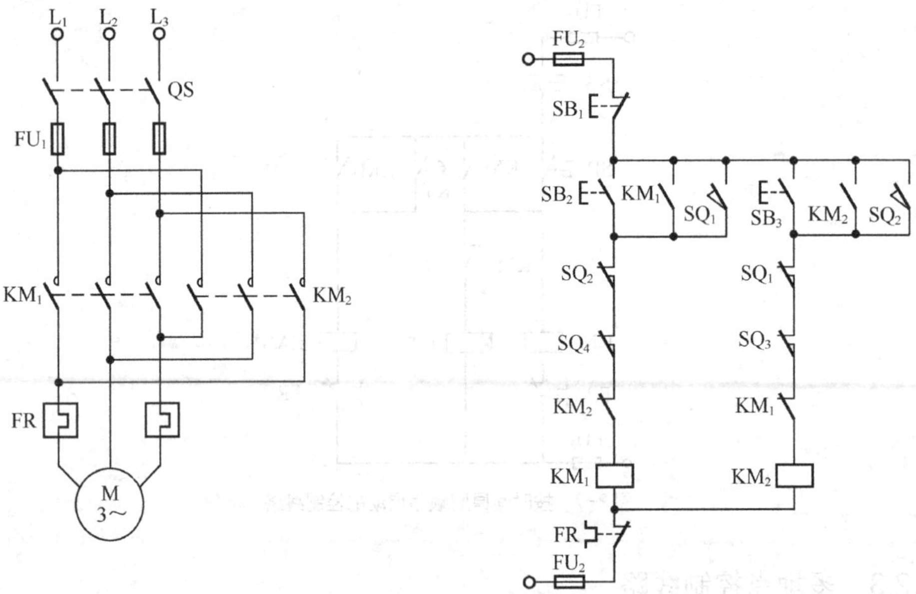

图 2-9 自动循环控制线路

2.3 三相鼠笼型异步电动机的启动控制线路

异步电动机的起动是指电机从静止状态加速到稳定转速的整个过程，它包括最初起动状态和加速过程。鼠笼型交流异步电动机的起动有直接起动和降压起动两种。

2.3.1 直接启动控制线路

鼠笼型交流异步电动机起动时的起动电流很大，约为额定值的4～7倍，但由于功率因素较低和主磁通的减小使起动转矩并不大，一般只有额定转矩的1～2倍。过大的起动电流一方面会引起供电线路上很大的压降，影响线路上其他负载的正常运行；另一方面对于频繁起动的异步电动机，大的起动电流会导致严重发热，加速线圈老化，缩短电动机的寿命。由经验公式，当 $I_{st}/I_N \leqslant (3/4+P_s/4P_N)$ 时，中小型电动机可全电压直接起动。式中，I_{st} 为电动机起动电流（A）；I_N 为电动机额定电流（A）；P_s 为电源容量（kVA）；P_N 为电动机额定功率（kW）。

如图 2-10（a）所示为采用开关直接起动的控制线路。如一般的小型台钻和砂轮机等都直接用开关起动。如图 2-10（b）所示为采用接触器直接起动的控制线路，许多中小型卧式车床的主电动机都采用这种起动方式。

控制线路中采用了接触器 KM 的辅助触点作为自锁触点，其自锁作用是，当放开起动按钮 SB_2 后，线圈 KM 继续通电，仍可保证电动机运行。接触器这种用本身的触点来使其线圈保持通电的环节称作自锁环节。

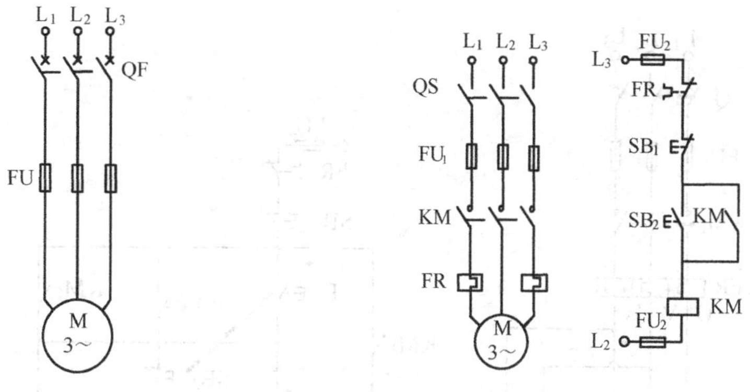

（a）用开关直接起动

（b）用接触器直接起动

图 2-10 直接起动

2.3.2 降压启动控制线路

异步电动机直接起动控制线路简单、经济、操作方便。但对于容量较大的电动机来说，由于起动电流大，会引起电动机寿命的缩短和较大的电网压降，所以必须采用降压起动的方法，以限制起动电流。由于降压起动降低了起动转矩，故常用于空载或轻载起动。

异步电动机的降压起动方法有星形—三角形降压起动、定子绕组串电阻（或电抗器）起动及自耦变压器降压起动等。

1. *星形—三角形降压起动控制线路*

起动时把电动机的定子绕组联接成星形（Y 形），起动即将完毕时再把它恢复成三角形（Δ形）。目前 4kW 以上 J02、J03 系列的三相异步电动机定子绕组在正常运行时，都是接成三角形的，对这种电动机就可采用星形—三角形降压起动。

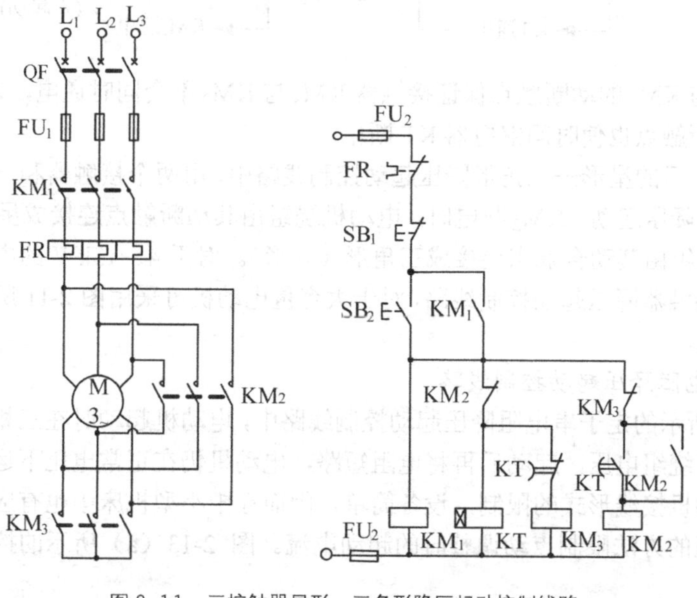

图 2-11 三接触器星形—三角形降压起动控制线路

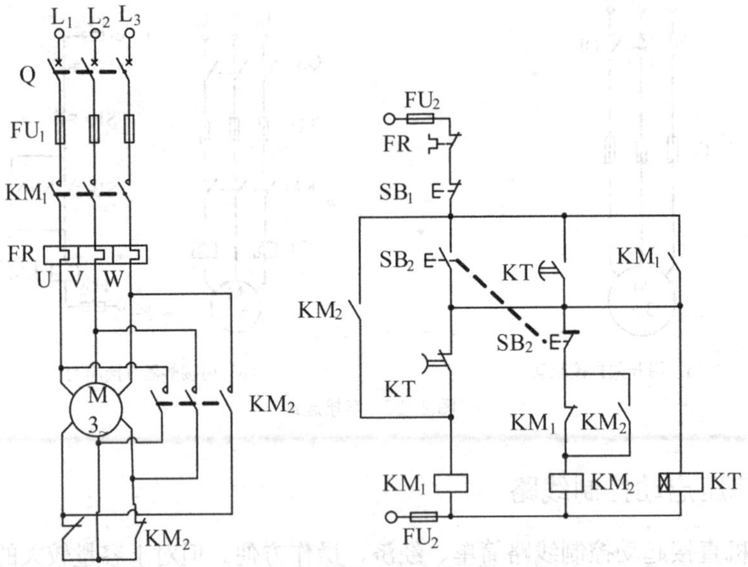

图 2-12　两接触器星形—三角形降压起动控制线路

在图 2-11 所示的星形—三角形降压起动控制线路中，当主回路 KM_3 主触点闭合时，使电动机定子绕组接成星形，并且经过一段延时后再接成三角形（即 KM_3 主触点打开，KM_2 主触点闭合），则电动机通过星形联结降压起动，而后再自动转换到三角形联结正常运行。控制线路的工作过程如下：

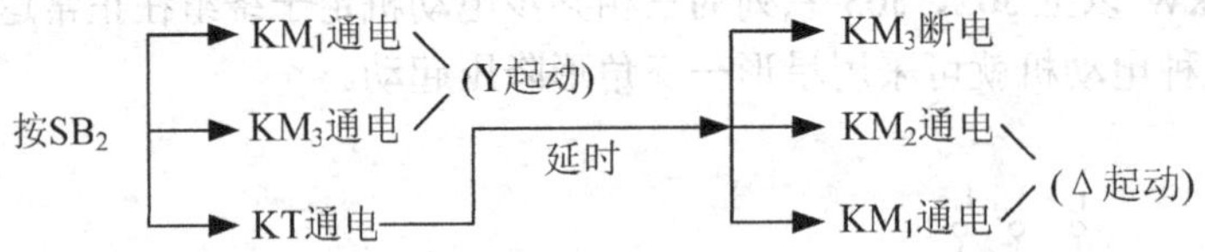

通过 KM_3 与 KM_2 的动断触点保证接触器 KM_3 与 KM_2 不会同时通电，以防止电源短路。同时 KM_2 的动断触点也使时间继电器 KT 断电。

在图 2-12 所示的星形—三角形降压起动控制线路中，用两个接触器和一个时间继电器进行星形—三角形降压起动。KM_2 断电时，电动机绕组由其动断触点连接成星形（Y 形），KM_2 通电时电动机绕组由其动合触点连接成三角形（Δ 形）。对于 4～13kW 的电动机，可采用图 2-12 所示的两接触器降压起动控制线路，对于大容量电动机可采用图 2-11 所示的三接触器降压起动控制线路。

2. 定子串电阻降压起动控制线路

在图 2-13 所示的定子串电阻降压起动控制线路中，电动机起动时在三相定子绕组中串接电阻以降低定子绕组电压，起动后再将电阻短路，电动机仍在正常电压下运行。这种起动方式由于不受电动机接线形式的限制，设备简单，因而在中小型机床中也有应用。机床中也常用这种串接电阻的方法限制点动调整时的起动电流。图 2-13（a）所示的控制线路的工作过程如下：

按SB_2 → KM_1通电(电动机串电阻起动)
　　　→ KT通电 —延时→ KM_2通电（短接电阻，电动机正常运行）

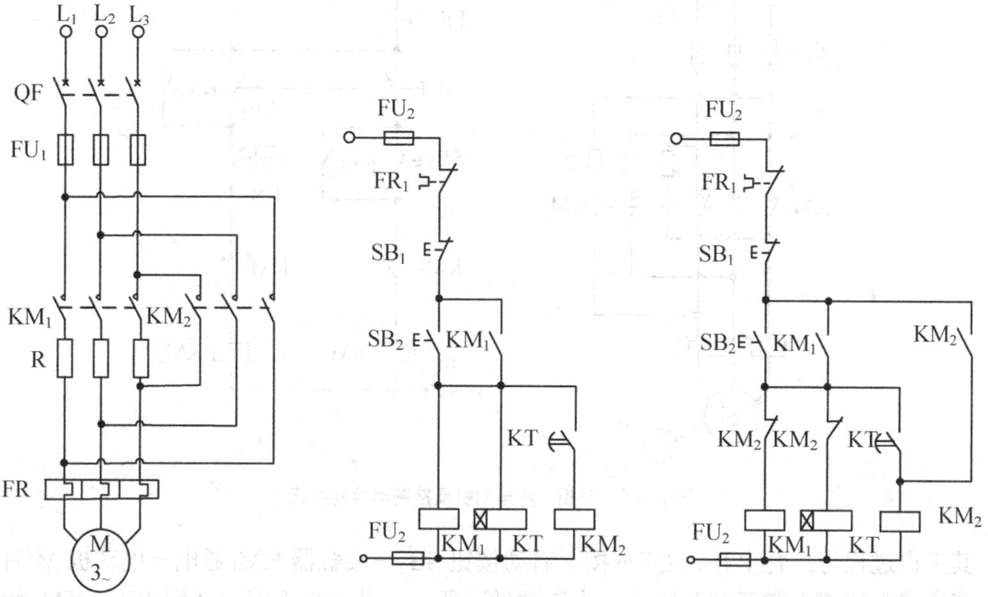

（a）　　　　（b）

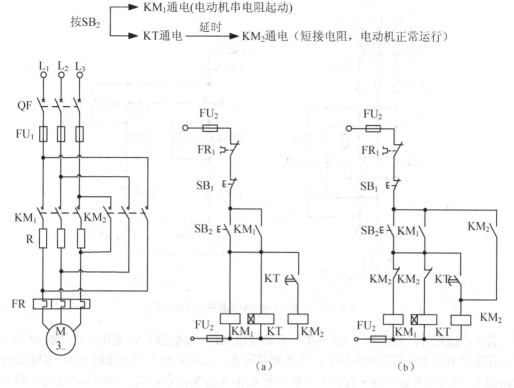

图 2-13　电动机定子串电阻降压起动控制线路

KM_2得电后使电动机正常运行。图 2-13（a）的线路在电动机起动后 KM_1与 KT 一直带电动作；而图 2-13（b）的线路在 KM_2接触器得电后，其动断触点将 KM_1与 KT 断电，KM_2自锁。这样，在电动机起动后，只要 KM_2带电，电动机便能正常运行。

2.4　三相鼠笼型异步电动机的制动控制线路

实际生产中的许多机床设备，如万能铣床、卧式镗床、组合机床等，不仅要求能快速停车，而且还要求准确定位。这就要求对电动机进行制动，强迫其立即停车。三相异步电动机的制动方法有机械制动和电气制动两大类。机械制动采用机械抱闸或液压装置制动。电气制动实质是使电动机产生一个与原来转子的转动方向相反的制动转矩，机床中经常应用的电气制动是能耗制动、反接制动、回馈制动等。

1. 反接制动控制线路

反接制动是通过改变电动机的电源相序，使定子绕组产生的旋转磁场与原旋转方向相反，因而产生制动力矩的一种制动方法。需要注意的是，当电动机转速接近于零时，必须立即断开电源，否则电动机会反向旋转。

图 2-14 所示为三相异步电动机反接制动控制线路图。采用与电动机同轴相连的速度继电器作为速度检测元件，在 120～3000r/min 范围内速度继电器触头动作，当转速低 100r/min 时，其触头复位。另外，由于反接制动电流较大，制动时需在定子回路中串入电阻以限制制动电流。

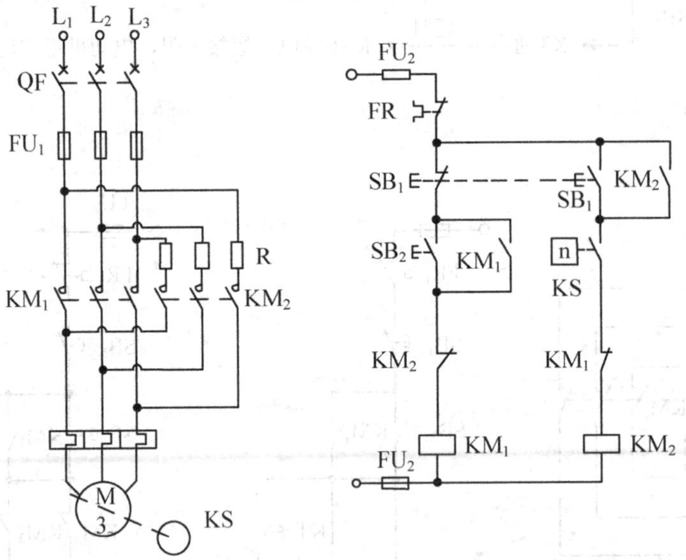

图 2-14 三相异步电动机反接制动控制线路

其工作过程为：合上开关 QF→按下启动按钮 SB_2→接触器 KM_1 通电→电动机 M 启动运行→速度继电器 KS 常开触头闭合，为制动做准备。制动时按下停止按钮 SB_1→KM_1 断电→KM_2 通电（KS 常开触头尚未打开）→接触器 KM_2 主触头闭合，定子绕组串入限流电阻 R 进行反接制动→$n\approx0$ 时，KS 常开触头断开→KM_2 断电，电动机制动结束。

2. 三相异步电动机能耗制动控制

三相异步电动机的能耗制动是指在切断定子绕组的交流电源后，在定子绕组任意两相通入直流电流，形成一固定磁场，该磁场与旋转转子中的感应电流相互作用产生制动力矩，制动结束必须及时切除直流电源。这种制动方法实质是把转子原来储存的机械能转变为电能，并消耗在转子的制动上，故称作能耗制动。

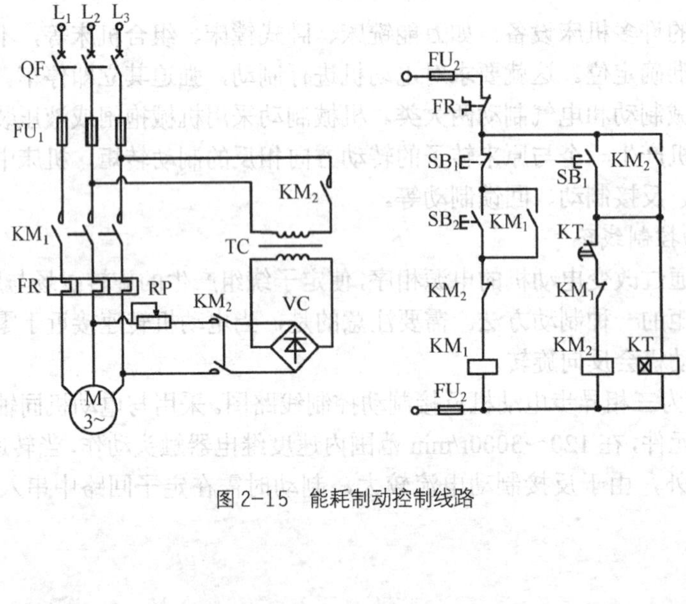

图 2-15 能耗制动控制线路

如图 2-15 所示为能耗制动控制线路。用变压器 TC 和整流器 VC 为制动提供直流电源，KM_2 为制动用接触器；使用了时间继电器 KT，根据电动机带负载后的制动过程时间长短设定 KT 的定时值，就可以实现制动过程的自动控制。

其工作过程为：启动时合上开关 QF→按下启动按钮 SB_2→接触器 KM_1 通电→电动机 M 启动运行。制动时按下停止按钮 SB_1→KM_2 和 KT 通电、KM_1 断电，进行能耗制动→KT 延时时间到，其常闭触头断开→KM_2 断电，电动机制动结束。

制动作用的强弱与通入直流电流的大小和电动机的转速有关，转速一定时电流越大制动作用越强，电流一定时转速越高制动力矩越大。一般取直流电流为电动机空载电流的 3～4 倍，过大会使定子过热。可调节整流器输出端的可变电阻 RP，得到合适的制动电流。

2.5　三相鼠笼型异步电动机的速度控制线路

异步电动机的转速根据负载的要求，人为地或自动地进行调节，称为调速。三相异步电动机的同步转速公式为

$$n = \frac{60f}{p}(1-s) \tag{2-1}$$

因此，三相异步电动机的调速方法有：改变电源频率 f；改变电动机的极对数 p；改变转差率 s。其中改变转差率调速又包括：异步电动机交流调压调速；电磁离合器调速；绕线式电动机转子串电阻调速；绕线式电动机串级调速。下面对工业生产中常用的几种笼型异步电动机调速控制线路进行介绍。

2.5.1　三相鼠笼型异步电动机的变极调速

异步电动机的变极调速要求定子绕组和转子绕组的极对数应一致改变，即改变为相同的极对数。绕线式异步电动机定子绕组和转子绕组极对数的重新组合在实际生产现场中往往难以实现。而三相鼠笼型异步电动机的转子本身没有固定的极数，它的极数随定子极数而定，即改变定子极数时，转子极数也同时改变，故可方便地采用变极对数调速。

鼠笼型异步电动机改变定子绕组极对数的方法主要有以下三种。

（1）装有一套定子绕组，改变它的连接方式，得到不同的极对数；

（2）定子槽里装有两套极对数不一样的独立绕组；

（3）定子槽里装有两套极对数不一样的独立绕组，而每套绕组本身又可以改变它的连接方式，得到不同的极对数。

多速电动机一般有双速、三速、四速之分。双速电动机定子装有一套绕组，三速、四速电动机则装有两套绕组。双速电动机三相绕组连接图如图 2-16 所示。图 2-16（a）为三角形与双星形连接法；图 2-16（b）为星形与双星形连接法。应注意，当三角形或星形连接时，p=2（低速），各相绕组互为 240° 电角度，当双星形连接时，p=1（高速），各相绕组互为 120° 电角度，为保持变速前后转向不变，改变磁极对数时必须改变电源相序。

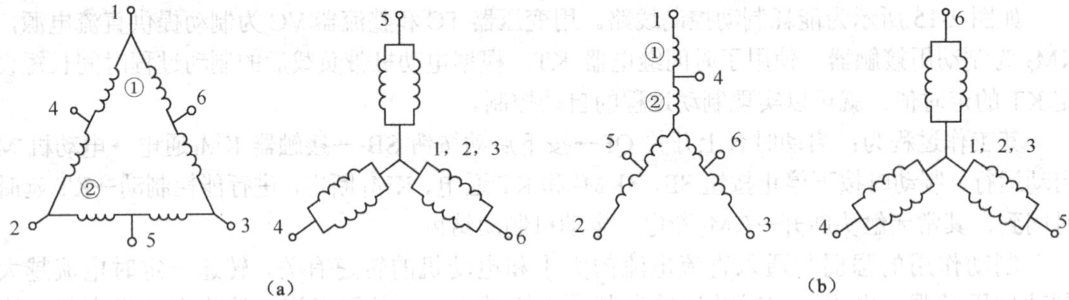

图 2-16　双速电动机三相绕组连接图

如图 2-17 所示为双速异步电动机调速控制线路，由转换开关 SA 进行“低速”和“高速”切换。“低速”时，电动机连接成三角形；“高速”时，电动机连接成双星形。

1. “低速”工作过程

SA 置于低速位置→接触器 KM_3 通电→KM_3 主触头闭合→电动机 M 连接成三角形，低速运行。

2. “高速”工作过程

SA 置于高速位置→时间继电器 KT 通电→接触器 KM_3 通电→电动机 M 连接成三角形启动→KT 延时打开常闭触头→KM_3 断电→KT 延时闭合常开触头→接触器 KM_2 通电→接触器 KM_1 通电→电动机连接成双星形投入高速运行。

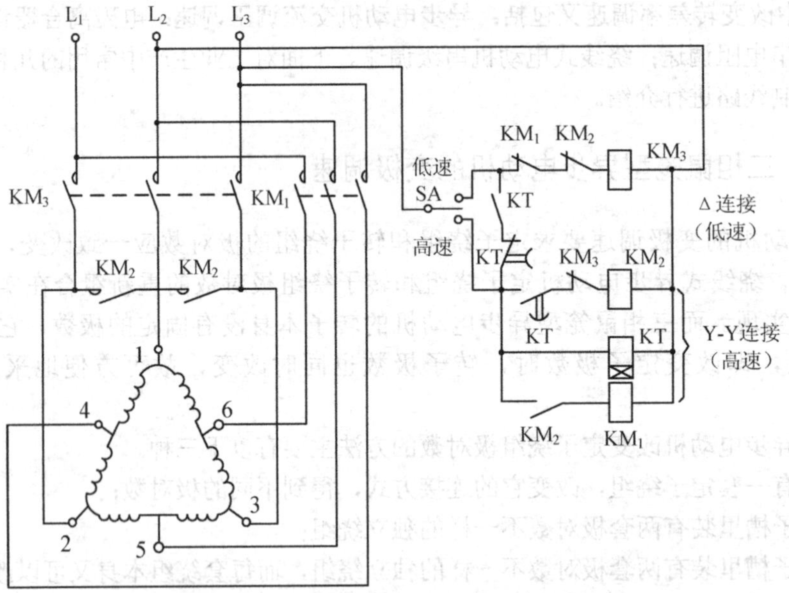

图 2-17　双速异步电动机调速控制线路

2.5.2　三相鼠笼型异步电动机的变压调速

由异步电动机的机械特性可知，当其等效电路的参数不变时，在相同的转速下，电磁转矩 T 与定子电压 U 的平方成正比，因此，可通过改变定子外加电压以改变机械特性，从而改变电动机在一定负载转矩下的转速。变压调速是一种进行异步电动机调速的简便方法。

交流调压器一般采用三对晶闸管反并联或三个双向晶闸管分别串接在三相电路中，用相位控制改变输出电压。图 2-18 所示为采用晶闸管反并联的异步电机可逆和制动电路，其中，晶闸管 1～6 控制电动机正转运行，反转时，可由晶闸管 1、4 和 7～10 提供逆相序电源，同时也可用于反接制动。当需要能耗制动时，可以根据制动电路的要求选择某几个晶闸管不对称地工作，例如，让 1、2、6 三个器件导通，其余均断开，就可使定子绕组中流过半波直流电流，对旋转着的电动机转子产生制动作用。必要时，还可以在制动电路中串入电阻以限制制动电流。

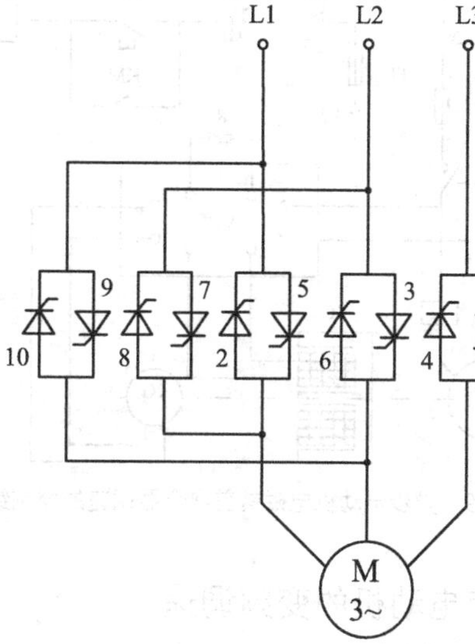

图 2-18 异步电机可逆和制动电路

2.5.3 三相鼠笼型异步电动机电磁转差离合器调速

电磁调速异步电动机由异步电动机、电磁离合器、控制装置三部分组成，它是通过改变电磁离合器的励磁电流实现调速的。

电磁离合器由电枢与磁极两部分组成。电枢直接与异步电动机轴相连，由铸钢制成圆筒形。磁极由铁磁材料形成爪形，其轴与生产机械相连接，并装有励磁线圈，励磁线圈经集电环通入直流电励磁。

异步电动机运转时，带动电磁离合器电枢旋转。当励磁绕组没有直流电流时，磁极与生产机械不转动。当励磁绕组通入直流电流时，电枢中产生感应电动势和感应电流。感应电流与爪形磁极相互作用，使爪形磁极受到与电枢转向相同的电磁转矩。由于感应电流与电磁转矩只有在磁极与电枢之间存在转差时才会产生，所以磁极必然以小于电枢的转速作用同方向运转。

电磁离合器的磁极的转速与励磁电流的大小有关。励磁电流越大，建立的磁场越强，在一定的转差率下产生的转矩越大。对于一定的负载转矩，励磁电流不同，转速也不同，因此只要改变电磁离合器的励磁电流，就可以调节转速。

由于电磁调速异步电动机的机械特性较软，因此还需加自动调速装置，以得到平滑稳定的调速特性。

如图 2-19 所示为电磁调速异步电动机的控制线路。图中 VC 是晶闸管可控整流电源，提供电磁离合器的直流励磁电流，其大小可通过电位器 R 进行调节。由测速发电机 TG 取出转速信号，反馈给 VC，以达到调节和稳定电动机的转速，改善异步电动机机械特性的目的。工作过程如下：合上刀开关 QS，按下启动按钮 SB_2—>接触器 KM 通电—>电动机 M 运转—>VC 输出直流电流给电磁离合器 YC，建立磁场，磁极随电动机和电枢同向转动—>调节可变电阻 R 改变励磁电流大小，使生产机械达到所要求的转速。

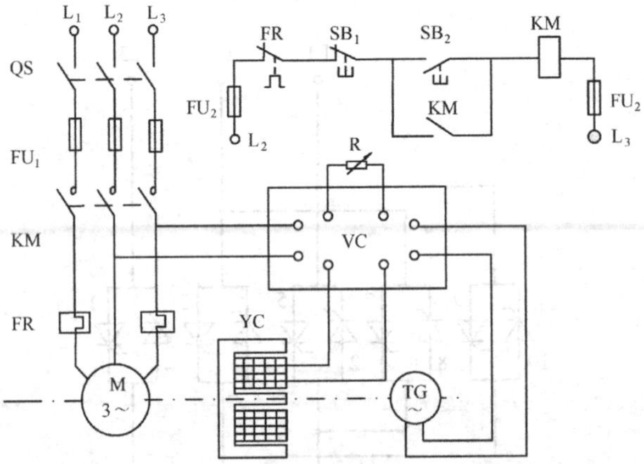

图 2-19 异步电动机电磁转差离合器调速的控制线路

2.5.4 三相鼠笼型异步电动机的变频调速

变频调速是通过改变电源频率来改变电动机的同步转速，使转子转速随之变化。为了保持电动机的负载能力，应保持磁通 Φ_m 不变，由电机学可知，三相异步电动机定子每相电动势的有效值为 $E=4.44f_1N_1K_{N1}\Phi_m$，只要控制好 E 和 f_1，便可达到控制磁通 Φ_m 的目的。因此，异步电动机变频调速又称为变压变频调速，其特点是同时调节定子的电压和频率，在调速时转差功率不随转速而变化，调速范围宽，效率高，能实现高动态性能的电动机调速。

1. 基频以下调速

保持 Φ_m 不变，当频率 f_1 从额定值 f_{1N} 向下调节时，使 E/f_1 为常数。如略去异步电动机定子阻抗压降，有 $U\approx E$，U/f_1 为常数，这是恒压频比的控制方式。

2. 基频以上调速

在基频以上调速时，频率 f_1 从额定值 f_{1N} 向上升高，保持 $U=U_N$，这将迫使磁通与频率成反比降低，相当于直流电动机弱磁升速的情况。

此外，还有针对绕线式异步电动机的转子串电阻调速和串级调速。绕线式异步电动机串电阻调速是指转子串入附加电阻，使电动机的转差率加大，电动机在较低的转速下运行，串入的电阻越大，电动机的转速就越低；此方法设备简单，控制方便，但转差功率以发热的形式消耗在电阻上，属有级调速，机械特性较软，在对调速性能要求不高的地方应用较多，如运输、起重机械等。绕线式异步电动机的串级调速是指在异步电动机转子侧，将转子电压先整流成直流电压，然后再引入一个附加的直流电动势，控制此直流附加电动势的幅值，就可以调节异步电动机的转速；串级调速系统能够靠调节逆变角 β 实现平滑无级调速，能把异步电动机的转差功率回馈给交流电网，从而使扣除装置损耗后的转差功率得到有效利用，大大提高了调速系统的效率。

2.6　常用电动机控制的保护环节

为了保证机床等所有生产设备长期正常运行，避免由于各种故障造成电气设备、电网和机床设备的损坏及人身伤害，电气控制系统还必须有各种保护措施。保护环节是所有机床电气控制系统不可缺少的组成部分，电气控制系统中常用的保护环节有过载保护、短路保护、零电压和欠电压保护以及弱磁保护等。

1. 短路保护

电动机绕组的绝缘、导线的绝缘损坏或线路发生故障时，会造成短路现象，例如，在正转接触器的主触点未断开而反转接触器的主触点已闭合时就会产生短路现象。此时会产生很大的短路电流，并引起电气设备绝缘损坏和产生强大的电动力使电气设备损坏。因此在产生短路现象时，必须迅速地将电源切断。常用的短路保护元件有熔断器和断路器。

熔断器的熔体串联在被保护的电路中，当电路发生短路或严重过载时，它自动熔断，从而切断电路，达到保护的目的。断路器俗称自动开关，它有短路、过载和欠电压保护功能。通常熔断器比较适用于对动作准确度要求不高和自动化程度较差的系统中，如小容量的笼型电动机、一般的普通交流电源等。当用于三相电动机保护时，在发生短路时有可能会使一相熔断器熔断，造成单相运行。但对于断路器，只要发生短路就会自动跳闸，将三相电路同时切断。断路器结构复杂，广泛用于要求较高的场合。

2. 过电流保护

不正确的起动和过大的负载转矩以及频繁的反接制动，都会引起过电流。过电流保护广泛用于直流电动机或绕线转子异步电动机，对于三相笼型电动机，由于其短时过电流不会产生严重后果，故不采用过流保护而采用短路保护。为了限制电动机的起动或制动电流过大，常常在直流电动机的电枢回路中或交流绕线转子电动机的转子回路中串入附加的电阻。过电流与短路电流的危害一样，只是程度上的不同。过电流保护常用断路器或电磁式过电流继电器。断路器通过其电流检测线圈检测电流的大小，用主触点切断过电流，以实现过电流保护。过电流继电器串联在被保护的电路中，当发生过电流时，过电流继电器 KI 线圈中的电流达到其动作值，于是吸动衔铁，打开其常闭触点，使接触器 KM 释放，从而切断电源，实现过电流保护。

3. 过载保护

在电动机运行中，造成过载的原因很多，如负载过大、三相电动机单相运行、欠电压运行等。当长期过载时，电动机绕组温升超过其允许值，电动机的绝缘材料就要变脆，寿命减少，严重时使电动机损坏，因此必须加以保护。常用的过载保护元件是热继电器（FR）。当电动机为额定电流时，电动机为额定温升，热继电器不动作；在过载电流较小时，热继电器要经过较长时间才动作；过载电流较大时，热继电器则经过较短时间就会动作。

由于热惯性的原因，热继电器不会受电动机短时过载冲击电流或短路电流的影响而瞬时动作，所以在使用热继电器作过载保护的同时，还必须设有短路保护。并且选作短路保护的熔断器熔体的额定电流不应超过 4 倍热继电器发热元件的额定电流。

热继电器保护过载的可靠性会受到工作环境温度的影响。现有一种热继电器，将热敏电阻作为测量元件，并将热敏元件嵌在电动机绕组中，以便更准确地测量电动机绕组的温升。

4. 零电压与欠电压保护

当电动机正在运行时，如果电源电压因某种原因消失，为了防止电源恢复时电动机自行起动的保护称为零电压保护，零电压保护常选用零压保护继电器KHV。对于按钮起动并具有自锁环节的电路，本身已具有零电压保护功能，不必再考虑零电压保护。

当电动机正常运行时，电源电压过分地降低将引起一些电器释放，造成控制线路不正常工作，可能产生事故。因此，需要在电源电压降到一定允许值以下时，将电源切断，这就是欠电压保护。欠电压保护常用电磁式欠电压继电器KV来实现。欠电压继电器的线圈跨接在电源两相之间，电动机正常运行时，当线路中出现欠电压故障或零压时，欠电压继电器的线圈KA得电，其常闭触点打开，接触器KM释放，电动机被切断电源。

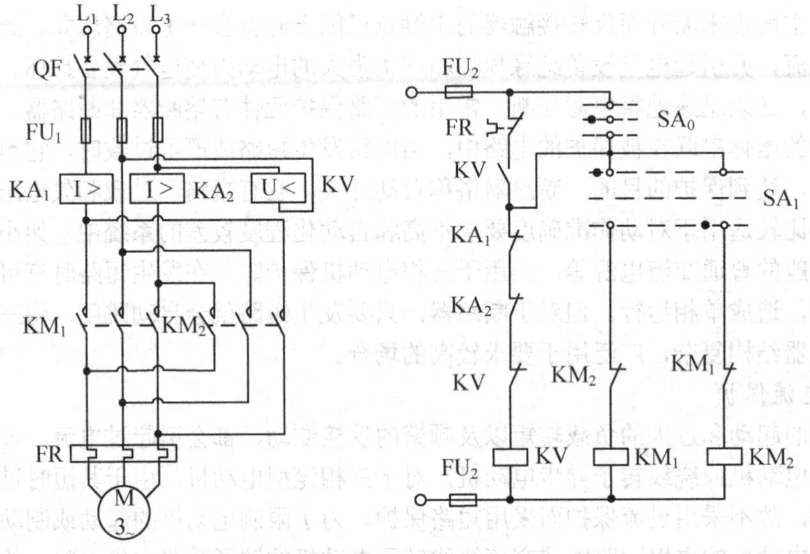

图2-20 电动机的常用保护线路

如图2-20所示的电动机常用保护线路，电压继电器KV起零压保护作用，当电源电压过低或消失时，电压继电器KV要释放，接触器KM_1或KM_2也马上释放，由于此时万能转换开关SA_0不在零位（即SA_0未闭合），所以在电压恢复时，KV不会通电动作，接触器KM_1或KM_2不能通电动作。若使电动机重新起动，必须先将万能转换开关SA_0打回零位，使万能转换开关SA_0闭合，KV通电动作并自锁，然后再将万能转换开关SA_1打向正向或反向位置，电动机才能起动。这样就通过KV继电器实现了零压保护。另外，熔断器FU用作短路保护，热继电器FR用作过载保护（热保护），过流继电器KA_1、KA_2用作过流保护，欠电压继电器KV用作低压保护，通过正向接触器KM_1与反向接触器KM_2的动断触点实现联锁保护。

5. 漏电保护

漏电保护采用漏电保护器，主要用来保护人身生命安全。

2.7 电气控制线路的简单设计方法

由于电气控制系统性能的好坏与电气控制线路设计的优劣有着直接关系，因此电气工程技术人员应掌握电气控制线路的设计方法和设计原则，以便设计出最佳的控制线路。电气控制线路的设计方法有经验设计法和逻辑设计法两种。

2.7.1 经验设计法

经验设计法是根据生产工艺要求，利用各种成熟的典型线路环节直接设计控制线路。这种设计方法比较简单，但要求设计人员必须掌握和熟悉大量的典型控制线路，同时具有丰富的设计经验。该方法靠经验进行设计，通常采用一些典型控制线路环节组合起来实现某些基本要求，然后根据生产工艺要求逐步完善其控制功能，并配置适当联锁和保护环节。具体设计时，一般先设计主电路，然后设计控制电路、信号线路、局部照明电路等。由于经验设计法没有固定的模式，设计出的控制电路可能有多种，需认真比较分析，反复修改，看线路是否符合设计的要求，并进一步简化和完善。最后选择所用电器的型号规格。

采用经验设计法设计控制线路时，应注意以下几个原则。

（1）充分了解生产工艺要求，清楚每一道程序的工作情况和运动变化规律及所需要的保护措施，并对相似产品进行调查、分析、综合，作为具体设计电气控制线路的依据。

（2）在满足生产工艺要求前提下，控制线路力求简单、经济。尽量选取标准的或经过实践检验的线路环节；尽量减少连接导线的数量和长度；尽量减少电器元件的数量和采用标准件，并尽可能选用相同型号；应减少不必要的触头以简化线路，这样也可以提高可靠性；控制线路在工作时，除必要的电器必须通电外，其余的尽量不通电以节约能源。

（3）保证控制线路工作的可靠和安全。应尽量选用机械和电器寿命长、结构坚实、动作可靠、抗干扰性能好的电器，同时在具体设计过程中应注意以下几点。

① 保证电器线圈的正确连接。电器线圈的一端应统一接在电源的同一端，使所有电器的触头在电源的另一端，避免当电器的触头发生短路故障时引起电源短路，同时也方便安装接线。

② 在交流控制电路中不能串接两个电器的线圈。当两个交流线圈串联使用时，其中某一个至多只能得到一半的电源电压。例如，交流接触器吸合时，其线圈的电感显著增加使线圈上的电压降相应增大，这导致后吸合的交流接触器的线圈电压达不到工作电压。因此两个电器需要同时动作时，其线圈应该并联连接。

③ 避免存在的寄生电路破坏线路的正常工作。寄生电路是指控制线路在工作中出现意外接通的电路。图 2-21 所示是一个可逆电动机的控制线路，电动机正转时过载，则热继电器动作时会出现寄生电路，如图中虚线所示，使接触器 KM_1 不能断电，起不了保护作用。

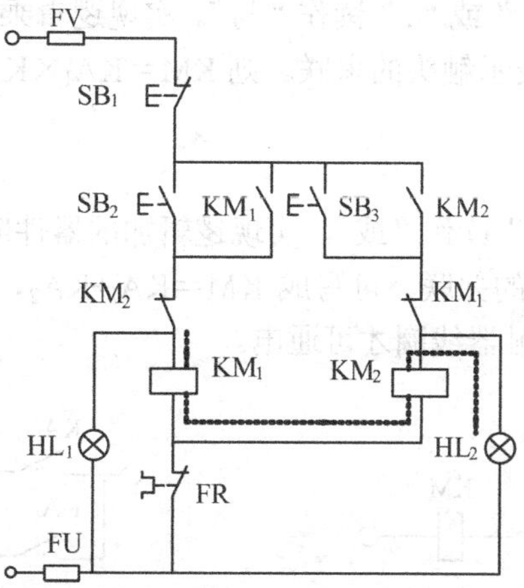

图 2-21 寄生电路

④ 在线路中尽量避免许多电器依次动作才能接通另一个电器的控制电路。

⑤ 设计时应考虑所在电网的实际情况。根据电网容量的大小、电压、频率的波动范围以及允许的冲击电流数值等决定电动机的起动方式是直接启动还是减压启动。

⑥ 在线路中采用小容量继电器的触头来控制大容量接触器的线圈时，应考虑继电器触头断开和接通的容量，如果容量不够，必须增加小容量控触器或中间继电器。

⑦ 还应充分考虑各种联锁关系及各种必要的保护环节，以免误操作而发生事故。

（4）应具有必要的保护环节。

充分考虑电气控制线路中的短路保护、过流保护、过载保护、零电压与欠电压保护及漏电保护等保护环节。

2.7.2 逻辑设计法

逻辑设计法是根据生产工艺的要求，利用逻辑代数的方法来分析、化简和设计电气控制电路。该方法能够确定实现一个开关量自动控制线路的逻辑功能所必需的、最少的中间继电器的数目，然后有选择地进行添置，特别适合较复杂生产工艺所要求的控制线路。

在继电器接触器控制电路中，电器元件只有两种状态：即线圈的通电或断电，触头的闭合或断开。因此可用逻辑代数（或布尔代数）来描述这些电器元件在电路中所处的状态和连接方法。逻辑设计法正是基于上述思想来进行的。

对于继电器、接触器、电磁铁、电磁阀等元件的线圈，通常规定通电为“1”状态，失电为“0”状态；对于按钮、行程开关元件，规定压下时为“1”状态，复位时为“0”状态；对于元件的触头，规定触头闭合状态为“1”状态，触头断开状态为“0”状态。元件的线圈通电时，其常开触头闭合，常闭触头断开。因此，为了清楚地反映元件的状态，元件的线圈及其常开触头的状态用同一字符来表示（如K）；而其常闭触头的状态则用该字符的“非”来表示（例如$\overline{K}$）。若该元件为“1”状态，则表示其线圈通电，其常开触头闭合，其常闭触头断开。

利用逻辑代数方法进行电路设计的基本思路是：①将控制系统的输入、输出电器元件的状态用状态变量表示；②根据控制要求列出状态变量的逻辑表达式；③简化逻辑表达式；④根据逻辑表达式绘制控制线路。

1. 基本逻辑电路

（1）“与”电路

逻辑代数中运算符号“×”或“.”读作“与”。实现逻辑乘的器件叫做“与”门，图 2-22 所示的“与”继电控制线路表示触头的串联。则 $KM=KA_1 \times KA_2$，只有触头 KA_1、KA_2 均接通，接触器线圈 KM 才能通电。

（2）“或”电路

逻辑代数中运算符号“+”读作“或”。实现逻辑加的器件叫做“或”门，图 2-23 所示的“或”继电控制线路表示触头的并联，可写成 $KM=KA_1+KA_2$，当触头 KA_1 或 KA_2 接通，或者 KA_1 和 KA_2 都接通时，接触器线圈才可通电。

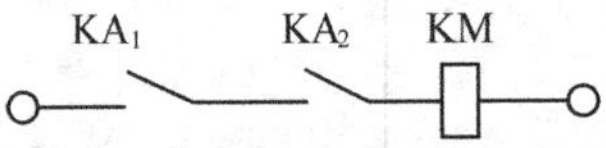

图 2-22 “与”继电控制线路

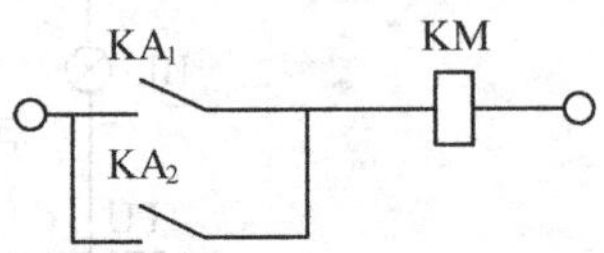

图 2-23 “或”继电控制线路

（3）“非”电路

逻辑代数中“非”运算的符号用变量上面的短横线表示，读作“非”，它表示事物相互矛盾的两个对立面之间的关系。这种规律的因果关系称为“非”逻辑关系。

实现逻辑“非”的器件叫做“非”门，图 2-24 所示的“非”继电控制线路表示与继电器常开触头 KA 相对应的常闭触头 $\overline{KA}$ 与接触器线圈 KM 串联的逻辑非电路。当继电器线圈通电（即 KA=1）时，常闭触头 $\overline{KA}$ 断开（即 $\overline{KA}=0$），则 KM=0；当 KA 断电（即 KA=0）时，常闭触头 $\overline{KA}$ 闭合（$\overline{KA}=1$），则 KM=1。可写成 KM= $\overline{KA}$。

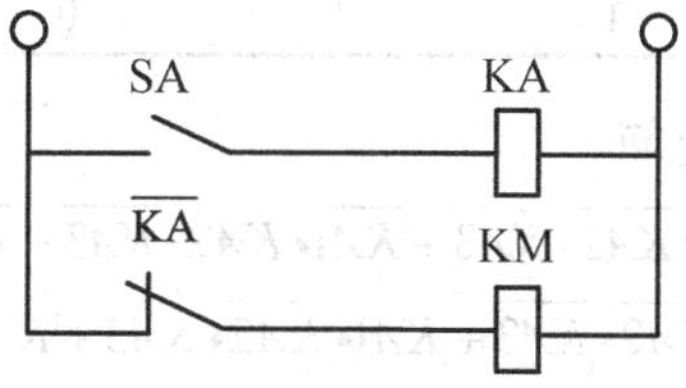

图 2-24 “非”继电控制线路

2. 逻辑代数定律

（1）交换律

$$\begin{cases} A\cdot B = B\cdot A \\ A+B = B+A \end{cases} \tag{2-2}$$

（2）结合律

$$\begin{cases} (A\cdot B)\cdot C = A\cdot(B\cdot C) \\ (A+B)+C = A+(B+C) \end{cases} \tag{2-3}$$

（3）分配率

$$\begin{cases} A\cdot(B+C) = A\cdot B + A\cdot C \\ (A+B)\cdot(A+C) = A + B\cdot C \end{cases} \tag{2-4}$$

（4）吸收律

$$\begin{cases} A + A\cdot B = A \\ A\cdot(A+B) = A \end{cases} \qquad \begin{cases} A\cdot(\overline{A}+B) = A\cdot B \\ A+\overline{A}\cdot B = A+B \end{cases} \tag{2-5}$$

（5）还原律

$$\begin{cases} A\cdot B + A\cdot\overline{B} = A \\ (A+B)\cdot(A+\overline{B}) = A \end{cases} \tag{2-6}$$

（6）反演律（摩根定律）

$$\begin{cases} \overline{A\cdot B} = \overline{A}+\overline{B} \\ \overline{A+B} = \overline{A}\cdot\overline{B} \end{cases} \tag{2-7}$$

3. 逻辑电路设计举例

设某电路只有在继电器 KA_1、KA_2、KA_3 中任何一个或两个动作时才能运转，而在其他条件下都不运转。

（1）首先列出状态表如下：

KA1	KA2	KA3	KM
0	0	1	1
0	1	0	1
0	1	1	1
1	0	0	1
1	0	1	1
1	1	0	1

（2）再写出逻辑表达式并化简

$$KM=\overline{KA1}\cdot\overline{KA2}\cdot KA3+\overline{KA1}\cdot KA2\cdot\overline{KA3}+\overline{KA1}\cdot KA2\cdot KA3+$$
$$KA1\cdot\overline{KA2}\cdot\overline{KA3}+KA1\cdot\overline{KA2}\cdot KA3+KA1\cdot KA2\cdot\overline{KA3}$$
$$=\overline{KA1}\cdot(KA2+KA3)+KA1\cdot(\overline{KA2}+\overline{KA3})$$

（3）绘制控制线路

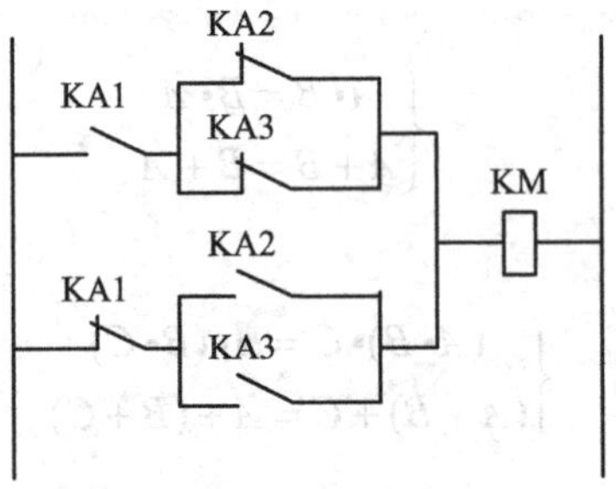

图 2-25　简化后的控制线路

思考题与练习题

2-1　电气控制系统图通常包括哪些图？

2-2　绘制电气电路图时，一般要遵循的规则有哪些？

2-3　试述“自锁”、“联锁”的含义，并举例说明各自的作用。

2-4　短路保护、过电流、过载保护有何区别，各自常用的保护元件是什么？

2-5　简述电动机欠电压保护、失电压保护的含义？

2-6　鼠笼式电机的起动有哪些，分别对这些起动控制线路的工作过程进行分析。

2-7　鼠笼式电机的制动有哪些，分别对这些制动控制线路的工作过程进行分析。

2-8　三相鼠笼型异步电动机的调速有哪些？简要说明其基本原理。

第3章 常用机床的电气控制线路

本章通过对常用机床的电气控制线路的分析，学习阅读生产设备的电气控制技术资料的方法和步骤，理解典型的电机基本控制线路在生产设备中的应用，掌握常用机床的电气控制线路的工作原理。为生产设备的电气控制线路的设计、安装、调试、维护维修奠定基础。在学习过程中，应注重以下几点：

1．理解常用机床的基本结构、运行方式、加工工艺要求、电气控制要求。

2．理解机床的机械、液压、气动等传动机构与电气执行机构的关系。

3．理解各执行机构（电机、电磁阀、电磁离合器等）的工作方式、类型、容量、规格等。

4．熟悉常用机床的使用方法，各操作手柄、开关、旋纽、指示装置的布局以及在控制线路中的作用。

5．遵循电气控制线路分析的基本原则：化整为零、顺腾摸瓜、先主后辅、集零为整、安全保护、全面检查。

3.1 车床的电气控制线路

在各种金属切削机床中，车床占的比重最大，应用也最广泛。在车床上能完成车削外圆、内孔、端面、切槽、切断、螺纹及表面成形等加工工序，还可以通过安装钻头或铰刀等进行钻孔、铰孔的加工。车床的种类很多，有卧式车床、落地车床、立式车床、转塔车床、单轴自动车床、多轴半自动/自动车床等，生产中以普通卧式车床应用最普遍，数量最多。本节以CA6140普通卧式车床的电气控制线路为例进行分析。

3.1.1 CA6140型卧式车床的型号含义、基本结构和运动方式

1．型号含义

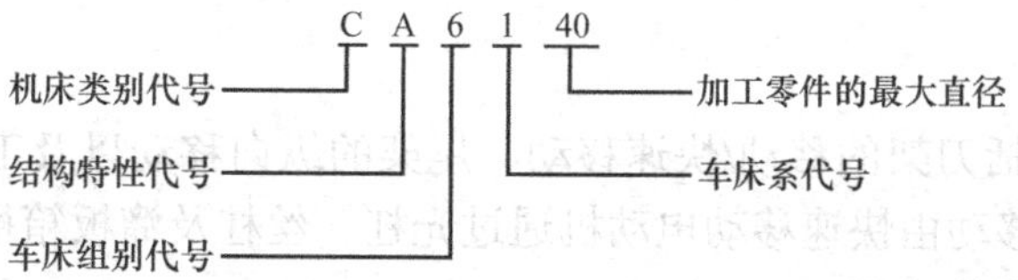

机床类别代号：C 代表车床，Z 代表钻床，X 代表铣床。

结构特性代号：用拼音字母表示主参数相同而结构、性能不同的机床。

车床组别代号：用 0～9 表示不同组别的车床，6 表示落地及卧式车床。

车床系代号：用 0～9 表示每种组别中的不同系的车床。

加工零件的最大直径：40 表示在床身上的最大加工零件直径为 400mm。

2. 基本结构

如图 3-1 所示，CA6140 车床主要由床身、主轴变速箱、挂轮箱、进给箱、溜板箱、溜板刀架、尾架、光杠、丝杠等部件组成。

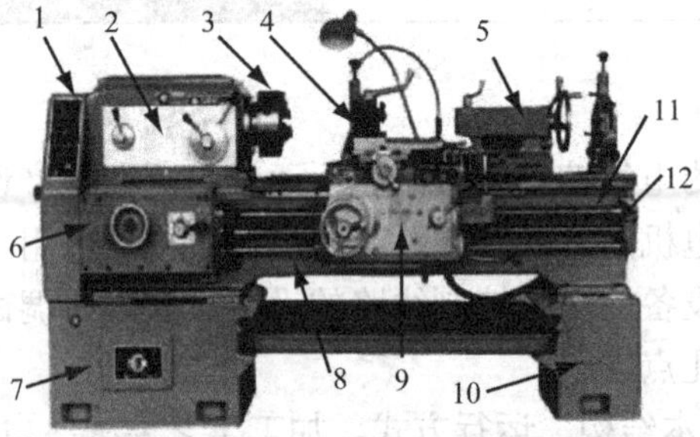

1—挂轮箱 2—主轴变速箱 3—卡盘 4—刀架和溜板 5—尾架 6—进给箱 7—左床座
8—床身 9—溜板箱 10—右床座 11—丝杠 12—光杠

图 3-1 CA6140 卧式车床外形

3. 运动方式

普通卧式车床的运动方式主要有切削运动和辅助运动两种形式。

（1）切削运动

如图 3-2 所示，切削运动由主运动和进给运动组成。主运动是指主轴通过卡盘或顶尖带动加工工件做双向旋转，普通卧式车床的主运动采用主轴电动机经传动变速机构拖动。进给运动是指溜板及刀架带动刀具做纵向或横向直线运动，进给运动有手动和机动两种方式，机动是主轴电动机通过挂轮箱传递给进给箱来实现的。加工螺纹时，要求刀具移动和主轴旋转有固定的比例关系。

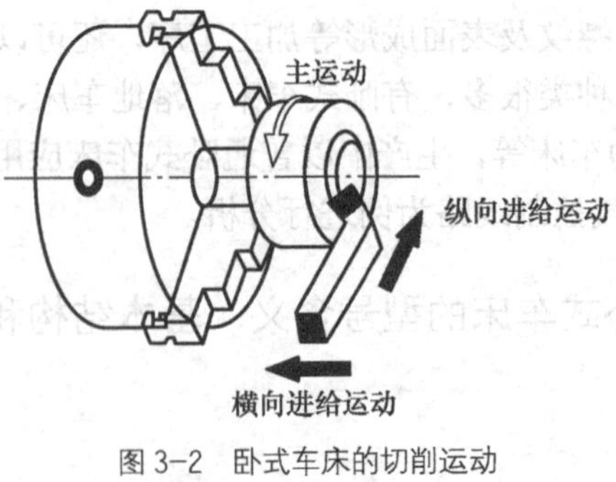

图 3-2 卧式车床的切削运动

（2）辅助运动

辅助运动主要包括刀架的移动/快速移动、尾架的纵向移动以及工件的夹紧与放松等。CA6140 的刀架快速移动由快速移动电动机通过光杠、丝杠及溜板箱拖动，有利于提高工作效率。其他则由手动操作实现。

3.1.2 CA6140型卧式车床的电气控制要求

1. 主轴电动机

根据加工工件的最大尺寸和加工工艺要求，主轴旋转应具有正反两个方向，主轴旋转应有20级以上的等比调速，刀具进给运动和主运动的比例关系应有30种以上。按照调速和制动要求，采用主轴变速箱、挂轮箱和进给箱实现主轴、刀具进给的机械有级调速。主轴的正反转换向采用摩擦离合器实现。因此，主轴电动机选用7.5KW、4磁极的三相异步笼型电动机，采用全压直接启动、单向连续（长动）运转的控制方式。

2. 刀架快速移动电动机

采用 250W、4 磁极的三相异步笼型电动机，采用全压直接启动、单向点动运转的控制方式。

3. 冷却方式

加工时由一台90W的机床冷却泵供给冷却液，为工件和刀具降温。为了防止冷却泵做无效运转，要求主轴电动机启动后，冷却泵电动机才能启动，主轴电动机停转时，冷却泵电动机也应停转。

4. 安全保护措施

控制线路中应有必要的欠压、失压、过载、短路保护措施。为了防止发生人身伤亡事故，在可打开的床头皮带罩处、床座的配电柜门处设有断电保护措施，以及电动机、床身的金属外壳装设保护接地装置。

5. 其他要求

应有安全电压电源供电的局部照明和电源指示装置。

3.1.3 CA6140型卧式车床的电气控制线路分析

CA6140型卧式车床电气控制线路如图3-3所示，各电器明细如表3-1所示。

1. 主电路

M_1（3区）为主轴电动机，采用额定功率7.5KW、额定转速1450r/min的三相异步笼型电动机，为主轴旋转和刀架进给运动提供动力。采用全压直接启动，由交流接触器KM_1控制做单向旋转。

M_2为90W的冷却泵电动机，由中间继电器KA_1控制。

M_3为刀架快速移动电动机，采用额定功率250W、额定转速1360r/min的三相异步笼型电动机。采用全压直接启动，由KA_2控制做单向旋转。

三相电源通过QF引入（1区），QF为带分励式脱扣器的低压断路器。为整个控制线路实现与电源隔离和断电、过载、短路保护作用。分励式脱扣器在正常工作时，其电磁线圈是断电的，在需要控制时，使电磁线圈通电，衔铁带动脱扣机构动作，使断路器主触点断开。

2. 控制电路

由控制变压器TC二次侧输出110V电压供电，如果控制电压种类较多时，就需要采用控制变压器进行电压变换，同时也可以提高操作按钮、开关的安全性。

（1）主轴电动机控制

由FR_1、SB_1、SB_2、KM组成M_1的长动控制电路（3区和10区）。

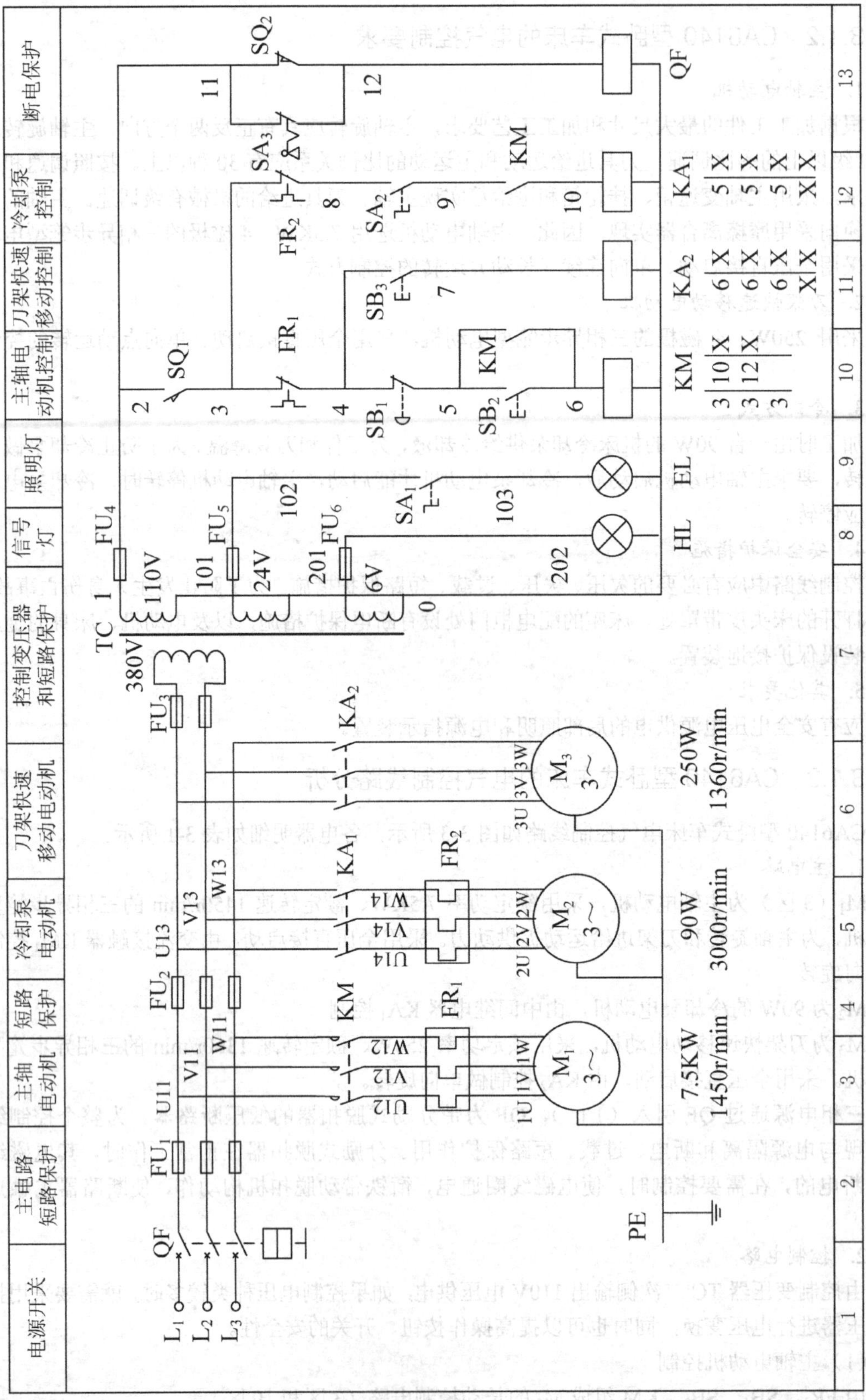

图 3-3 CA6140型卧式车床电气控制线路

表 3-1 **CA6410 型卧式车床电器明细表**

代号	轴名称及用途	型号及规格	代号	名称及用途	型号及规格
SB_1	主电机停止按钮	LAY3-01ZS/1	FR_2	冷却泵过载保护	JR16-20/30 16A
SB_2	主轴电机启动按钮	LA19-11/500V/5A	HL	电源指示灯	ZSD-0/6V
SB_3	快移电机按钮	LA9/500V/5A	EL	局部照明灯	40W/24V
SA_1	照明灯开关	KN3-2-1	QF	电源开关	AM2-40/25A
SA_2	冷却泵开关	LAY3-Y/2 旋转式	TC	控制变压器	JBK2-100
SA_3	电源锁开关	LAY3-Y/2 钥匙式	FU	熔断器	BZ001/1～4A
KM_1	主轴电动机交流接触器	CJ0-20B 线圈电压 110V	M_1	主轴电动机	Y132M-4/7.5KW
KA_1	冷却泵电动机中间继电器	JZ7-44 线圈电压 110V	M_2	冷却泵电动机	AOB-25/90W
KA_2	快速移动电动机中间继电器	JZ7-44 线圈电压 110V	M_3	快速移动电动机	YSS2-5634/250W
FR_1	主轴电机过载保护	JR16-20/30 16A	SQ1、2	保护开关	JWM6-11

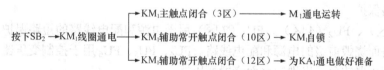

M_1 启动过程：

按下SB_2 → KM_1线圈通电 →
- KM_1主触点闭合（3区）→ M_1通电运转
- KM_1辅助常开触点闭合（10区）→ KM_1自锁
- KM_1辅助常开触点闭合（12区）→ 为KA_1通电做好准备

M_1 停止过程：

按下SB_1 → KM线圈断电释放 →
- M_1断电停转
- KA_1线圈不能通电

SB_1 为自锁式急停按钮，按下后就自锁，触头一直处于断开状态，需顺时针旋转一定角度后，触头才能复位闭合。

（2）冷却泵电动机控制

由 FR_2、SA_2、KM_1 辅助常开触头、KA_1 组成控制电路（5 区和 12 区）。

M_2 启动过程：

KM_1通电吸合后 → 转动SA_2使其闭合 → KA_1通电吸合 → KA_1常开触头闭合（5区）→ M_2通电运转

M_2 停止过程：

按下SB_1 → KM_1断电释放 ┐
转动SA_2使其断开 ┘ → KA_1断电释放 → KA_1常开触头断开（5区）→ M_2断电停转

（3）刀架快速移动电动机控制

由按钮 SB_3、KA_2 组成点动控制电路（6 区和 11 区）。操作前，先将快速进给手柄扳到所需移动方向，然后按住 SB_3 不放，KA_2 通电吸合，KA_2 的常开触头（6 区）闭合，M_3 通电运转。刀架就向给定方向快速移动。松开 SB_3，KA_2 断电释放，KA_2 的常开触头（6 区）断开，M_3 断电停转，刀架停止移动。

3. 信号灯、照明灯电路

由控制变压器 TC 的二次侧分别输出 24V 和 6V 电压（7 区），为局部照明灯 EL（9 区）和电源指示信号灯 HL（8 区）供电。开关 SA_1（9 区）控制照明灯 EL。

4. 保护环节

（1）断电保护

电源开关是带分励式脱扣器低压断路器 QF（1 区）。接通电源时需用带锁开关 SA_3（13 区）操作，先用钥匙插入 SA_3 锁孔内并顺时针旋至 1 号位，SA_3 断开，使 QF 电磁线圈（13 区）断电，再扳动 QF 手柄将其合闸。此时，信号指示灯 HL 应发光表明机床已通电。断电时将 SA_3 逆时针旋，SA_3 闭合，QF 电磁线圈通电，脱扣器动作使 QF 跳闸，或者操作 QF 手柄使其主触头断开。

机床控制配电盘壁箱门内侧处装有安全开关 SQ_2（13 区），关上箱门时，SQ_2 受压触头断开，打开箱门时，SQ_2 复位触头闭合，QF 电磁线圈通电，脱扣器动作，QF 跳闸切断电源，以免发生人体触及配电盘的带电体引发触电事故。

车床床头的皮带罩处装有安全开关 SQ_1（10 区），盖上皮带罩时，SQ_1 触头闭合，可以进行正常操作。打开皮带罩时，SQ_1 触头断开，切断了 KM_1、KA_1、KA_2 电磁线圈的供电，所有电机都不能工作，确保人身安全。

（2）短路保护

FU_1（2 区）、FU_2（4 区）、FU_3（7 区）用于电源和配电线路的短路保护。防止因后级电路出现短路而烧毁前级的电源和配电线路。FU_4、FU_5、FU_6 用于控制变压器 TC 的短路保护。防止因变压器的负载出现短路而烧毁变压器。

（3）过载保护

FR_1 用于主轴电动机 M_1 的过载保护，FR_2 用于冷却泵电机的过载保护。

（4）失压、欠压保护

由交流接触器的自锁电路和中间继电器实现失压、欠压保护。

（5）触电防护

三台电动机的金属外壳、机床的金属床身、控制变压器的铁芯及外壳都通过 PE 线接地。防止因“碰壳”、漏电引发人身触电事故。

3.2 钻床的电气控制线路

钻床是一种孔加工机床，主要是用钻头钻削加工精度要求不高的孔。此外，还具有扩孔、铰孔、攻螺纹和端面等加工功能。有台式钻床、深孔钻床、立式钻床、卧式钻床、中心钻床、摇臂钻床等多个种类，其中摇臂钻床具有功能多、便于操作等诸多优点，因此得到广泛应用。本节以 Z3050 型摇臂钻床的电气控制线路为例进行分析。

3.2.1　Z3050 型摇臂钻床的型号含义、基本结构和运动方式

1. 型号含义

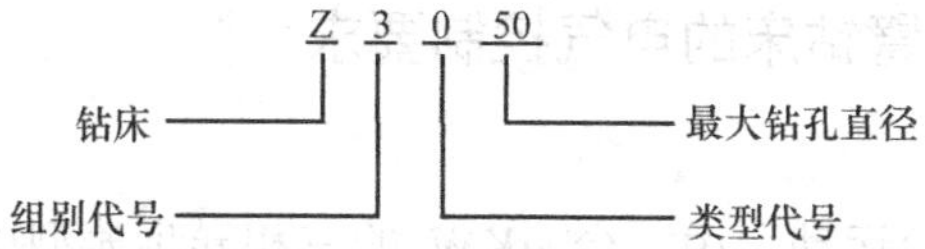

组别代号：用 0～9 表示不同组别的钻床，3 表示摇臂床。

类型代号：用 0～9 表示摇臂钻床这个组别中的不同类型。

最大钻孔直径：50 表示最大钻孔直径为 50mm。

2. 基本结构

如图 3-4 所示，其主要由摇臂、内外立柱、主轴箱、主轴、摇臂升降丝杠、工作和底座等组成。

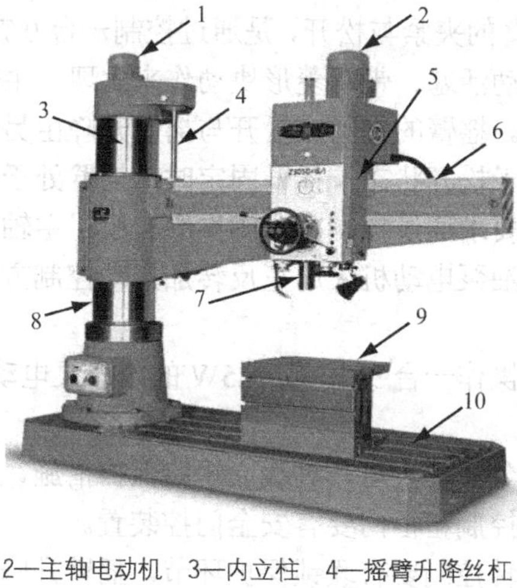

1—摇臂升降电动机　2—主轴电动机　3—内立柱　4—摇臂升降丝杠　5—主轴箱　6—摇臂
7—主轴　8—外立柱　9—工作台　10—底座

图 3-4　Z3050 摇臂钻床的外观

3. 运动方式

摇臂钻床的运动方式主要有钻削运动和辅助运动两种形式。

（1）钻削运动

由主运动和进给运动组成。主运动是指由主轴电动机通过主轴箱内的传动机构带动主轴及其钻头做旋转运动。进给运动是指主轴电动机通过主轴箱内的进给和变速机构带动主轴及其钻头做纵向移动。钻削加工时，钻头既做旋转运动又同时做纵向进给运动。

（2）辅助运动

有外立柱的旋转、摇臂的升降、主轴箱的横向移动，以及立柱、摇臂和主轴箱的夹紧与松开运动。

外立柱固定在底座上，外面套着空心的外立柱。外立柱可带动摇臂一起绕着内立柱旋转。由升降电动机通过升降丝杆使摇臂沿垂直方向上下移动。主轴箱安装于摇臂的水平导轨上，

可通过手轮操作使主轴箱沿摇臂做横向移动。

由一台液压油泵，供给所需要的压力油来驱动液压机构，实现立柱、摇臂、主轴箱的夹紧与松开。

3.2.2 Z3050 型摇臂钻床的电气控制要求

1. 主轴电动机

主轴的旋转和纵向进给运动，由一台 4KW 的三相异步笼型电动机通过主轴箱内的传动机构拖动。为了满足加工要求，主轴能正反转，主轴的旋转与进给运动要有较大的调速范围，由机械传动及变速机构实现。因此，主轴电动机只需单向长动控制，可直接启起，也不需要制动控制。

2. 摇臂升降电动机

摇臂的升降，由一台 1.5KW 的三相异步笼型电动机通过摇臂升降传动机构拖动。要求电动机能正反转，可直接启动，不需要调速和制动控制。

3. 液压油泵电动机

内外立柱、主轴箱与摇臂的夹紧与松开，是通过控制一台 0.75KW 油泵电动机的正反转，送出不同流向的压力油，推动活塞、带动菱形块动作来实现。主轴箱、立柱的夹紧与松开由一条油路控制，且同时动作。摇臂的夹紧、松开与摇臂升降由另一条油路控制，且要求协调一致，摇臂升降时，摇臂处于松开状态，摇臂固定时，摇臂处于夹紧状态。两条油路中哪一条处于工作状态，是按工作要求通过控制电磁阀操纵。由于主轴箱和立柱的夹紧、松开动作是点动操作的。因此，液压油泵电动机采用正反转加点动控制方式。

4. 冷却方式

根据加工需要，可手动操作一台 90W 或 125W 的冷却泵电动机做单向旋转。

5. 安全保护措施

控制线路中应有必要的欠压、失压、过载、短路保护措施，以及电动机、床身的金属外壳装设保护接地装置。电气控制箱柜门要有安全门控装置。

摇臂升降电动机的正反转控制要有联锁保护环节，摇臂升降要有限位保护。液压油泵电动机的正反转控制要有联锁保护环节，液压机构的夹紧与松开要有限位保护。

6. 其他要求

要有安全电压电源供电的局部照明和电源指示、主轴电动机的工作指示装置。

3.2.3 Z3050 型摇臂钻床的电气控制线路分析

Z3050 型摇臂钻床的电气控制原理图如图 3-5 所示。各电器明细如表 3-2 所示。

1. 主电路

三相电源通过 QF_1 引入（1 区），QF_1 为带分励式脱扣器的低压断路器，为整个控制线路实现与电源隔离和断电、过载、短路保护作用。分励式脱扣器在正常工作时，其电磁线圈是断电的，当打开电气控制箱壁门时，电磁线圈通电，衔铁带动脱扣机构动作，使断路器主触头断开。

M_1（3 区）为主轴电动机，采用额定功率 4KW、额定转速 1440r/min 的三相异步笼型电动机，为主轴旋转和进给运动提供动力。采用全压直接启动，由交流接触器 KM_1 控制做单向长动运转。

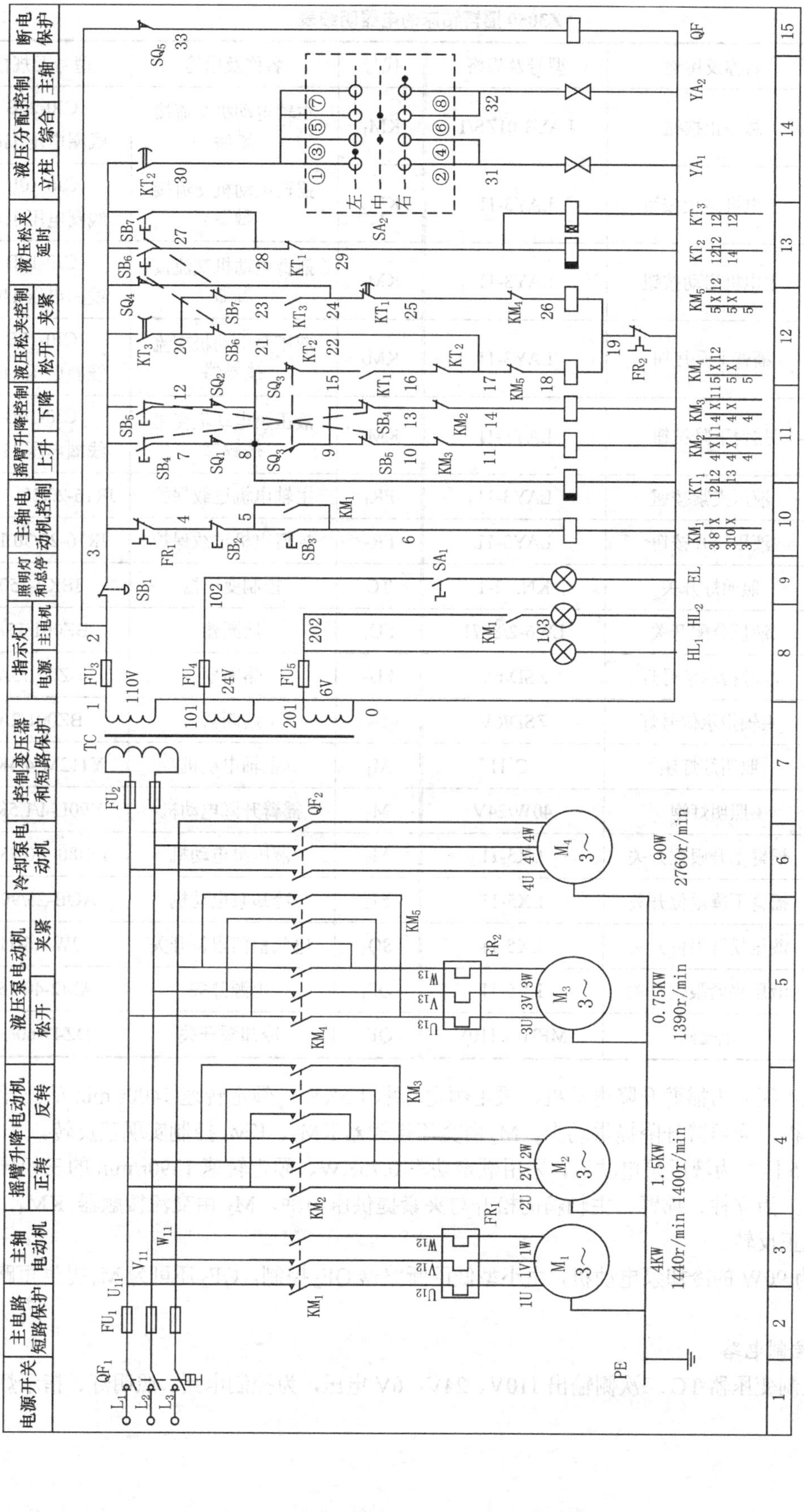

图 3-5 Z3050 型摇臂钻床的电气控制线路

表 3-2　　Z3050 摇臂钻床的电器明细表

代号	名称及用途	型号及规格	代号	名称及用途	型号及规格
SB_1	总停止按钮	LAY3-01ZS/1	KM_1	主轴电动机交流接触器	CJ0-20B 线圈电压 110V
SB_2	主电机停止按钮	LAY3-11	KM_2	摇臂电动机交流接触器	CJ0-10B 线圈电压 110V
SB_3	主电机启动按钮	LAY3-11	KM_3	摇臂电动机交流接触器	CJ0-10B 线圈电压 110V
SB_4	摇臂上升按钮	LAY3-11	KM_4	液压泵电动机交流接触器	CJ0-10B 线圈电压 110V
SB_5	摇臂下降按钮	LAY3-11	KM_5	液压泵电动机交流接触器	CJ0-10B 线圈电压 110V
SB_6	液压夹紧按钮	LAY3-11	FR_1	主轴电机过载保护	JR16-20/30　16A
SB_7	液压松开按钮	LAY3-11	FR_2	摇臂电机过载保护	JR16-20/30 16A
SA_1	照明灯开关	KN3-2-1	TC	控制变压器	JBK2-150
SA_2	液压分配开关	LW6-2/8071	FU_1	熔断器	BZ001/15A
HL_1	电源指示信号灯	ZSD/6V	FU_2	熔断器	BZ001/5A
HL_2	主轴指示信号灯	ZSD/6V	$FU_{3\text{-}5}$	熔断器	BZ001/2A
EL	照明灯灯座	JC-11	M_1	主轴电动机	Y112M-4/4KW
	照明灯泡	40W/24V	M_2	摇臂升降电动机	Y90L-4/1.5KW
SQ_1	摇臂上升限位开关	LX5-11	M_3	液压泵电动机	YSJ80-4/0.75KW
SQ_2	摇臂下降限位开关	LX5-11	M_4	冷却泵电动机	AOB-25/90W
SQ_3	液压松开限位开关	LX5-11	SQ_5	电气柜门限位开关	JWM6-11
SQ_4	液压夹紧限位开关	LX5-11	QF_1	电源开关	AM2-40/25A
YA1-2	电磁阀	MFJ1-3/110V	QF_2	冷却泵开关	DZ47-60/1A

M_2（4 区）为摇臂升降电动机，采用额定功率 1.5KW、额定转速 1400r/min 的三相异步笼型电动机，为摇臂升降提供动力。M_2 由交流接触器 KM_2、KM_3 控制实现正反转。

M_3（5 区）为液压泵电动机，采用额定功率 0.75KW、额定转速 1390r/min 的三相异步笼型电动机，为立柱、摇臂、主轴箱的松开与夹紧提供压力油。M_3 由交流接触器 KM_4、KM_5 控制实现正反转。

M_4 为 90W 的冷却泵电动机，由小型低压断路器 QF_2 控制。QF_2 还可为 M_4 提供短路、过载保护。

2. 控制电路

由控制变压器 TC 二次侧输出 110V、24V、6V 电压，为控制电路、照明灯、指示灯电路供电。

（1）主轴旋转与进给控制

由 FR_1、SB_2、SB_3、KM_1 构成主轴电动机的长动控制电路（10 区）。按下 SB_3，KM_1 通电吸合自锁，M_1 通电运转，驱动主轴旋转和进给运动，指示灯 HL_2 亮（9 区）。按下 SB_2，KM_1 断电释放，M_1 断电停转，HL_2 同时熄灭。

（2）摇臂松夹及升降控制

由摇臂 SB_4、SB_5、KM_2、KM_3、KM_2、SQ_1、SQ_2、SQ_3、KT_1 断电延时型时间继电器组成组成具有双重互锁的电动机正反转点动控制电路（11 区）。应当注意的是，当摇臂处于夹紧状态时，SQ_3 的常闭触头闭合，常开触头断开，摇臂不能升降。与此同时，SQ_4（12 区）受压，其常闭触头断开，KM_5 不能通电吸合，M_3 不会反转推动液压油执行夹紧操作。当摇臂处于松开状态时，SQ_3 受压，其常闭触头断开，常开触头闭合，摇臂可以升降。与此同时，SQ_4 复位，其常闭触头闭合。

摇臂上升过程：

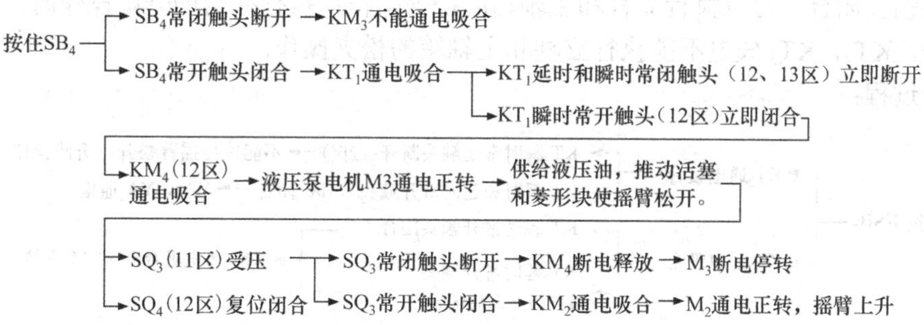

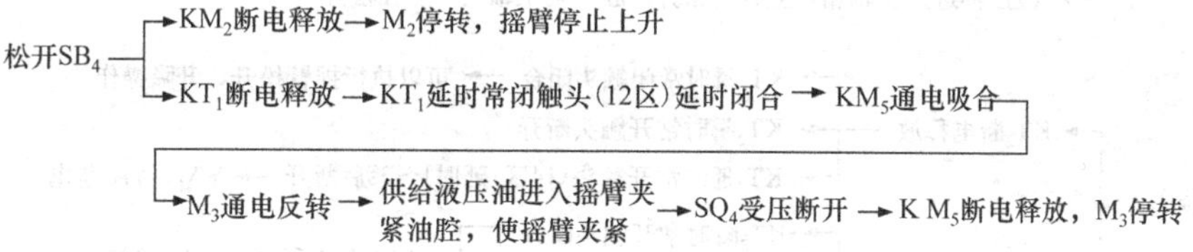

摇臂下降过程：

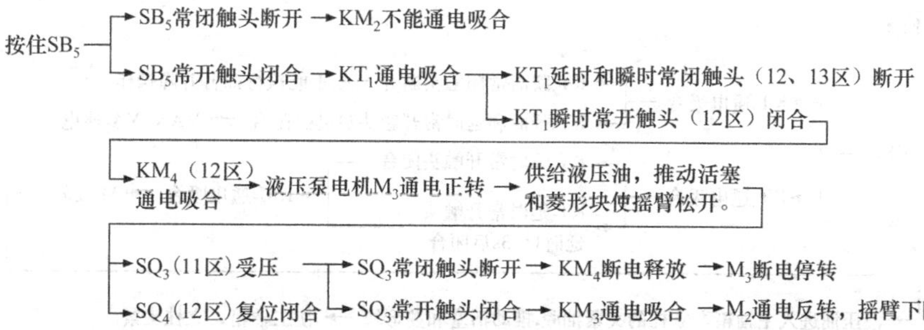

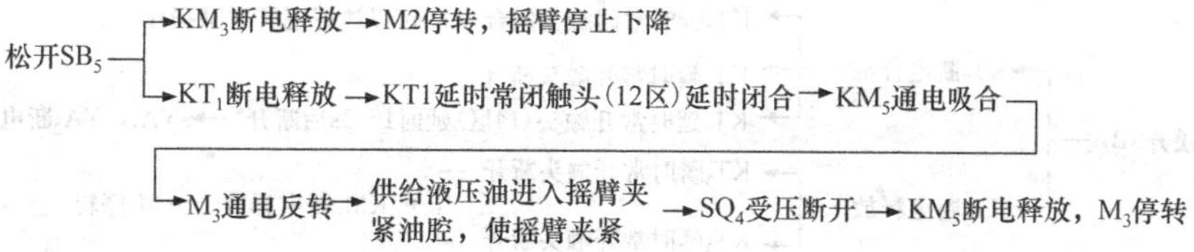

（3）立柱和主轴箱的松夹控制方式

主轴箱和立柱的夹紧与松开控制，既可以同时进行，也可以单独分开进行。由 KT_2、SA_2、YA_1、YA_2 组成液压分配控制电路（14 区）。SA_2 是万能转换开关，有左、中、右三档位置。当 SA_2 转到左档位置时，开关内的①和②端接通，YA_1 可以通电，实现立柱的松夹控制。当 SA_2 转到中档位置时，开关内的③和④端、⑤和⑥端接通，YA_1、YA_2 可以同时通电，实现立柱和主轴箱的同时松夹控制。当 SA_2 转到右档位置时，开关内的⑦和⑧端接通，YA_2 可以通电，实现主轴箱的松夹控制。如图 3-6 所示，YA_1、YA_2 断电，不能给主轴箱、立柱的夹紧油腔分配液压油，液压油被分配给摇臂夹紧油腔。YA_1、YA_2 通电，液压油被分配给给主轴箱、立柱的夹紧油腔，摇臂夹紧油腔不会得到液压油。

（4）立柱和主轴箱的松夹控制过程

由 SB_6、SB_7、SQ_4、KM_4、KM_5 和 KT_2 断电延时型时间继电器、KT_3 通电延时型时间继电器组成液压泵电动机 M_3 的正反转联锁控制电路（13 区）。没有执行摇臂的升降操作时，KT_1 常闭触头闭合，可以执行立柱和主轴箱的松夹操作；执行摇臂的升降操作时，KT_1 常闭触头断开，KT_2，KT_3 失电不能执行立柱和主轴箱的松夹操作。

松开过程：

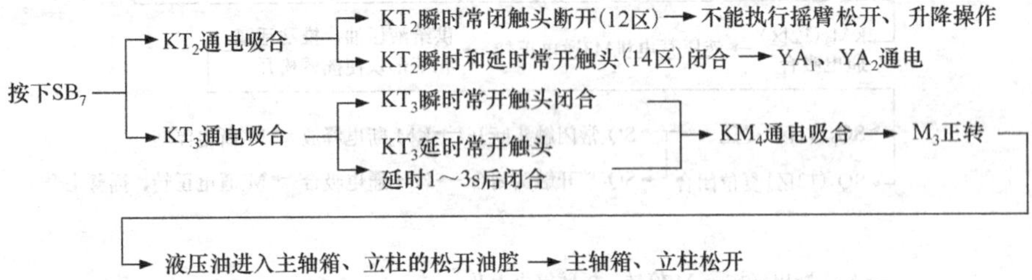

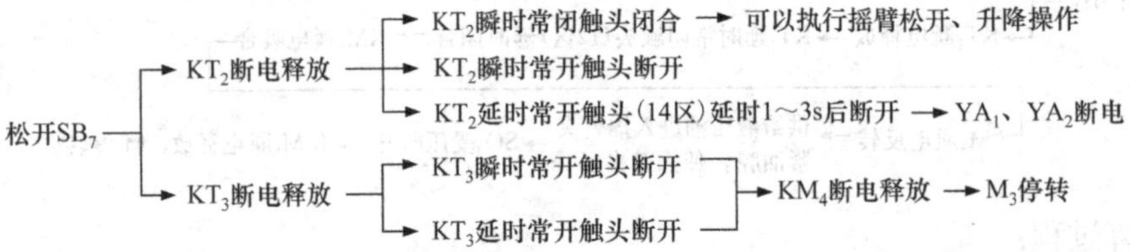

夹紧过程：

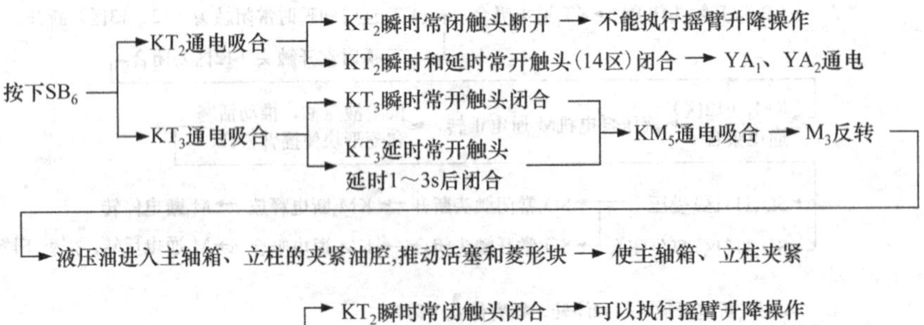

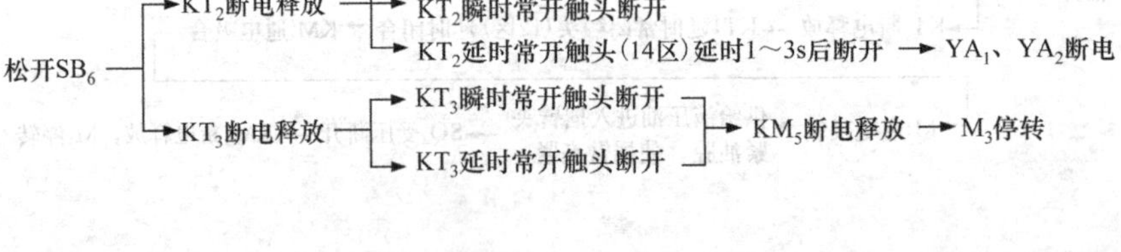

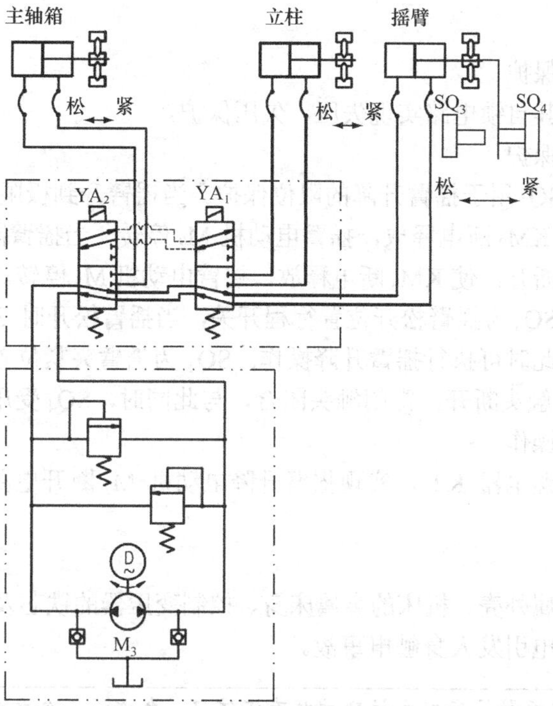

图 3-6　Z3050 摇臂钻床的液压松开与夹紧原理

机床安装完毕接通电源进行调试，按下 SB_6 或 SB_7 执行立柱、主轴箱的夹紧或松开操作，如果立柱、主轴箱夹紧或松开，则表明液压泵电动机 M_3 的供电相序正确，否则须将 M_3 的供电线路进行换相，然后调试摇臂升降电动机 M_2。

3. 信号灯、照明灯电路

由控制变压器 TC 的二次侧分别输出 24V 和 6V 电压（7 区），为局部照明灯 EL（9 区）和电源指示信号灯 HL_1、主轴电动机运转指示信号灯 HL_2（8 区）供电。开关 SA_1（9 区）控制照明灯 EL。

4. 保护环节

（1）断电保护

电源开关是带分励式脱扣器低压断路器 QF_1（1 区）。控制配电箱门处装有安全开关 SQ_5（15 区），关上箱门时，SQ_5 受压常闭触头断开，打开箱门时，SQ_2 复位常闭触头闭合，QF 电磁线圈通电，脱扣器动作，QF 跳闸切断电源，以免发生人体触及配电盘的带电体引发触电事故。

（2）短路保护

FU_1（2 区）、FU_2（7 区）用于电源和配电线路的短路保护。防止因后级电路出现短路而烧毁前级的电源和配电电线路。FU_3、FU_4、FU_5 用于控制变压器 TC 的短路保护。防止因变压器的负载出现短路而烧毁变压器。

（3）过载保护

FR_1 用于主轴电动机 M_1 的过载保护，摇臂的松开与夹紧是自动控制的，由 SQ_3 和 SQ_4 实现限位保护。如果 SQ_3、SQ_4 调整不当，或者损坏，都可能使液压电动机 M_3 长时间处于过载状态，因此用 FR_2 实现液压泵电动机 M_3 的过载保护。摇臂升降电动机 M_2 是点动控制，因此省掉过载保护。

（4）失压、欠压保护

由交流接触器及其自锁电路实现失压、欠压保护。

（5）位置与联锁保护

行程开关 SQ_1、SQ_2 用于摇臂升降的限位保护。当摇臂升到极限位置时，SQ_1 受撞动作，其常闭触头断开，使 KM_2 断电释放，摇臂电动机 M_2 停转。当摇臂降到极限位置时，SQ_2 受撞动作，其常闭触头断开，使 KM_3 断电释放，摇臂电动机 M_2 停转。

如图 3-6 所示，SQ_3 为摇臂松开位置行程开关，当摇臂松开时 SQ_3 受压，其常开触头闭合，常闭触头断开，此时可执行摇臂升降操作。SQ_4 为摇臂夹紧位置行程开关，当摇臂夹紧时 SQ_3 复位，其常开触头断开，常闭触头闭合，与此同时，SQ_4 受压，其常闭触头断开，此时不能执行摇臂升降操作。

断电延时型时间继电器 KT_1，实现摇臂升降电动机 M_2 断开电源惯性旋转停止后再进行摇臂夹紧的联锁保护。

5. 触电防护

三台电动机的金属外壳、机床的金属床身、控制变压器的铁芯及外壳都通过 PE 线接地。防止因“碰壳”、漏电引发人身触电事故。

注意 有些摇臂钻床在立柱顶端装有汇流环，允许沿一个方向旋转立柱。没有汇流环，就不能总是沿一个方向旋转立柱，以免把内立柱内的带电导线拧断，造成短路，甚至引起触电事故。

3.3 铣床的电气控制线路

铣床是一种多用途的机床。如图 3-7 所示，它采用多种形状的铣刀加工各种形状的平面、沟槽、键槽、T 形槽、燕尾槽、螺纹、螺旋槽，以及齿轮、链轮、花键轴、棘轮等各种成型

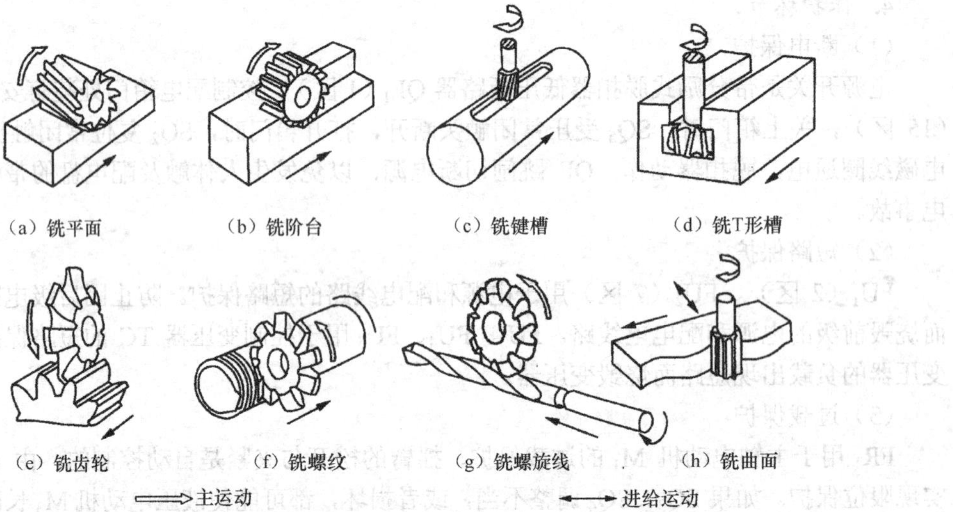

图 3-7 铣床的典型加工方式

表面。用锯片铣刀还可进行切割等工作。有立式升降台铣床、卧式升降台铣床、卧式万能升降台铣床、工具铣床、龙门铣床、仿形铣床、专用铣床等多个种类，其中 X6132（原 X62W）型万能卧式升降台铣床得到广泛应用，本节以 X6132 型万能卧式升降台铣床的电气控制线路为例进行分析。

3.3.1　X6132 型万能卧式升降台铣床的型号含义、基本结构和运动方式

1. 型号含义

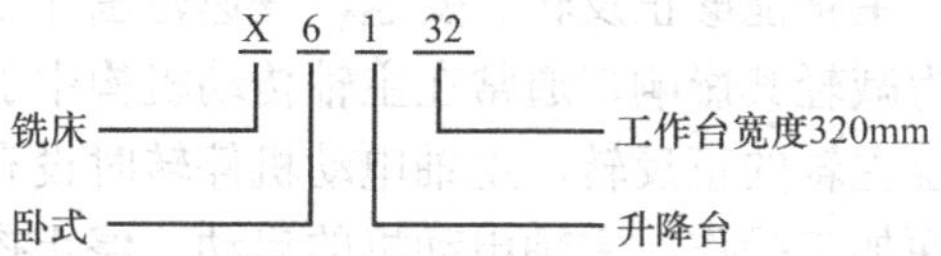

2. 基本结构

如图 3-8 所示，主要由床身、悬梁、主轴、支架、工作台、回转盘、床鞍、升降台和底座等组成。

3. 运动方式

（1）主运动

主轴电动机通过传动机构和变速箱驱动主轴和铣刀做正反转及变速运动。

（2）工作台的直线运动

工作台纵向、横向和垂直三个方向，有手动进给运动、机动进给运动和机动快速移动三种。工作台在回转盘的导轨上垂直于主轴轴线作纵向运动，工作台、回转盘与床鞍一起在升降台的导轨上平行于主轴轴线作横向运动，升降台、回转盘、床鞍和工作台一起作垂直运动，三个方向的运动用机械及电气方式实现联锁。使之只可能按一个方向运动，以防止因误操作而发生事故。工作台的手动进给运动由用户转动手柄操纵。机动进给运动和机动快速移动由工作台进给电动机分别通过摩擦片式进给电磁离合器与快速移动电磁离合器来驱动。快速移动可使工件迅速到达加工位置，缩短非加工时间，提高工作效率。

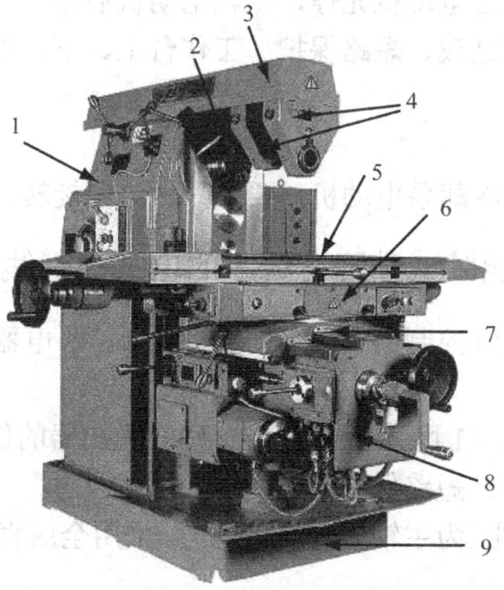

1—床身　2—主轴　3—悬梁　4—支架　5—工作台　6—回转盘　7—床鞍　8—升降台　9—底座

图 3-8　X6132 万能卧式升降台铣床的外观

（3）工作台的回转运动

工作台在回转盘带动下，绕床鞍上的定位盘的垂直轴线作±45°或±30°的回转运动，拓展机床的加工范围。工作台的回转运动由手动操纵。而普通卧式铣床的工作台不具备回转运动的功能。

3.3.2 X6132 型万能卧式升降台铣床的电气控制要求

1. 主轴

驱动主轴旋转的电动机采用额定功率 7.5KW、额定转速 1440r/min 的三相笼型异步电动机。为适应铣削加工需要，主轴能够正反转、变速，变速范围在 30～1500r/min 之间。铣削加工时会产生负载波动，为减轻其影响，通常在主轴传动机构中加入飞轮，增大转动惯量。

采用电气控制方式实现主轴的正反转，主轴电动机停转时设有制动装置，制动装置选用电磁离合器制动。为了方便加工操作，主轴电动机的启动、停止控制采用两地操作。

由主轴变速箱使主轴获得 18 级转速，为保证主轴变速时齿轮易于啮合，减小齿轮端面的冲击，要求变速时有电动机瞬时转动一下，即瞬时冲动。主轴电动机应有过载、短路保护和换刀安全保护。

2. 工作台

工作台三个方向的进给运动与快速移动都是双向可逆的，工作台进给电动机采用额定功率 1.5KW、额定转速 1400r/min 的三相笼型异步电动机。电动机采用正反转控制方式。为了挡减少按钮数量，避免误操作，进给电动机的控制采用行程开关、机构挂挡相互联动的手柄操作，即扳动操作手柄的同时压合对应的行程开关，并挂上对应传动机构的挡。要求操作手柄扳动方向与运动方向一致。采用的操作手柄有两个，一个是纵向操作手柄，有左、中、右三挡；另一个是横向及升降操作手柄。有上、中、下、前、后五个挡。操作手柄应有联锁控制环节，同一时间只允许一个方向的运动，以保证安全。纵向操作手柄与横向及升降操作手柄各有两套，一套是手动，一套是机动。进给运动经变速箱获得 18 级进给速度。为使变速后齿轮能顺利啮合，减小齿轮端面的撞击，进给电动机应在变速后作瞬时冲动。

工作时，要求主轴电动机启动后，才能启动进给电动机。主轴电动机与进给电动机既可同时停止，也可使工作台进给电动机先停，主轴电动机后停。

工作台进给电动机应有过载、短路保护。工作台上、下、左、右、前、后六个方向的移动应设有限位保护。

3. 冷却泵电动机

采用为额定功率 125W 冷却泵电动机，要求只做单向旋转。也应有短路、过载保护。

3.3.3 X6132 型万能卧式升降台铣床的电气控制线路分析

X6132 型万能铣床的电气控制原理图如图 3-9 所示。各电器明细如表 3-3 所示。

1. 主电路

三相电源通过 QF_1 引入（1 区），QF_1 为带分励式脱扣器的低压断路器。起着整个控制线路与电源隔离和断电、过载、短路保护的作用。

M_1（3 区）为主轴电动机，为主轴旋转提供动力。采用全压直接启动，由交流接触器 KM_1、KM_2 控制实现正反转。

M_2（4 区）为工作台进给电动机，为工作台的三个方向运动提供动力。采用全压直接启动，由交流接触器 KM_3、KM_4 控制实现正反转。

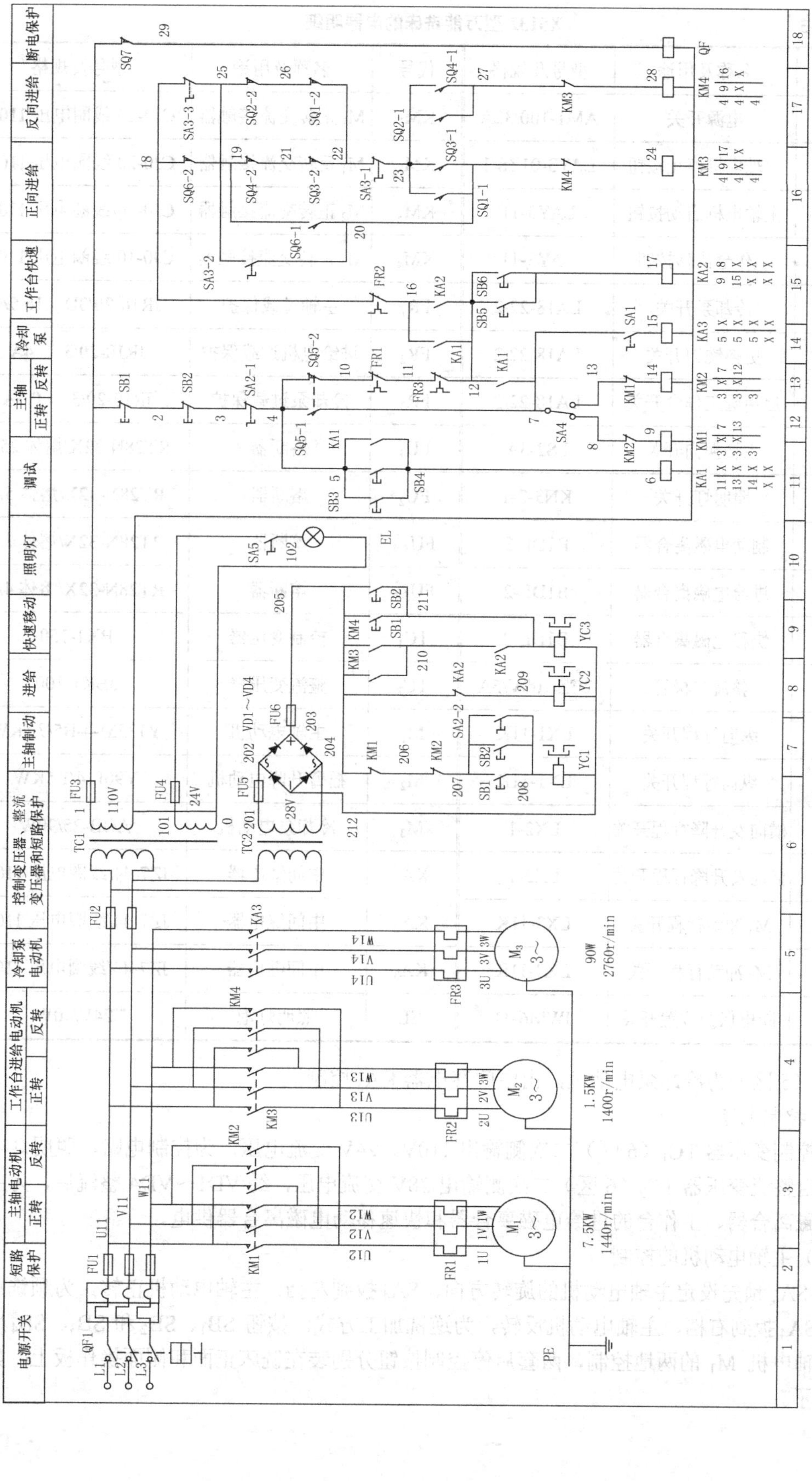

图3-9 X6132万能卧式升降台铣床的电气控制原理图

表 3-3　　X6132 型万能铣床的电器明细

代号	名称及用途	型号及规格	代号	名称及用途	型号及规格
QF_1	电源开关	AM1-100/32A	KM_1	M_1 正转交流接触器	CJ0-20/线圈电压 110V
SB_1SB_2	主轴电机停止按钮	LAY3-01ZS/1	KM_2	M_1 反转交流接触器	CJ0-20/线圈电压 110V
SB_3SB_4	主轴电机启动按钮	LAY3-11	KM_3	M_2 正转交流接触器	CJ0-10/线圈电压 110V
SB_5SB_6	工作台快移按钮	LAY3-11	KM_4	M_2 正转交流接触器	CJ0-10/线圈电压 110V
SA_1	冷却泵开关	LA18-22/2	FR_1	主轴过载保护	JR16-20/3D　16.5A
SA_2	更换铣刀开关	LA18-22/2	FR_2	进给电机过载保护	JR10-20/3　4A
SA_3	启用圆工作台开关	LA18-22/2	FR_3	冷却泵过载保护	JR10-20/3　0.5A
SA_4	主轴换向开关	LS2-3A	FU_1	熔断器	RT28N-32X/熔体 25A
SA_5	照明灯开关	KN3-2-1	FU_2	熔断器	RT28N-32X/熔体 5A
YC_1	制动电磁离合器	B1DL-3	FU_{3-4}	熔断器	RT28N-32X/熔体 2A
YC_2	进给电磁离合器	B1DL-2	FU_{5-6}	熔断器	RT28N-32X/熔体 4A
YC_3	快移电磁离合器	B1DL-2	TC_1	控制变压器	BK1-150
VD_{1-4}	整流二极管	2CZ/100V/5A	TC_2	整流变压器	JBK1-100
SQ_1	纵向行程开关	LX1-11K	M_1	主轴电动机	Y132M-4-B5/7.5KW
SQ_2	纵向行程开关	LX1-11K	M_2	摇臂升降电动机	Y90L-4/1.5KW
SQ_3	横向及升降行程开关	LX2-1	M_3	冷却泵电动机	AOB-25/90W
SQ_4	横向及升降行程开关	LX2-1	KA_1	中间继电器	JZ7-44/线圈电压 110V
SQ_5	M_1 冲动行程开关	LX3-11K	KA_2	中间继电器	JZ7-44/线圈电压 110V
SQ_6	M_2 冲动行程开关	LX3-11K	KA_3	中间继电器	JZ7-44/线圈电压 110V
SQ_7	断电保护位置开关	JWM6-11	EL	照明灯泡	24V/40W

M_3（5 区）为冷却泵电动机，由中间继电器 KA_3 控制。

2. 控制电路

由控制变压器 TC_1（6 区）二次侧输出 110V、24V 交流电压，为控制电路、照明灯电路供电。由整流变压器 TC_2（6 区）二次测输出 28V 交流电压，经 VD1～VD4 整流后，为主轴制动电磁离合器、工作台的进给电磁离合器和快速移动电磁离合器供电。

（1）主轴电动机的控制

由 SA_4 预先设定主轴电动机的旋转方向，SA_4 扳到左挡，主轴电动机正转，为顺铣加工方式，SA_4 扳到右档，主轴电动机反转，为逆铣加工方式。按钮 SB_1、SB_2 和 SB_3、SB_4 用于实现主轴电机 M_1 的两地控制，两套启停控制按钮分别装在铣床正面和侧面操作板上，如图 3-10 所示。

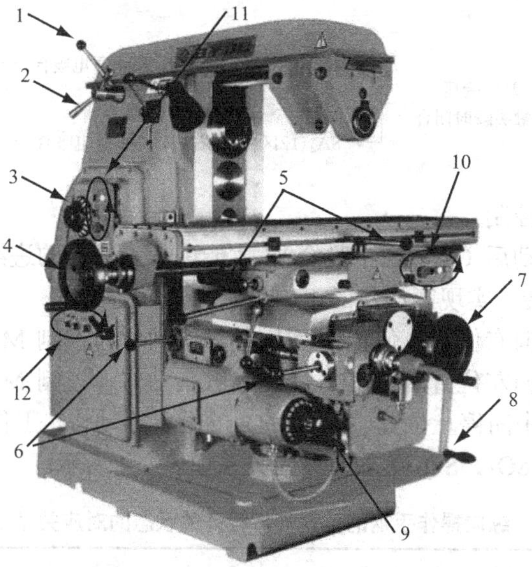

1—悬梁夹紧手柄 2—悬梁移动手柄 3—主轴调速转盘 4—工作台手动纵向移动手轮 5—工作台纵向操作手柄 6—工作台横向及升降操作手柄 7—工作台手动横向移动手轮 8—工作台手动升降移动手轮 9—工作台进给变速手柄及调速转盘 10—正面操作按钮 11—侧面操作按钮 12—转换开关

图 3-10 X6132 万能卧式铣床的常用操作手柄、按钮和开关布局图

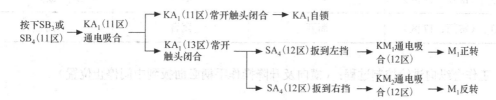

主轴电动机的启动过程：

按下SB_3或SB_4（11区）→ KA_1（11区）通电吸合 →
- KA_1（11区）常开触头闭合 → KA_1自锁
- KA_1（13区）常开触头闭合 →
  - SA_4（12区）扳到左挡 → KM_1通电吸合（12区）→ M_1正转
  - SA_4（12区）扳到右挡 → KM_2通电吸合（12区）→ M_1反转

主轴电动机的停止过程：

按下SB_1或SB_2（12区）→ KA_1（11区）断电释放 → KA_1（11区）常开触头断开 →
- SA_4（12区）扳到左挡，KM_1断电释放
- SA_4（12区）扳到右挡，KM_2断开释放

→ M_1停转，主轴制动电磁离合器YC_1（7区）同时通电，使M_1制动。

主轴电动机的变速瞬时冲动：

向外拉出主轴变速手柄，绕销轴逆时针转动，使手柄上的定位槽与定位销脱开，再逆时针转动手柄约 250°，使孔盘与变速齿条脱开。然后转动变速数字盘到所需转速。设定转速后将变速手柄顺时针转回原位，变速手柄在转回原位过程中，会使SQ_5受压瞬间闭合一次。

注意

为了避免损坏齿轮，不能在主轴旋转时进行变速操作。

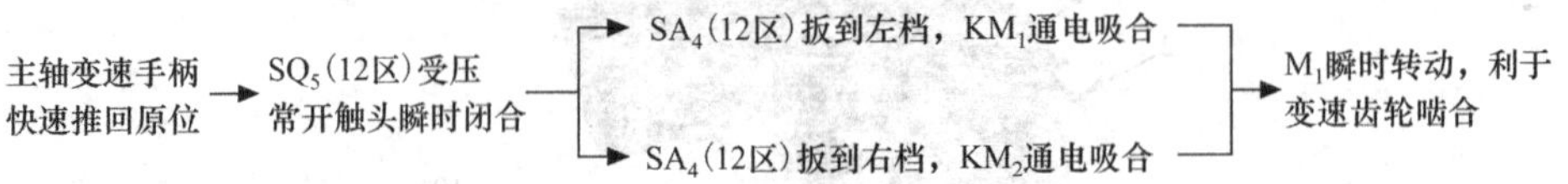
主轴变速手柄
快速推回原位
SQ_5(12区)受压
常开触头瞬时闭合
SA_4(12区)扳到左档，KM_1通电吸合
SA_4(12区)扳到右档，KM_2通电吸合
M_1瞬时转动，利于
变速齿轮啮合

（2）工作台的进给控制

只有主轴电动机启动后（KA_1 通电吸合），才能进行工作台的进给运动。KM_3、KM_4 控制进给电动机 M_2 正、反转，实现工作台的正向进给和反向进给。

纵向操作手柄扳到向右位置，使 SQ_1 受压其触头动作，控制 M_2 正转，使工作台向右进给；纵向操作手柄扳到向左位置，使 SQ_2 受压其触头动作。控制 M_2 反转，使工作台向左进给。纵向操作手柄扳到中间停止位置，SQ_1、SQ_2 的触头不动作，工作台不能进行纵向进给运动。操作手柄的位置与 SQ_1、SQ_2 状态的对应关系如表 3-4 所示。

表 3-4　　纵向操作手柄的位置与行程开关状态的对应关系

纵向操作手柄 / 行程开关	向左	中间（停）	向右
$SQ_{1\text{-}1}$（常开、16 区）	断开	断开	闭合
$SQ_{1\text{-}2}$（常闭、17 区）	闭合	闭合	断开
$SQ_{2\text{-}1}$（常开、17 区）	闭合	断开	断开
$SQ_{2\text{-}2}$（常闭、17 区）	断开	闭合	闭合

工作台纵向进给控制过程：（横向及升降操作手柄必面扳到中间停止位置）

工作台纵向操
作手柄向右
SQ_{1-2}断开
SQ_{1-1}闭合
KM_3通电吸合
M_2通电正转
工作台向右移动

电流途径：$SB_1 \to SB_2 \to SA_{2\text{-}1} \to SQ_{5\text{-}2} \to FR_1 \to FR_3 \to KA_1 \to FR_2 \to SQ_{6\text{-}2} \to SQ_{4\text{-}2} \to SQ_{3\text{-}2} \to SA_{3\text{-}1} \to SQ_{1\text{-}1} \to KM_4$ 常闭触头 $\to KM_3$ 电磁线圈。

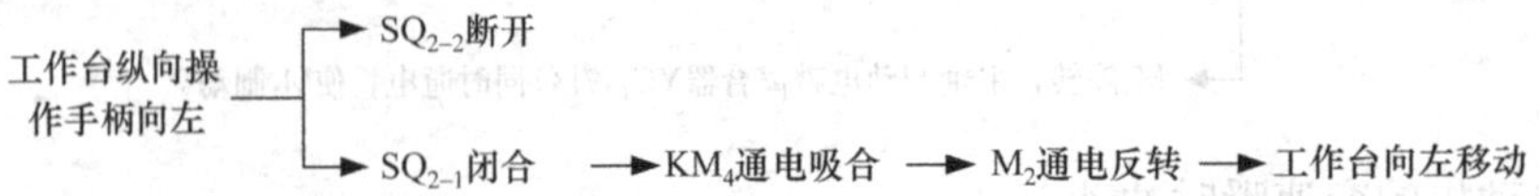
工作台纵向操
作手柄向左
SQ_{2-2}断开
SQ_{2-1}闭合
KM_4通电吸合
M_2通电反转
工作台向左移动

电流途径：$SB_1 \to SB_2 \to SA_2 \to SQ_{5\text{-}2} \to FR_1 \to FR_3 \to KA_1 \to FR_2 \to SQ_{6\text{-}2} \to SQ_{4\text{-}2} \to SQ_{3\text{-}2} \to SA_{3\text{-}1} \to SQ_{2\text{-}1} \to KM_3$ 常闭触头 $\to KM_4$ 电磁线圈。

横向及升降操作手柄扳到向前或向下位置，使 SQ_3 受压其触头动作，控制 M_2 正转，使工作台向前或向下进给；横向操作手柄扳到向后或向上位置，使 SQ_3 受压其触头动作。控制 M_2 反转，使工作台向前或向下进给。横向操作手柄扳到中间停止位置，工作台不能进行横向和垂直方向的进给运动。操作手柄的位置与 SQ_3、SQ_4 状态的对应关系如表 3-5 所示。

表 3-5　　横向及升降操作手柄的位置与行程开关状态的对应关系

横向及升降操作手柄 / 行程开关	向前或向下	中间（停）	向后或向上
SQ_{3-1}（常开、16 区）	闭合	断开	断开
SQ_{3-2}（常闭、16 区）	断开	闭合	闭合
SQ_{4-1}（常开、17 区）	断开	断开	闭合
SQ_{4-2}（常闭、16 区）	闭合	闭合	断开

工作台横向进给控制过程：（纵向操作手柄必面扳到中间停止位置）

电流途径：SB_1→SB_2→SA_2→SQ_{5-2}→FR_1→FR_3→KA_1→FR_2→SA_{3-3}→SQ_{2-2}→SQ_{1-2}→SA_{3-1}→SQ_{3-1}→KM_4 常闭触头→KM_3 电磁线圈。

电流途径：SB_1→SB_2→SA_2→SQ_{5-2}→FR_1→FR_3→KA_1→FR_2→SA_{3-3}→SQ_{2-2}→SQ_{1-2}→SA_{3-1}→SQ_{4-1}→KM_3 常闭触头→KM_4 电磁线圈。

工作台升降进给控制过程与横向进给控制过程类似。这里不再赘述。

（3）工作台进给变速瞬时冲动控制

向外拉出工作台进给变速手柄，然后转动调速转盘设定所需速度。设定完毕后把变速手柄推回原位。变速手柄在推回原位过程中，会使 SQ_6 受压瞬间闭合一次。

注意　设定工作台进给速度时，必须先启动主轴电动机 M_1，并且工作台不能移动，防止损坏变速齿轮。

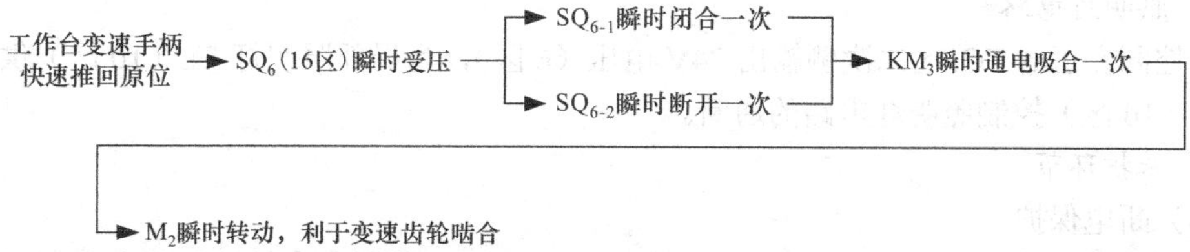

电流途径：SB_1→SB_2→SA_2→SQ_{5-2}→FR_1→FR_3→KA_1→FR_2→SA_{3-3}→SQ_{2-2}→SQ_{1-2}→SQ_{3-2}→SQ_{4-2}→SQ_{6-1}→KM_3 常闭触头→KM_4 电磁线圈。

（4）工作台的快速移动控制

由按钮 SB_5、SB_6（两地控制）控制工作台快速移动。电磁离合器 YC_2 实现工作台进给运动。电磁离合器 YC_3 实现工作台快速移动。工作台的快速移动既可以在主轴电动机 M_1 启动后进行，也可以在 M_1 停转后进行。

快速移动过程：

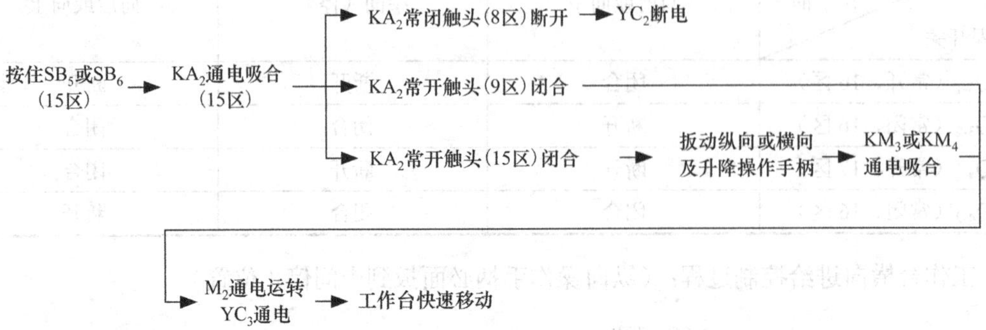

松开 SB_5 或 SB6，KA_2 断电释放，YC_3 断电，工作台停止快速移动。

（5）冷却泵电动机的控制

转换开关 SA_1 控制中间继电器 KA_3 的通电，实现对冷却泵电机 M_3 的控制。主轴电动机 M_1 运转时，才能启动冷却泵电动机。

（6）圆工作台的控制

圆工作台是铣床的一个附件，既可手动操作，也可由进给电动机 M_2 通过传动机构驱动。使用时转动 SA_{3-1}（16 区），启动主轴电动机 M_1 后，圆工作台由 M_2 带动下做单向旋转运动。

注意 使用圆工作台时，必须使纵向和横向操作手柄扳到中间停止位置，否则圆工作台就不能转动。圆工作台工作状态与转换开关状态的对应关系如表 3-6 所示。

表 3-6　圆工作台工作状态与转换开关状态的对应关系

转换开关 \ 圆工作台状态	接通圆工作台	断开圆工作台
SA_{3-1}	断开	闭合
SA_{3-2}	闭合	断开
SA_{3-3}	断开	闭合

3. 照明灯电路

由控制变压器 TC_1 的二次侧输出 24V 电压（6 区），为局部照明灯 EL（10 区）供电。开关 SA_5（10 区）控制照明灯电路的通断。

4. 保护环节

（1）断电保护

电源开关是带分励脱扣器低压断路器 QF_1（1 区）。控制配电箱门处装有安全开关 SQ_7（18 区），关上箱门时，SQ_7 受压常闭触头断开，打开箱门时，SQ_7 复位常闭触头闭合，QF 电磁线圈通电，脱扣器动作，使 QF 跳闸切断电源，以免发生人体触及配电盘的带电体引发触电事故。

（2）短路保护

由 FU 1 实现主电路的短路保护，由 FU_2 实现控制变压器 TC_1 和整流变压器 TC_2 的短路保护，由 FU_3 实现控制电路的短路保护，由 FU_4 实现照明电路的短路保护，由 FU_5 实现整流电路的短路保护，由 FU_6 实现直流制动电路的短路保护。

（3）过载保护

由热继电器 FR_1 实现主轴电动机 M_1 过载保护，由热继电器 FR_2 实现进给电动机 M_2 的过载保护。由热继电器 FR_3 实现冷却泵电动机 M_3 的过载保护。

（4）主轴上安装、更换刀具的安全保护

转动 SA_2，使 $SA_{2\text{-}1}$（12 区）断开，KA_1、KM_1 和 KM_2 不能通电吸合，主轴电动机不能旋转。同时，$SA_{2\text{-}2}$（7 区）闭合，YC1 通电，主轴制动。此时，可以进行安装、更换刀具的操作。操作完毕后，转动 SA_2 使 $SA_{2\text{-}1}$ 闭合，$SA_{2\text{-}2}$ 断开。

思考与练习题

3-1　简述机床型号 CA6140、Z3050、X6132 的含义。

3-2　说明 CA6140 卧式车床主轴运转和快速进给的控制过程。

3-3　CA6140 卧式车床采用了哪些保护环节？

3-4　说明摇臂钻床 Z3050 的摇臂松夹及升降控制过程。

3-5　说明摇臂钻床 Z3050 的立柱和主轴箱的松夹及控制过程。

3-6　简述摇臂钻床 Z3050 的位置与联锁保护工作原理。

3-7　说明 X6132 万能铣床的主轴变速及制动过程，以及主轴运动与工作台运动的联锁关系。

3-8　说明 X6132 万能铣床的工作台六个方向进给运动控制过程及联锁保护原理。

3-9　说明 X6132 万能铣床的圆工作台运动控制过程及联锁保护原理。

第4章 S7-200 PLC基础知识

4.1 PLC概述

4.1.1 PLC的历史演变

在20世纪60年代，外国汽车生产流水线的自动控制系统基本上都是由继电器控制装置构成的。当时汽车制造业竞争激烈，各生产厂家的汽车型号不断更新，导致其生产线的控制系统要随之改变，并且要对整个控制系统重新配置。这样直接导致继电器控制装置的重新设计和安装，所以汽车的每一次改型都十分费时、费工、费料，甚至阻碍了更新周期的缩短。为了改变这一现状，美国通用汽车公司在1968年公开招标，要求用新的控制装置取代继电器控制装置，并提出了十项招标指标，即：

（1）编程方便，现场可修改程序；

（2）维修方便，采用模块化结构；

（3）可靠性高于继电器控制装置；

（4）体积小于继电器控制装置；

（5）数据可直接送入管理计算机；

（6）成本可与继电器控制装置竞争；

（7）输入可以是交流115V；

（8）输出为交流115V，2A以上，能直接驱动电磁阀，接触器等；

（9）在扩展时，原系统只要很小变更；

（10）用户程序存储器容量至少能扩展到4KB。

1969年，美国数字设备公司（DEC）研制出第一台PLC，在美国通用汽车自动装配线上试用，获得了成功，这就是世界上第一台可编程控制器，型号为PDP-14。人们把它称作可编程逻辑控制器（Programmable Logic Controller，PLC）。

这种新型的工业控制装置以其简单易懂，操作方便，可靠性高，通用灵活，体积小，使用寿命长等一系列优点，很快地在美国其他工业领域推广应用。到1971年，已经成功地应用于食品，饮料，冶金，造纸等工业。这一新型工业控制装置的出现，也受到了世界其他国家的高度重视。1971日本从美国引进了这项新技术，很快研制出了日本第一台PLC。1973年，西欧国家也研制出它们的第一台PLC。我国从1974年开始研制，于1977年开始工业应用。

PLC诞生后，得到了飞速的应用和发展，归纳一下，大概经历了五个阶段。

（1）初级阶段：从第一台PLC问世到20世纪70年代中期。

这个时期的PLC功能简单，主要完成一般的继电器控制系统的功能，即顺序逻辑、定时和计数等，编程语言为梯形图。

（2）快速发展阶段：从20世纪70年代中期到20世纪80年代初期。

由于PLC在取代继电器控制系统方面的卓越表现，所以它在电气自动控制领域开始普及，并得到了飞速的发展。这个阶段的PLC在其控制功能方面增强了很多，如数据处理、模拟量的控制等。

（3）成熟阶段：从20世纪80年代初期到20世纪90年代初期。

之前的PLC主要是单机使用或使用在小系统上，但随着对工业自动化技术水平、控制性能和控制范围要求的提高，在大型的控制系统（如冶炼、饮料、造纸、烟草、纺织、电力等）中，PLC也展示出了其强大的生命力。这个时期的PLC顺应时代要求，增加了遵守一定协议的通信接口，方便联网通信。

（4）大规模飞速发展阶段：从20世纪90年代初期到20世纪90年代末期。

由于对模拟量处理功能和网络通信的提高，PLC控制系统在控制领域也开始大面积使用。此时是PLC使用规模和使用量发展最快的时期，年增长率一直保持在30%～40%。在这个时期，PLC在处理模拟量能力、数字运算能力、人机接口能力和网络能力方面得到大幅度提高，PLC逐渐进入过程控制领域，在某些应用上取代了在过程控制领域处于统治地位的DCS系统。

（5）统一标准阶段：从20世纪90年代中期以后。

随着可编程序控制器国际标准IEC61131的逐渐完善和实施，特别是IEC61131-3标准编程语言的推广，使得PLC真正走入了一个开放性和标准化的时代。目前，世界上有200多个厂家生产300多种PLC产品，比较著名的外国厂家有美国的AB（被ROCKWELL（罗克韦尔）收购）、GE、MODICON（被SCHNEIDER（施耐德）收购），日本的MITSUBISHI（三菱）、OMRON（欧姆龙）、松下电工，德国的SIEMENS（西门子）和法国的SCHNEIDER（施耐德）公司等。

PLC今后一个方向是朝着体积更小、速度更快、功能更强、价格更低的微小型PLC发展，另外一个方向将向大型、高速、多功能方向发展。在今后的工业应用中，PLC会有更大的发展。从技术上看，计算机技术的新成果会更多地应用于可编程控制器的设计和制造上，会有运算速度更快、存储容量更大、智能更强的品种出现；从网络的发展情况来看，可编程控制器和其他工业控制计算机组网构成大型的控制系统是可编程控制器技术的发展方向。目前的计算机集散控制系统（Distributed Control System，DCS）中已有大量的可编程控制器应用。伴随着计算机网络的发展，可编程控制器作为自动化控制网络和国际通用网络的重要组成部分，将在工业及工业以外的众多领域发挥越来越大的作用。

4.1.2 PLC的定义

随着微电子技术的发展，20世纪70年代中期出现了微处理器和微型计算机，人们将微机技术应用到PLC中，使得它能更多地发挥计算机功能，不仅用逻辑编程取代了硬连线逻辑，还增加了运算、数据传输和处理等功能，使得其真正成为一种电子计算机工业控制设备。国外工业界在1980年正式将其命名为可编程序控制器（Programmable Controller，PC）。但由于它和个人计算机（Personal Computer）的简称容易混淆，所以现在仍把可编程序控制器简称为PLC。国际电工委员会（International Electrical Committee）在1987年颁布的PLC标准草案中对 PLC 做了如下比较全面和权威的定义：

“PLC 是一种专门为在工业环境下应用而设计的数字运算操作的电子装置。它采用可以编制程序的存储器，用来在其内部存储执行逻辑运算、顺序运算、计时、计数和算术运算等操作的指令，并能通过数字式或模拟式的输入和输出，控制各种类型的机械或生产过程。PLC 及其有关的外围设备都应该按易于与工业控制系统形成一个整体，易于扩展其功能的原则而设计。”

4.1.3 PLC 的应用领域

由于其价格越来越低，功能越来越强大，目前 PLC 在国内外已广泛应用于钢铁、采矿、石油、化工、制药、电力、机械制造、汽车、装卸、造纸、食品加工等行业。归纳一下，主要应用范围基本可归为以下几类。

1. 开关量的逻辑控制

这是 PLC 最基本也是应用最广泛的领域，它取代了传统的继电器控制电路，实现逻辑控制、顺序控制，既可用于单台设备的控制，又可用于多机群控制及自动化流水线，如电梯控制、高炉上料、注塑机、印刷机、组合机床、磨床、包装生产线、电镀流水线等。

2. 运动控制

PLC 可以用于圆周运动或直线运动的控制。从控制机构配置来说，早期直接用开关量 I/O 模块连接位置传感器和执行机构，现在可使用专门的运动控制模块，广泛地运用于各种机床、机械、机器人、电器等场合。

3. 过程控制

这是对温度、压力、流量等模拟量的闭环控制。PLC 能编制各种控制算法程序，完成闭环控制。一般闭环控制系统中常用的控制方法是 PID 控制，一般是运行专用的 PID 子程序。过程控制在冶金、化工、热处理、锅炉控制等场合有非常广泛的应用。

4. 数据处理

现代 PLC 具有数学运算、数据传送、数据转换、排序、查表、位操作等功能，可以完成数据采集、分析及处理。这些数据可以与存储在存储器中的参考值比较。一般用于大型系统，如无人控制的柔性制造业。

5. 通信联网

通信联网是针对近年来控制系统越来越复杂，需要 PLC 的主机和远程 I/O 之间，多台 PLC 之间、PLC 与其他智能控制设备之间的通信。随着生产系统的越来越庞大，控制越来越复杂，目前这种应用的范围越来越广泛。

4.1.4 PLC 的主要特点

PLC 自从问世起就深受工程技术人员的欢迎，主要具有以下特点。

1. 可靠性高，抗干扰能力强

高可靠性是电气控制设备的关键性能。PLC 由于采用现代大规模集成电路技术，采用严格的生产工艺制造，内部电路采取了先进的抗干扰技术，具有很高的可靠性。例如西门子生产的 S7 系列 PLC 平均无障时间高达 30 万小时。一些使用冗余 CPU 的 PLC 的平均无故障工作时间则更长。PLC 的外电路和同等规模的继电接触器系统相比，电气接线及开关接点已减少到数百甚至数千分之一，出故障的概率也就大大降低。此外，PLC 带有硬件故障自我检测功能，出现故障时可及时发出警报信息。在应用软件中，应用者还可以编入外围器件的故障自诊断程序，使系统中除 PLC 以外的电路及设备也获得故障自诊断保护。这样，整个系统就具有极高的可靠性。

2. 配套齐全，功能完善，适用性强

现在的 PLC 已经形成了大、中、小各种规模的系列化产品，可以用于各种规模的工业控制场合。除了逻辑处理功能以外，现代 PLC 大多具有完善的数据运算能力，可用于各种数字控制领域。近年来 PLC 的功能单元大量涌现，使 PLC 渗透到了位置控制、温度控制等各种工业控制中。加上 PLC 通信能力的增强及人机界面技术的发展，使用 PLC 组成各种控制系统变得非常容易。

3. 编程方便，易学易用

PLC 作为通用工业控制计算机，是面向工矿企业的工控设备。它接口容易，编程语言易于为工程技术人员接受。梯形图语言的图形符号与表达方式和继电器电路图相当接近，只用 PLC 的少量开关量逻辑控制指令就可以方便地实现继电器电路的功能，为不熟悉电子电路、不懂计算机原理和汇编语言的人使用计算机从事工业控制提供了方便。

4. 系统的设计工作量小，维护方便，容易改造

PLC 用存储逻辑代替接线逻辑，大大减少了控制设备外部的接线，使控制系统设计及建造的周期大为缩短，同时维护也变得容易。当控制要求改变，只需对程序进行简单的修改，对硬件部分稍作改动即可。这很适合多品种、小批量的生产场合。

5. 体积小，重量轻，能耗低，性价比高

相对于以前的电气控制和现在的 DCS 等控制，PLC 的体积比较小的，另外，目前有一类 PLC 正向超小型发展，这种产品底部尺寸小于 100mm，重量小于 150g，功耗仅数瓦。由于体积小，很容易装入机械内部，是实现机电一体化的理想控制设备。

4.1.5 PLC 与继电器控制的区别

在 PLC 出现之前，继电器控制系统被广泛的使用，但是由于其使用的是大量的机械触点，设备连接复杂，连接线较多，控制方案修改后，更改接线非常麻烦等缺点无法解决，PLC 能很好地解决这些问题。表 4-1 中列出了 PLC 与继电器控制系统的一些区别。

表 4-1　PLC 与继电器控制的区别

比较项目	用继电器控制系统	用 PLC 控制
控制逻辑	实现比较复杂，修改困难，占用空间大	体积小，连线少，控制灵活，易于扩展
控制速度	取决于机械触点的动作速度，一般为几十毫秒，并且容易出现触点抖动情况	有继电器和晶体管输出方式，特别是晶体管是无触点控制，输出控制速度很快，达到微秒级，不会出现触点抖动现象
可靠性	机械式，寿命短，可靠性和可维护性差	连线少，可靠性高，寿命长
工作方式	并行工作方式	周期性循环扫描工作方式
定时控制	用时间继电器定时，精度不高，定时范围有限，受外界干扰影响	由内部的晶振稳定给出，精度很高，最小可为 0.001S，最长几乎没有限制
设计与施工	设计、施工、调试必须依次进行，周期长，修改困难	设计和施工可以同时进行，周期短，调试和修改都很方便
价格	使用机械开关，继电器和接触器等，价格相对便宜，但使用数量多，总价并不便宜	PLC 可以代替很多继电器，初期投资可能会稍大，但总体来说性价比较高

4.1.6 PLC 的分类

PLC 实质上是一种专用于工业控制的计算机，其硬件结构基本上与微型计算机相近，从结构上可分为整体式（一体式）和模块式（组合式）两种，整体式 PLC 包括 CPU 板，I/O 板，内存块，电源等，把各个部分组合成一个不可拆卸的整体，通常称为基本单元或主机，其上设有扩展端口，通过扩展电缆与扩展单元（模块）相连。模块式 PLC 是把各个功能部分做成模块，如 CPU 模块、输入模块、输出模块、电源模块、通讯模块等，根据系统规模和要求，像堆积木一样，使用时按照一定的规则将这些模块插在背板上即可实现不同的规模控制要求。

图 4-1　小型 PLC（西门子 S7-200 系列）

图 4-2　中型 PLC（西门子 S7-300 系列）

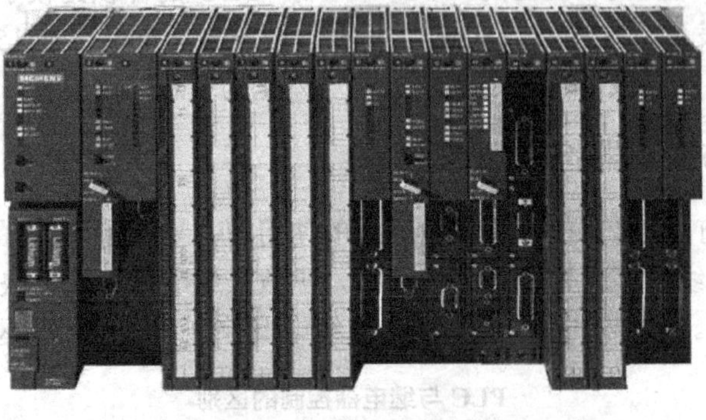

图 4-3　大型 PLC（西门子 S7-400 系列）

另外，按照 I/O 点数容量还可以把 PLC 分成超小型机、小型机、中型机和大型机（见图 4-1、4-2、4-3）。超小型机是指 I/O 点数一般在 64 点以下；小型机是指 I/O 点数一般在 256 点以下，多用于小型系统的开关量控制和少量的模拟量控制；中型机是指 I/O 点数在 256～2048，具有极强的开关量逻辑控制功能，而其他的通信联网功能和模拟量处理能力更强大，适合用于复杂的逻辑控制系统以及连续生产的过程控制场合；大型机指 I/O 点数在 2048 点以上，程序和数据存储容量最高分别可达 10MB，其性能已经与工业控制计算机相当，它具有计算、控制和调节功能，还具有强大的网络结构和通信联网能力，有些大型的 PLC 还具有冗余能力。它的监视系统能够表示过程的动态流程，记录各种曲线，PID 调节参数等；它配备多种智能板，构成多功能的控制系统。这种系统还可以和其他型号的控制器互联，和上位机相连，组成一个集成分散的生产过程和产品质量监控系统。大型机适合于设备自动化控制、过程自动化控制和过程监控系统。

有些书中还把 PLC 按照功能分为低档机、中档机和高档机。一般来说，小型系统采用整体式结构，价格相对比较便宜，实现起来也简单；而中型和大型系统往往采用模块式结构，主要因为其配置灵活，功能强。但是目前市场上的有些小型机已经具有中型机甚至大型机的某些功能，所以以上这些分类并不十分严格。

4.1.7 PLC 的基本结构

PLC 种类很多，但是其基本结构和工作原理大致相同。PLC 是专为工业现场应用而设计的，采用典型的计算机结构，它主要由输入单元、CPU、电源、存储器和输出单元等组成。PLC 基本结构框图如图 4-4 所示。

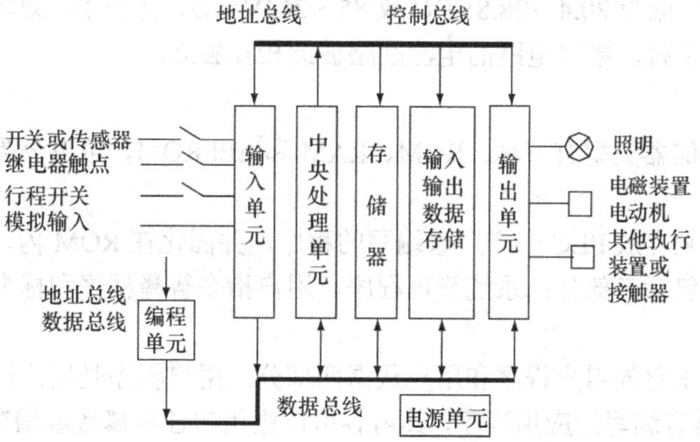

图 4-4 PLC 的基本结构框图

1. 输入单元

PLC 输入单元用来接收来自用户设备的各种控制信号，如限位开关、操作按钮、选择开关、行程开关以及其他一些传感器或变送器传过来的现场检测信号。外部接口电路将这些信号转换成 CPU 能够识别和处理的信号，并存到输入存储器，PLC 的输入继电器就是由一些电子器件电路组成的有记忆功能的寄存器，若在外部给它一个输入信号，它变成状态“1”，其原理和传统继电器一样。

为防止各种干扰信号和高电压信号进入 PLC，影响其可靠性或造成设备损坏，现场输入接口电路一般由光电耦合电路进行隔离。光电耦合电路的关键器件是光耦合器，一般由发光二极管和光电三极管组成。

通常 PLC 的输入类型可以是直流、交流或交直流，使用最多的是直流信号输入的 PLC。输入电路的电源可以是外部供给，也有的是由 PLC 自身的电源提供。

2. CPU（中央处理单元）

CPU 是 PLC 的核心部件，一般由控制器、运算器和寄存器组成，这些电路都集成在一个芯片内。CPU 通过数据总线、地址总线和控制总线与存储单元、输入/输出接口电路相连接。运算器的功能就是进行算术运算和逻辑运算。控制器的作用是控制整个计算机的各个部件有条不紊地工作，它的基本功能是从内存中取指令和执行指令。它的主要功能如下。

（1）诊断 PLC 电源、内部电路的工作状态及编制程序中的语法错误。

（2）采集由现场输入装置送来的状态或数据，并送入 PLC 的寄存器中。

（3）按用户程序存储器中存放的先后顺序逐条读取指令，进行编译解释后，按指令规定的任务完成各种运算和操作。

（4）将存于寄存器中的处理结果送至输出端。

（5）响应各种外部设备的工作请求。

3. 电源

一般使用 220V 的交流电源或 24V 直流电源给 PLC 进行供电，内部的开关电源为 PLC 的 CPU、存储器等电路提供 5V，+12V，−12V，24V 等直流电源，整体式的小型 PLC 还提供一定容量的直流 24V 电源，供外部有源传感器（如接近开关）使用。PLC 所采用的开关电源输入电压范围宽（一般为 20.4～28.8VDC 或 85～264VAC）、体积小、效率高、抗干扰性能力强。为了避免电源干扰，接口电路的电源回路彼此相互独立。

4. 存储器

PLC 使用的存储器类型有三种：ROM、RAM 和 EEPROM，可以分为系统存储器和用户存储器两部分。

系统存储器用来存放 PLC 生产厂家编写的程序，并固化在 ROM 内，用户不能更改。系统程序的内容主要包括三部分：系统管理程序、用户指令解释程序和标准程序模块与系统调用管理程序。

用户存储器用来存放用户程序和用户数据两部分。用户程序是用户针对具体控制任务用规定的 PLC 编程语言编写的应用程序，其内容可以由用户任意修改或增减。用户数据是指存放用户程序中所使用器件的 ON/OFF 状态和数值、数据等。用户存储器的大小关系到用户程序容量的大小，是反映 PLC 性能的重要指标之一。

5. 输出单元

输出单元是 PLC 与现场执行机构连接的通道，CPU 按照用户程序进行计算，将有关输出的最新计算结果放到输出映像寄存器中。输出映像寄存器由输出点相对应的触发器组成，输出电路将其由弱电控制信号转化成现场需要的强电信号输出，以驱动电磁阀、接触器、指示灯等被控设备的执行元件。

输出接口电路通常有三种类型：继电器输出型、晶体管输出型和晶闸管输出型。每种输出电路都采用电气隔离技术，电源都由外部提供，输出电流一般为 0.5～2A，这样的负载容量一般可以直接驱动一个常用的接触器线圈或电磁阀。具体选用哪种输出类型的 PLC 由项目实际需要决定。

一般来说，继电器输出类型的 PLC 最为常用，它的输出接口可以使用交流或直流两种电源，其输出信号的通断频率不能太高；晶体管输出类型的 PLC，其输出信号的通断频率高，适合在运动控制系统（控制步进电动机等）中使用，但只能使用直流电源；晶闸管输出类型的 PLC 也适合于输出信号的通断频率要求较高的场合，但其电源为交流电源，这种 PLC 现在使用的较少。

6. 通信接口

为了实现通信功能，有些 PLC 配有一定的通信接口。PLC 通过这些接口可以与显示设定单元、触摸屏、打印机，编程器等相连，提供方便的人机交互途径；也可以与其他 PLC、计算机以及现场总线网络相连，组成多机系统或工业网络控制系统。

7. 扩展接口

扩展接口主要用于扩展主机单元的IO点数或特殊功能，在主机的后面连接扩展IO模块或功能模块，使PLC的配置更加灵活，以满足不同控制系统的要求。

4.1.8 PLC的工作原理

PLC通电后，需要对系统的硬件和软件进行初始化，然后依次对各种规定的操作项目进行访问和处理，为了使PLC的输出及时响应各种输入信号，初始化后PLC按顺序循环执行各个阶段的任务，这种工作方式就叫做循环扫描的工作方式。一般可以分为三个阶段。

（1）输入采样阶段。在每个扫描周期，首先进行的就是从输入接口电路中读取所有输入端子的状态，PLC依次读入所有输入状态和数据并将它们存入寄存器内，输入采样结束后，如果输入状态和数据发生变化，PLC不再响应，输入寄存器中的数据和状态保持不变，要等到下一个扫描周期才能读入。

（2）用户程序执行阶段。CPU将指令逐条调出并执行，其过程是从程序的上到下，从左到右的顺序依次扫描用户程序，并根据输入的数据和状态改变各个寄存器的状态。

（3）输出刷新阶段。CPU将输出映像寄存器的状态和数据传送到输出锁存器，在经过输出电路的隔离和功率放大，转换成合适的电压、电流或脉冲信号，驱动接触器、电磁铁、电磁阀等执行器，这时的输出才是PLC真正的输出，输出的状态才会改变。

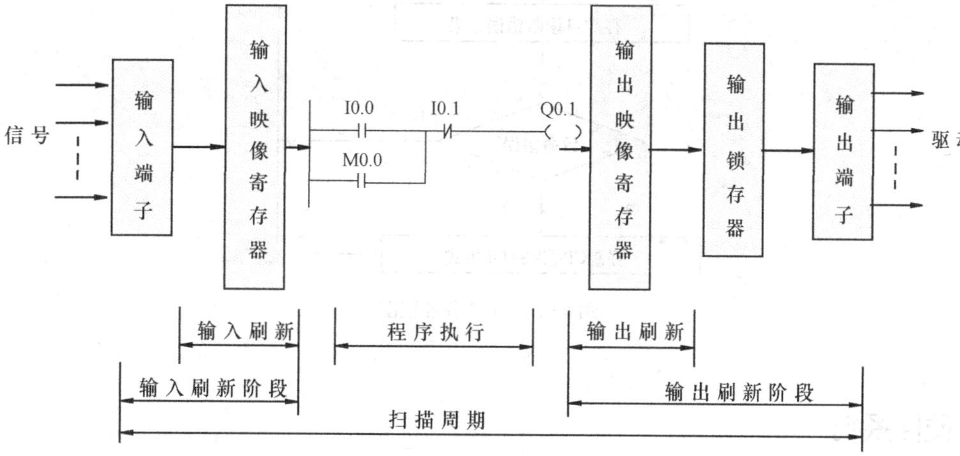

图4-5 PLC工作原理示意图

PLC执行完一次输入采样、用户程序执行、输出刷新这三个阶段称为一个扫描周期（见图4-5）。扫描周期的长短由CPU执行指令的速度、指令本身占有的时间和指令条数决定。由于采用集中输入输出的方式，所以会存在输入输出滞后的现象，即输入输出响应的延迟。上面说的输入采样、用户程序执行、输出刷新只是一个PLC上电以后工作方式为RUN时的重要的三个阶段，而PLC上电以后整个工作流程还包括了像对远传IO的读取、处理通讯、更新时钟以及自诊断等过程，详细的工作流程图如图4-6所示。

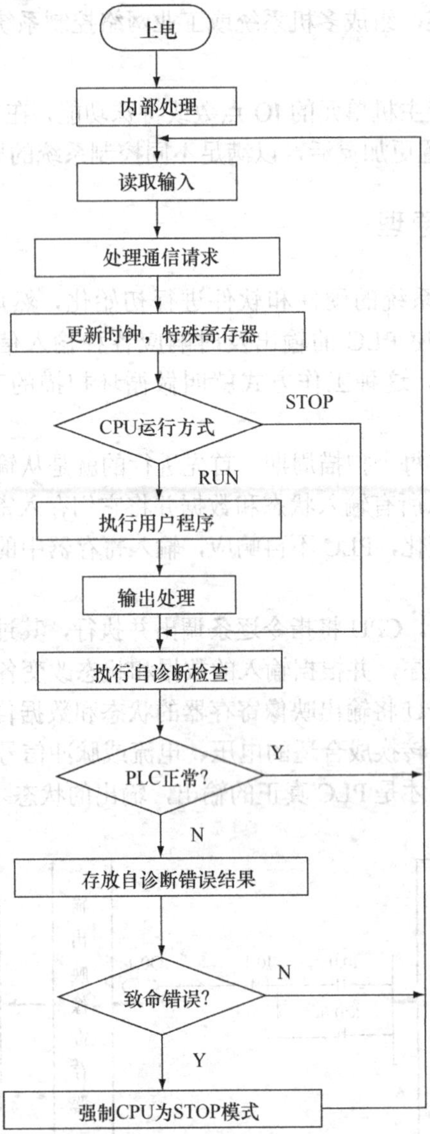

图 4-6　PLC 工作流程图

4.2　硬件系统

西门子公司最新 PLC 产品有 SIMATIC S7、M7 和 C7 等几大系列，而 S7 系列是传统 PLC 产品（实物图如图 4-7 所示）。S7-200 PLC 是 SMIATIC S7 家族中的小型可编程控制器，适用于各个行业、各种应用场合中的检测、监测及控制的自动化。S7-200 的使用范围可覆盖从替代继电器的简单控制，到极复杂的自动化控制，应用领域极为广泛，包括各种机床、机械、电力设施、民用设施、环境保护设备等。S7-200 将高性能与小体积集成一体，运行快速，并且提供了丰富的通信选项，具有极高的性价比。

目前在中国使用的是 S7-200 CN，于 2005 年 12 月正式发布，是西门子进入中国市场后本地化的产品，它保持了与 S7-200 系列相同的技术规格、功能特性、外观尺寸以及编程软件，该产品是专供中国低端 PLC 市场，在中国制造，并且只限于在中国销售和使用。因 S7-200 CN 系列在中国工业控制领域得到了广泛的使用，因此本书就以 S7-200 CN 系列为例进行介绍。

图 4-7 S7-200 PLC 系列产品实物图

4.2.1 主机单元介绍

S7-200 CN 的基本结构为整体式，主机有一定数量的 I/O 点，一个主机单元就是一个系统。装置示意图如图 4-8 所示。主机后面可以连接 I/O 扩展模块或特殊功能模块，通过通信口又可以连接其他设备，下面对主机单元做一些简单的介绍。

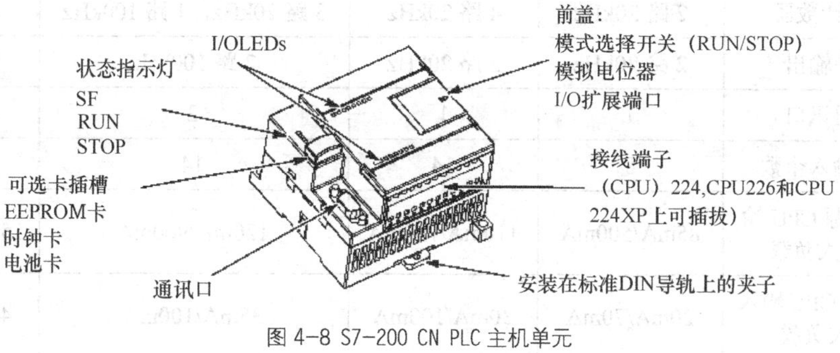

图 4-8 S7-200 CN PLC 主机单元

主机单元有时又称作 CPU 模块，它包括了 CPU、存储器、基本输入输出点等，是 PLC 的主要部分。它实际就是一个完整的控制系统，可以单独完成一定的控制任务，如从输入部分读取现场采集来的信号，进行一系列的转换，执行用户程序，把程序执行的结果放到输出部分输出驱动相应的外部负载。S7-200 系列的分类是按照 IO 点数和效能进行的，有以下几种。

（1）CPU221。6 点输入，4 点输出，无扩展能力，程序和数据的存储量小，S7-200 CN 产品中已经没有此种型号的产品。

（2）CPU222。除具有 CPU 221 功能外，它具有 8 点输入，6 点输出，共计 14 个 I/O，可最多扩展 2 个模块，最多 8 点模拟量输入输出和最多 64 个 I/O。

（3）CPU224。14 点输入，10 点输出，可最多扩展 7 个模块（只能有 2 个智能模块），有内置时钟，有了比较强的模拟量和高速计数的处理能力，是使用比较多的一款产品。

（4）CPU224XP。大部分功能与 CPU224 一样，它只是在程序与数据的存储容量上有所增加，处理高速计数能力增强，并且在主机上增加了 2 个模拟量输入口和 1 个模拟量输出口，一个通信口。在有少量模拟量，并且对通讯接口要求比较多的场合使用非常合适。

（5）CPU226。24 点输入，16 点输出，2 个通信口，用户程序的存储容量比 CPU224XP 又有所增加。最大可扩展 248 点数字量和 35 点模拟量的输入输出。

表 4-2　　S7-200 CN　CPU 主要技术指标

特性	CPU222	CPU224	CPU224 XP	CPU226
外形尺寸	90×80×62	120.5×80×62	140×80×62	190×80×62
本机数字量 I/O	8 入/6 出	14 入/10 出	14 入/10 出	24 入/16 出
本机模拟量 I/O	无	无	2 入/1 出	无
扩展模块数	2	7	7	7
用户程序区（KB）	4	8	12	16
数据存储区（KB）	2	8	10	10
掉电保持时间（小时）	50	100	100	100
高速计数器	4 路	6 路	6 路	6 路
单相高速计数器	4 路 30kHz	6 路 30kHz	4 路 30kHz，2 路 200kHz	6 路 30kHz
双相高速计数器	2 路 20kHz	4 路 20kHz	3 路 20kHz，1 路 100kHz	4 路 20kHz
高速脉冲输出	2 路 20kHz	2 路 20kHz	2 路 100kHz	2 路 20kHz
RS485 通讯口	1	1	2	2
脉冲扑捉输入个数	8	14	14	24
AC 220V 电源 CPU 输入电流/最大负载	85mA/500mA	110mA/700mA	120mA/900mA	150mA/1050mA
DC 25V 电源 CPU 输入电流/最大负载	20mA/70mA	30mA/100mA	35mA/100mA	40mA/160mA

供电方式可以选择直流 24V 或交流 220V 供电，而且允许输入电压的范围也比较大，在直流 20.4～28.8 V，交流 85～264 V 范围内都可以工作。输出有晶体管输出和继电器输出这两种方式，其中晶体管输出的是直流，而继电器输出可以是直流也可以是交流。表 4-2 列出了 S7-200 CN CPU 的主要技术指标，更详细的产品技术指标可查阅西门子 S7-200 CN 的用户手册。

S7-200 CN 的前面板包括状态指示灯、可选卡插槽、通讯口、输入输出 I/O 状态指示灯、接线端子，打开前盖里面还有模式选择开关、模拟电位器和 I/O 扩展端口。下面对每个部分做一个详细的介绍。

（1）状态指示灯

S7-200 CN 有三个状态指示灯，主要指示目前 CPU 的工作状态。这三个状态指示灯分别是 SF/DIAG、RUN 和 STOP。其中 SF/DIAG 是表示系统错误或处于诊断状态，即系统出现错误或处于诊断状态时该灯点亮，在调试程序时，若有强制点该灯也会亮起。

（2）可选卡插槽

在状态指示灯下面是可选卡插槽，拔出盖子，里面有个插口可以用来扩展存储卡、时钟卡和电池。一般用的比较少。

（3）通讯口

S7-200 CN 的通讯口是标准的 RS232/485 接口，可用来连接编程器、上位机、触摸屏等。还可以与其他控制器相连组成复杂的控制系统。

（4）输入输出 I/O 状态指示灯

每个输入输出 I/O 端子都有一个对应的状态指示灯，用来指示目前 I/O 口的状态。如果某个 I/O 口的状态为“0”，相对应的指示灯不亮；如果 I/O 口的状态为“1”，则相应的指示灯点亮。

（5）接线端子

接线端子是与外部连接的纽带，输入端子和外部输入的状态信号、按钮等相连，输出端子与控制的执行机构或其他功率放大器等输出的相关设备相连。

（6）模式选择开关

模式选择开关主要是用来设定 PLC 上电后 CPU 工作的模式。有三种模式：RUN、STOP 和 TERM。RUN 模式和 STOP 模式的区别是，PLC 上电后，RUN 模式下会执行用户的程序，而 STOP 模式下，不执行用户程序。另外，在程序执行过程中，拨到 STOP 模式，CPU 会立即停止执行程序。TERM 模式称为终端模式，切换到此模式时，不改变当前的操作模式。即原来是 RUN 模式，切换到 TERM 后，CPU 还是 RUN 模式，原来是 STOP 模式也一样。这种模式主要用在自由口通信调试的程序上，使通信口在自由口和 PPI 之间互相切换。

（7）模拟电位器

可以使用模拟电位器来改变它对应的特殊寄存器（SM28、SM29）中的数值，可以实时更改程序运行中的一些参数，如定时器和计数器的值的设定、过程量的控制参数等。但是一般此功能很少使用。CPU 221 和 CPU 222 有 1 个 8 位分辨率的模拟电位器，CPU224、CPU 224XP 和 CPU 226 有 2 个 8 位分辨率的模拟电位器。

（8）扩展端口

扩展端口通过扁平电缆线来扩展各种 I/O 模块或特殊功能模块，以弥补主机 I/O 点的不足或完成某些特殊功能的控制任务的需要。

4.2.2 扩展模块介绍

当主机单元的 I/O 点数量不能满足控制系统的要求时，或用户需要完成某些特殊功能的控制任务时，可以根据需要增加各种扩展模块。不同的 CPU 有不同的扩展能力，在前面的表 4-2 中给出了能够扩展的最大模块数。

1. I/O 扩展模块

根据 I/O 点数的数量不同（如 4 点、8 点、16 点等）、性质不同（如 DI、DO、AI、AO 等）、供电电压不同（如 DC24V、AC220V 等），I/O 扩展模块有多种类型。S7-200 扩展模块中数字量扩展模块主要有 8 点、16 点、32 点和 64 点几种，满足不同的控制要求，具体参数见表 4-3。各个模块详细的参数请查阅 S7-200 扩展模块技术参数说明。

表 4-3　　　　I/O 扩展模块

型　号	数字量输入点数	数字量输出点数	模拟量输入	模拟量输出
EM221	8（24V DC）	—	—	—
	8（220V AC）	—	—	—
	16（24V DC）	—	—	—
EM222	—	4 （24V DC 5A）	—	—
	—	4 （继电器 10A）	—	—
	—	8 （24V DC）	—	—
	—	8 （继电器）	—	—
	—	8 （220V AC）	—	—
EM223	4（24V DC）	4（24V DC）	—	—
	4（24V DC）	4（继电器）	—	—
	8（24V DC）	8（24V DC）	—	—
	8（24V DC）	8（继电器）	—	—
	16（24V DC）	16（24V DC）	—	—
	16（24V DC）	16（继电器）	—	—
	32（24V DC）	32（24V DC）	—	—
	32（24V DC）	32（继电器）	—	—
EM231	—	—	4 路	—
	—	—	2 路热电阻	—
	—	—	4 路热电偶	—
EM232	—	—	—	2 路
EM235	—	—	4 路	1 路

2. 特殊功能模块

当需要完成某些特殊功能的控制任务时，可与 PLC 主机相连，以完成某种特殊的控制任务而特制的一种装置。如运动控制模块、特殊通讯模块等。典型的特殊功能模块有以下几个。

（1）EM241 调制解调器模块

使用该模块可以通过电话线、Modbus 或 PPI 协议进行 Teleservice（远程的维护和远程的诊断）、Communication（进行 CPU 和 PC 或 CPU 和 CPU 之间的通信）和 Message（发送短消息到手机或其他终端）。该模块可以集成的解决方案有以下几种。

① 通过 Micro/WIN V3.2 进行远程服务,用于程序修改或远程维护。

② 通过 Modbus 主/从协议来进行 CPU-to-PC 的通信。

③ 报警或事件驱动发送手机短消息或寻呼机信息。

④ 通过电话线，Modbus 或 PPI 协议来进行 CPU-to-CPU 的数据传送。

（2）EM253 定位模块

该模块主要用于高精度的运动控制。控制范围从微型步进电动机到智能伺服系统。集成的脉冲接口能产生高达 200KHz 的脉冲信号，并能指定位置、速度和方向。集成定位开关输入能够脱离中央处理单元独立地完成任务。另外，它有比较强的适应能力，能够接受 5V 直流脉冲或 RS422 输入。

（3）SIWAREX MS 称重模块

SIWAREX MS 是一个多用途的称重模块，适用于所有简单称重和测力任务。其基本功能就是测量传感器电压，然后将电压值转换成重量值。该模块有两个串行接口，一个可用于连接数字式远传指示器，重量值和状态信息可以显示在远程指示器上；一个用于和主机的相连，进行通信，设定相关参数。可借助 STEP 7-Micro/WIN 将 SIWAREX MS 集成到设备软件中。与串行通讯连接的称重仪表相比，SIWAREX MS 可省去连接到 SIMATIC 所需的成本高昂的通讯组件。另外，将 SIWAREX MS 与一个或者多个电子秤配合使用，就可在 SIMATICS7-200 系统中形成一个可任意编程的模块化称重系统，可根据需要对该系统进行调整，使其适合生产要求。

（4）EM277 现场总线 PROFIBUS-DP 的连接模块

通讯模块 EM277 用于连接到 PROFIBUS-DP 现场总线系统中。EM 277 经过串行 I/O 总线连接到 S7-200 CPU。PROFIBUS 网络经过其 DP 通信端口，连接到 EM 277 PROFIBUS-DP 模块，这个端口可运行于 9600 到 12M 之间的任何 PROFIBUS 波特率。作为 DP 从站，EM 277 模块接受从主站来的多种不同的 I/O 配置，向主站发送和接收不同数量的数据。这种特性使用户能修改所传输的数据量，以满足实际应用的需要。与许多 DP 站不同的是，EM 277 模块不仅仅是传输 I/O 数据，它还能读写 S7-200 CPU 中定义的变量数据块。这样，使用户能与主站交换任何类型的数据。每个 S7-200 CPU 最多只能配 2 块 EM277 模块。

此外，还有 PID 调节模块、高速计数器模块、以太网通讯模块等其他智能模块，更多智能模块以及模块性能和参数讲解请查阅最新的 S7-200 PLC 的系统手册。

4.3　S7-200 系统配置

一套完整的 S7-200 系统包括主机单元、扩展单元、电源、编程器、通讯电缆、编程软件，此外还可以配置上人机界面等，如图 4-9 所示。下面只对 S7-200 系统基本配置和加入 I/O 扩展单元的配置原则做一些介绍。

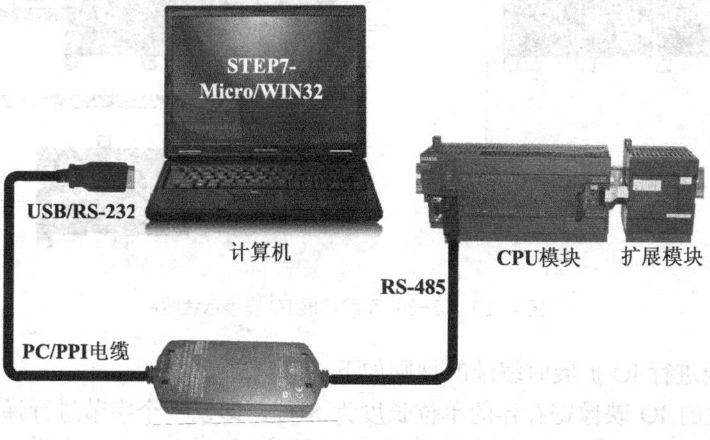

图 4-9　S7-200 系统基本组成示意图

4.3.1 基本配置

S7-200 系统任何一个型号的主机单元模块都可以单独构成一个基本的配置，组成一个独立的控制系统，S7-200 各个型号的 CPU 输入输出配置都是固定的，基本的配置表在表 4-2 中已经给出，表 4-4 给出的是 S7-200 各个型号 CPU 的 I/O 地址分配表。

表 4-4　　S7-200 CN 各个型号 CPU 的 I/O 地址分配表

项目	CPU222	CPU224	CPU224 XP	CPU226
数字量输入数	8	14	14	24
地址分配	I0.0～I0.7	I0.0～I0.7 I1.0～I1.5	I0.0～I0.7 I1.0～I1.5	I0.0～I0.7 I1.0～I1.7 I2.0～I2.7
数字量输出数	6	10	10	16
地址分配	Q0.0～Q0.5	Q0.0～Q0.7 Q1.0～Q1.1	Q0.0～Q0.7 Q1.0～Q1.1	Q0.0～Q0.7 Q1.0～Q1.7
模拟量输入数	—	—	2	—
地址分配	—	—	AIW0～AIW2	—
模拟量输出数	—	—	1	—
地址分配	—	—	AQW0	—

4.3.2 扩展 I/O 模块配置原则

扩展 IO 模块可以通过面板或标准的导轨和主机模块连接在一起，如图 4-10 所示。扩展 IO 模块的配置有一定的原则，进行扩展时，可以在 CPU 的右面连接多个扩展模块，扩展的个数 CPU 222 可以扩展 2 个，CPU 224、CPU 224XP 和 CPU 226 可以扩展 7 个模块。每个扩展模块的组态地址编号取决于模块的类型和该模块所处的位置。编址是按照同种类型的输入输出点在 I/O 链中距离 CPU 的位置远近而依次递增，不同类型的输入输出点单独编址。

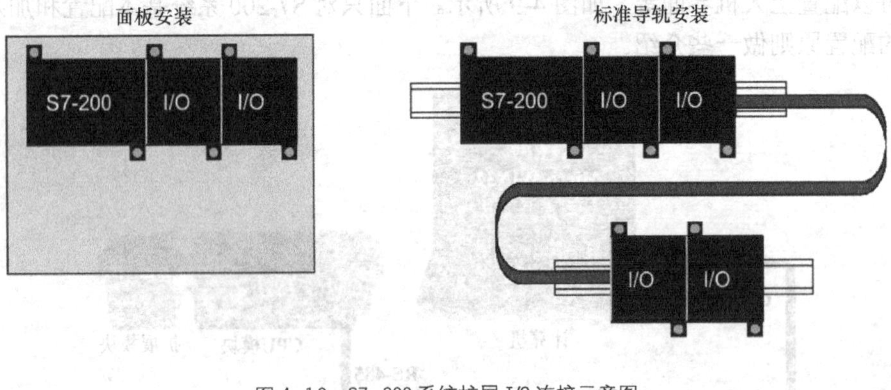

图 4-10　S7-200 系统扩展 I/O 连接示意图

S7-200 系统进行 IO 扩展时编址的规则如下。

（1）数字量的 IO 映像寄存器的单位长度为 8 位，即以一个字节进行递增。所以如果输入输出点数不是 8 的倍数的，下一个同类模块在编址时不能使用上一个模块未用的地址。例如 CPU 224 输入点有 14 个，其中编址时 I0.0～I0.7 是 8 位，而 I1.0～I1.5 是 6 位，则剩下的 I1.6、I1.7 就不能使用，下一个模块如果要进行数字量的编址时，只能从 I2.0 开始往后编。

（2）模拟量的 IO 映像寄存器的单位长度为 2 个通道（32 位）递增的方式来分配空间。本模块中没有使用的地址不能被后面的同类模块继续使用，编址必须从偶数开始。模拟量输入的编址格式为 AIW0、AIW2、AIW4；模拟量输出的编址格式为 AQW0、AQW4。例如 EM235 有 4 的模拟量输入和 1 个模拟量输出，则它的输入编址为 AIW0、AIW2、AIW4、AIW6；它的输出编址为 AQW0。如果它后面再接一个 EM235 模块，则这个模块的编址就要从接着上一个模块的编址继续往下，第二个 EM235 模块输入编址为 AIW8、AIW10、AIW12、AIW14，而输出编址为 AQW4（注意：输出虽然是一个，但是在内部存储的时候是占用的两个通道的存储空间，所以 AQW2 不能用）。

（3）数字量的输出模块那些没有用到的存储空间可以用来内部标志位存储器，而输入模块那些没有用到的存储空间则不能使用，因为每次更新输入时都会将输入字节中未用的位清零。

（4）配置时尽量用最少的扩展模块，同时考虑一定的余量。

4.3.3 扩展 I/O 模块配置举例

例：某个控制系统数字量输入为 20 点，数字量输出为 12 点，模拟量输入为 4 点，模拟量输出为 1 点，试选择合适的主机模块和扩展模块。

解：考虑主机模块可以选用 CPU224，CPU224XP 和 CPU226，选用的主机模块不同，相应的扩展模块就不同。另外，即使是同一个主机模块，扩展模块也可以不同，排列的次序也可以不同，所以可以有多种组合形式。这里分别就 CPU224，CPU224XP 和 CPU226 这三种主机模块配置一种比较简单的形式。

（1）选用主机模块为 CPU224

CPU224 有 14 点数字量输入和 10 点数字量输出。这样还需要配置至少 6 点的数字量和 2 点数字量输出，4 点模拟量输入和 1 点模拟量输出。对照 I/O 扩展模块参数表 4-3，选用最少的模块，这里选用 EM223 数字量 8 输入/8 输出和 EM235 模拟量 4 输入/1 输出。表 4-5 列出各个模块的编址。

表 4-5　　选用 CPU224 时模块编址

主机单元	扩展模块	
CPU224	EM223	EM235
I0.0～I0.7 I1.0～I1.5	I2.0～I2.7	AIW0　AIW2　AIW4　AIW6
Q0.0～Q0.7 Q1.0～Q1.1	Q2.0～Q2.7	AQW0

（2）选用主机模块为 CPU224XP

CPU224XP 有 14 点数字量输入和 10 点数字量输出，另外还有 2 点模拟量输入和 1 点模拟量输出。这样还需要配置至少 6 点的数字量和 2 点数字量输出，2 点模拟量输入。对照 I/O 扩展模块参数表 4-3，选用最少的模块，这里选用 EM223 数字量 8 输入/8 输出和 EM231 模拟量 4 输入。表 4-6 列出各个模块的编址。

表 4-6　　　　选用 CPU224XP 时模块编址

主机单元	扩展模块	
CPU224XP	EM223	EM231
I0.0~I0.7 I1.0~I1.5	I2.0~I2.7	AIW4　AIW6　AIW8　AIW10
Q0.0~Q0.7 Q1.0~Q1.1	Q2.0~Q2.7	
AIW0　AIW2		
AQW0		

（3）选用主机模块为 CPU226

CPU226 有 24 点数字量输入和 16 点数字量输出。这样数字量就满足要求了，只需要配置 4 点模拟量输入和 1 点模拟量输出。对照 I/O 扩展模块参数表 4-3，这里选用 EM235 模拟量 4 输入/1 输出。表 4-7 列出各个模块的编址。

表 4-7　　　　选用 CPU226 时模块编址

主机单元	扩展模块
CPU226	EM235
I0.0~I0.7 I1.0~I1.7 I2.0~I2.7	AIW0~AIW6
Q0.0~Q0.7 Q1.0~Q1.7	AQW0

4.4 PLC 编程语言

编程语言是 PLC 的重要内容之一，PLC 为用户提供了完整的编程语言，以适应编制用户程序的需要。国际电工委员会（IEC）制定的一个关于 PLC 的国际标准，其中的第三部分，即 IEC61131-3 是关于 PLC 编程语言的标准。IEC61131-3 提供了 5 种 PLC 的标准编程语言，其中有三种图形语言，即梯形图（Ladder Diagram，LD）、功能块图（Function Block Diagram，FBD）和顺序功能图（Sequential Function Chart，SFC）；两种文本语言，即结构化文本（Structured Text，ST）和指令表（Instruction List，IL）。下面对这五种编程语言做一个简单介绍。

1. 梯形图（LD）

梯形图与继电器原理图相类似，这种编程语言直观，容易掌握，不需要专门的计算机知识和语言，只要具有一定的电工和工艺知识的人员都可在短时间内学会，只是在使用符号和表达方式上有一定的区别，所以在逻辑顺序控制系统中得到了广泛的使用。在 IEC61131-3 中，LD 的功能比传统的编程语言更强大，有时它甚至可以和 FBD 一起使用。

梯形图的典型示意图如 4-11（a）所示。左右两条垂直的线称作母线。右边的母线有时候往往省略，只保留左边的母线。母线之间是触点的逻辑连接和线圈输出。对梯形图的理解可以借助于电路中的“能流”概念。可以把左边的母线想象成电源的火线，而右边的母线想象成电源的零线，如果中间的各个环节都接通了，电源的能流就从左边的母线流到右边的母线，最终就能把线圈激励。当然引入“能流”概念只是为了便于理解，实际上“能流”在梯形图中不存在，因为它只是软件符号，而不是实实在在的元器件。

梯形图使用简便，是编程的首选，在使用梯形图来编程时要注意以下六点。

（1）每个梯形图由多个梯级组成，在编程软件中是多个网络。

（2）梯形图中左右两边的竖线表示假想的逻辑电源和逻辑地。当某一梯级的逻辑运算结果为“1”时，有假想的电流通过。

（3）继电器线圈在梯形图中只能出现一次，而且仅仅出现在和右边的母线连接的最后一个部分，不能出现在梯形图的其它地方，但是它的常开、常闭触点可以出现无数次。

（4）每一梯级的运算结果，立即被后面的梯级或网络所利用。

（5）输入继电器受外部信号控制。只出现触点，不出现线圈。

（6）梯形图执行的顺序是从左到右，从上到下依次执行。

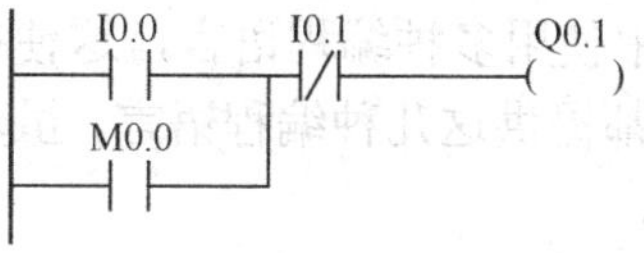

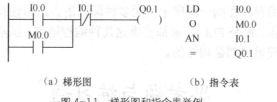

LD	I0.0
O	M0.0
AN	I0.1
=	Q0.1

（a）梯形图　　（b）指令表

图 4-11　梯形图和指令表举例

2. 功能块图（FBD）

功能块图是另外一种图形式的编程语言，它使用像数字电子电路中的各种门电路，通过一定的逻辑连接方式来完成控制逻辑。另外，它也把各种函数和功能块连接到电路中，完成各种复杂的功能和计算。以前使用的人不多，但是随着控制逻辑越来越复杂，使用功能块图中的函数和功能块越来越多，而且在某些场合使用起来比梯形图更为方便和直观，目前也得到了很多编程者的青睐。功能块图的典型示意图如图 4-12 所示。

3. 顺序功能图（SFC）

顺序功能图，亦称功能图。有些人把它称为是一种真正的图形化的编程方法。使用它可以对具有并发、选择等复杂结构的系统进行编程，特别适合在复杂的顺序控制系统中使用。在顺序功能图中，最重要的三个元素是状态（步）、和状态相关的动作及转移条件，如图 4-13 中 S0.0、S0.1、S0.2 为状态（步），Q0.1、Q0.2、Q0.3 为该步执行的动作，而 I0.0、I0.1 为状态转移的条件。特别是目前有些生产过程就是流水线式，使用顺序功能图来编程就可以很清楚看到整个生产流程。

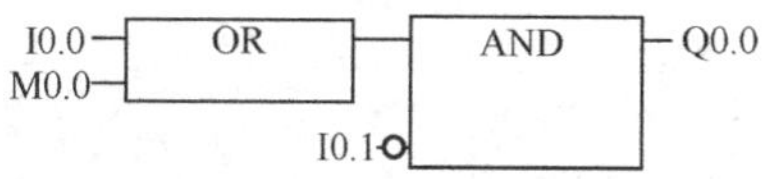

图 4-12　功能块图举例

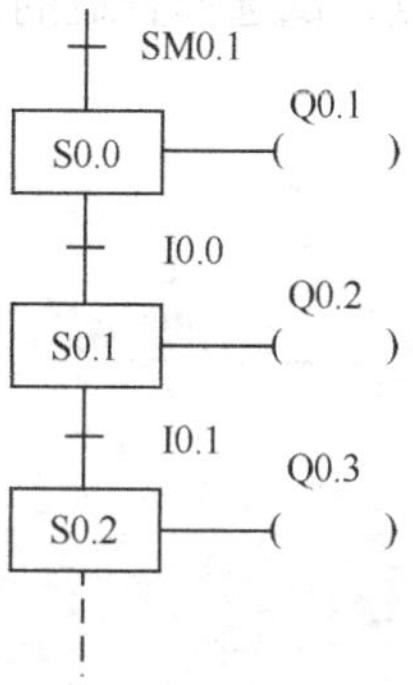

图 4-13　顺序功能图举例

4. 结构化文本（ST）

过去的PLC的编程语言中没有结构化文本（ST），它是一种比较新的编程语言，使用的人不是很多。 ST是一种结构化方式编程的语言，如果编程者对C语言中的结构化编程比较熟悉的话，使用这种语言就可以编制出非常复杂的数据处理或逻辑控制程序，有时候可能是图形化编程实现起来非常复杂，而用ST就比较容易实现。

5. 指令表（IL）

指令表是一种较早的PLC编程语言，他使用一些逻辑和功能指令的缩略词来表示相应的指令功能，类似于计算机中的助记符语言，是用一个或几个容易记忆的字符来代替PLC的某种操作功能，按照一定的语法和句法编写出一行一行的程序，来实现所要求的控制任务的逻辑关系或运算。IL就像早期计算机的汇编语言一样，虽然编程和理解起来比较不方便，没有图像化的编程语言直观，但是机器的编码效率高，执行速度快。随着控制系统的越来越复杂，这种编程语言由于使用的不方便，使用的人越来越少。典型示意图如图4-11（b）所示。

在编程时，允许编程者在同一程序中使用多种编程语言，这使得编程者能够选择不同的语言来适应特殊的工作。每个PLC厂家都提供这几种编程语言，虽然符号和表示方法有细微差别，但是基本的编程思想都是相似的。

思考题与练习题

4-1 PLC从产生到现在大概经历了几个发展阶段？

4-2 PLC有什么主要特点？

4-3 PLC与继电器控制有哪些区别？

4-4 PLC的主要应用领域有哪些？

4-5 PLC如何分类？

4-6 PLC的主要构成部分有哪些？

4-7 PLC的主要工作方式是什么？主要有哪三个阶段？

4-8 PLC的编程语言有几种？分别是什么？

4-9 S7-200 CN PLC的主机单元模块有哪些？

4-10 S7-200 PLC的I/O扩展模块有哪些？

4-11 一套完整的S7-200系统包括哪些部分？

4-12 某控制系统数字量输入为24点，数字量输出为20点，模拟量输入为6点，模拟量输出为2点，试选择合适的主机模块和扩展模块，并编址。

第 5 章 S7-200 PLC 的指令系统及网络

S7-200 PLC 支持 SIMATIC 指令集和 IEC 指令集。IEC 指令集符合 PLC 编程的 IEC1131-3 标准，是不同 PLC 厂商的指令标准。SIMATIC 指令集是专门为 S7-200 设计的，专用性强，通常执行时间最短，大多数指令符合 IEC1131-3 标准。本章主要介绍 SIMATIC 指令的梯形图（LAD）及语句表（STL）编程，编程环境是 V4.0 STEP 7MicroWIN SP8，编程所涉及的 S7-200 的存储器、操作数范围见附表 B 和附表 C，指令速查见附表 D。

5.1 S7-200 的基本指令

S7-200 的基本指令用于开关量控制，包括位操作指令、定时器、计数器指令等。

5.1.1 位逻辑指令

位逻辑指令主要对位逻辑量进行处理，其有效操作数为：I、Q、M、SM、T、C、V、S、L，且数据类型为 BOOL。

（1）触点指令

触点指令包括标准触点、立即触点、取反指令、正负转换及逻辑堆栈指令，见表 5-1。

表 5-1 **触点指令**

梯 形 图	语 句 表	功 能
bit —| |—	LD bit A bit O bit	常开触点的装载、串联、并联
bit —|/|—	LDN bit AN bit ON bit	常闭触点的装载、串联、并联
bit —|I|—	LDI bit AI bit OI bit	常开触点的立即载入
bit —|/I|—	LDNI bit ANI bit ONI bit	常闭触点的立即载入

续表

梯形图	语句表	功能
—┤NOT├—	NOT	状态取反
—┤ P ├—	EU	上升沿微分输出
—┤ N ├—	ED	下降沿微分输出
逻辑堆栈指令	ALD OLD LPS LDS LRD LPP	栈装载与 栈装载或 逻辑推入栈顶 装入堆栈 逻辑读栈 逻辑弹出栈

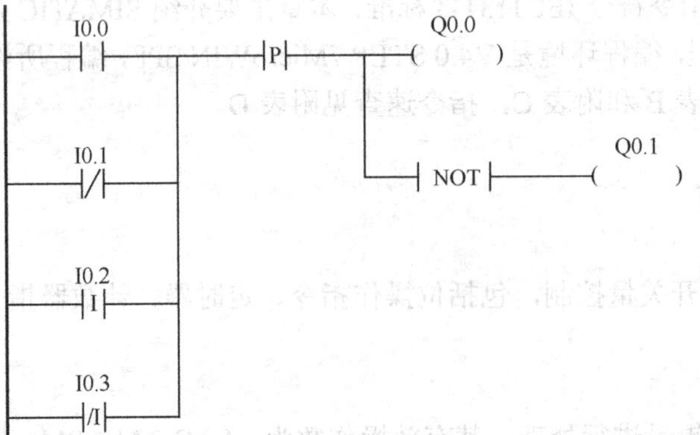


```
LD    I0.0
ON    I0.1
OI    I0.2
ONI   I0.3
EU
=     Q0.0
NOT
=     Q0.1
```

标准触点：常开触点指令（LD、A 和 O）与常闭触点指令（LDN、AN 和 ON）从存储器或者过程映像寄存器中得到参考值。标准触点指令从存储器中得到参考值（如果数据类型是 I 或 Q，则也可从过程映像寄存器中得到参考值）。

当位等于 1 时，常开触点闭合（接通），当位等于 0 时，常闭触点闭合（断开）。在 FBD 中，AND 和 OR 框中的输入最多可扩展为 32 个输入。在 STL 中，常开指令 LD、AND 或 OR 将相应地址位的位值存入栈顶；而常闭指令 LD、AND 或 OR 则将相应地址位的位值取反，再存入栈顶。

立即触点：立即触点不依靠 S7-200 扫描周期进行更新，它会立即更新。常开立即触点指令（LDI、AI 和 OI）和常闭立即触点指令（LDNI、ANI 和 ONI）在指令执行时得到物理输入值，但过程映像寄存器并不刷新。

取反指令：取反指令（NOT）改变功率流输入的状态（也就是说，它将栈顶值由 0 变为 1，由 1 变为 0）。

正负转换指令：正转换触点指令（EU）检测到每一次正转换让功率流接通一个扫描周期。负转换触点指令（ED）检测到每一次负转换让功率流接通一个扫描周期。

逻辑堆栈指令：逻辑堆栈指令用于语句表编程，在使用梯形图、功能块图编程时，编辑器将自动插入相关指令。

（2）线圈指令

线圈指令表示位元件的输出状态，包括输出、立即输出、置位/复位及立即置位/复位，见表 5-2。

表 5-2 **线圈指令**

梯 形 图	语 句 表	功 能
bit —( )	= bit	输出
bit —(I)	=I bit	立即输出
bit —(S) N	S bit N	置位从 bit 开始的 N 位
bit —(SI) N	SI bit N	立即置位从 bit 开始的 N 位
bit —(R) N	R bit N	复位从 bit 开始的 N 位
bit —(RI) N	RI bit N	立即复位从 bit 开始的 N 位

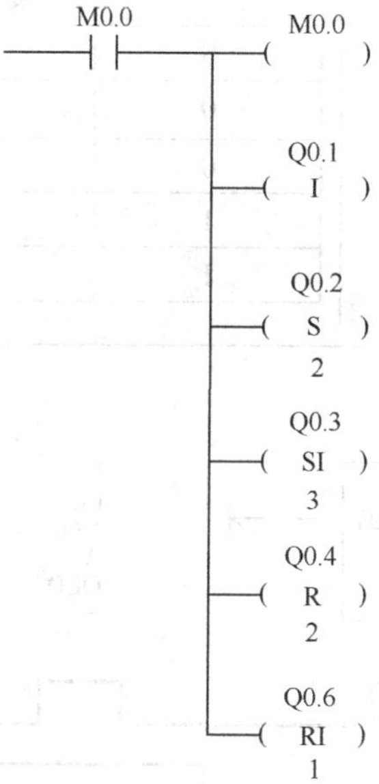


```
LD    M0.0
=     M0.0
=I    Q0.1
S     Q0.2 , 2
SI    Q0.3 , 3
R     Q0.4 , 2
RI    Q0.6 , 1
```

输出：输出指令（=）将新值写入输出点的过程映像寄存器。当输出指令执行时，S7-200 将输出过程映像寄存器中的位接通或者断开。在 LAD 和 FBD 中，指定点的值等于功率流。在 STL 中，栈顶的值复制到指定位。

立即输出：立即输出指令（=I）将新值同时写到物理输出点和相应的过程映像寄存器中。

置位/复位：置位（S）和复位（R）指令将从指定地址开始的 N 个点置位或者复位（$1 \leqslant N \leqslant 255$）。如果复位指令指定的是一个定时器位（T）或计数器位（C），指令不但复位定时器或计数器位，而且清除定时器或计数器的当前值。

立即置位/复位：立即置位（SI）和立即复位（RI）指令将从指定地址开始的 *N* 个点，立即置位或立即复位（1≤*N*≤128）。

（3）RS 触发器指令

置位优先触发器是一个置位优先的锁存器。当置位信号（S1）和复位信号（R）都为真时，输出为真。复位优先触发器是一个复位优先的锁存器。当置位信号（S）和复位信号（R1）都为真时，输出为假。Bit 参数用于指定被置位或者复位的布尔参数，见表 5-3。

表 5-3　　　　RS 触发器指令

<table>
<tr><th>梯　形　图</th><th>功　能</th></tr>
<tr><td>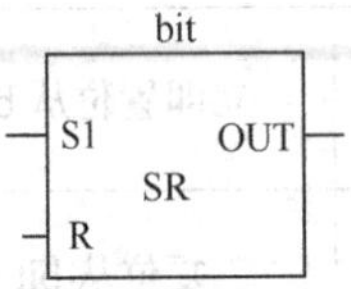
</td><td>置位优先

<table>
<tr><th>S1</th><th>R</th><th>OUT</th></tr>
<tr><td>0</td><td>0</td><td>保持前一状态</td></tr>
<tr><td>0</td><td>1</td><td>0</td></tr>
<tr><td>1</td><td>0</td><td>1</td></tr>
<tr><td>1</td><td>1</td><td>1</td></tr>
</table></td></tr>
<tr><td>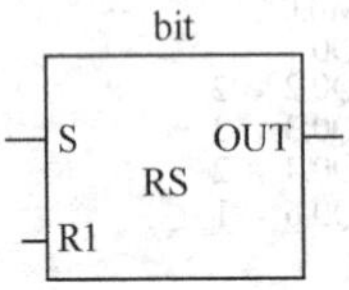
</td><td>复位优先

<table>
<tr><th>S</th><th>R1</th><th>OUT</th></tr>
<tr><td>0</td><td>0</td><td>保持前一状态</td></tr>
<tr><td>0</td><td>1</td><td>0</td></tr>
<tr><td>1</td><td>0</td><td>1</td></tr>
<tr><td>1</td><td>1</td><td>0</td></tr>
</table></td></tr>
<tr><td colspan="2">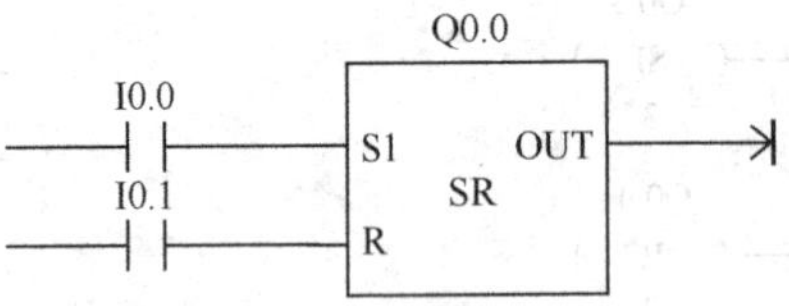


```
LD    I0.0
LD    I0.1
NOT
A     Q0.0
OLD
=     Q0.0
```

时序图

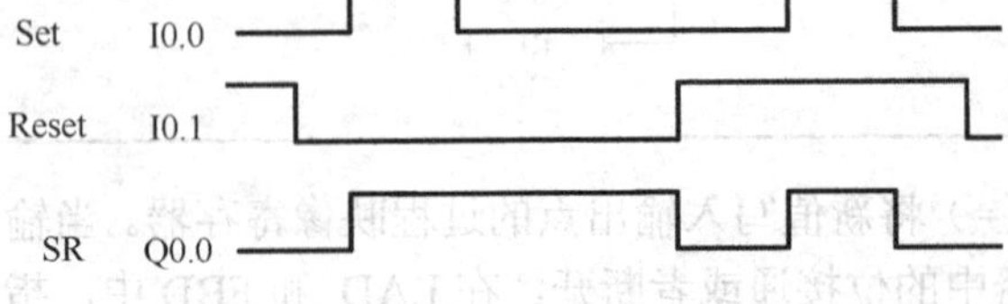
</td></tr>
</table>

5.1.2　定时器

定时器指令有通电延时定时器（TON）、有记忆的通电延时定时器（TONR）及断电延时定时器（TOF）等三类，见表 5-4。

表 5-4　定时器指令

项目	通电延时（TON）	有记忆的通电延时（TONR）	断电延时（TOF）
梯形图	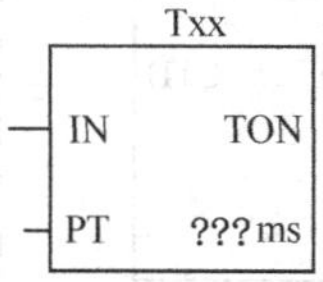	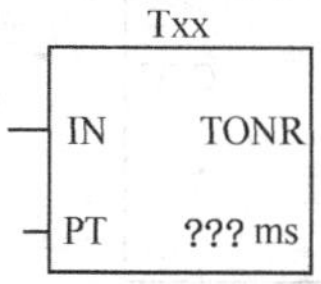	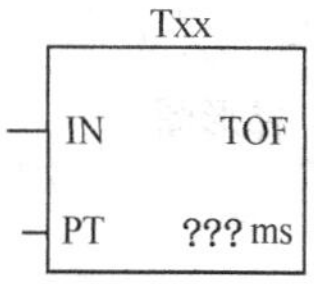
语句表	TON Txx，PT	TONR Txx，PT	TOF Txx，PT

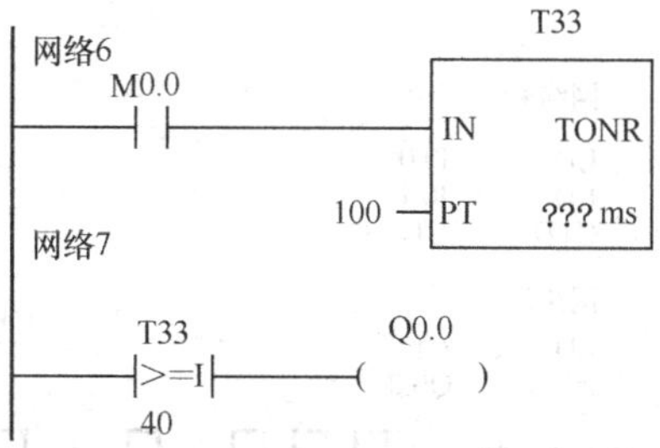

网络6
LD　　M0.0
TONR　T33，100
网络7
LDW >=　T33，40
=　　Q0.0

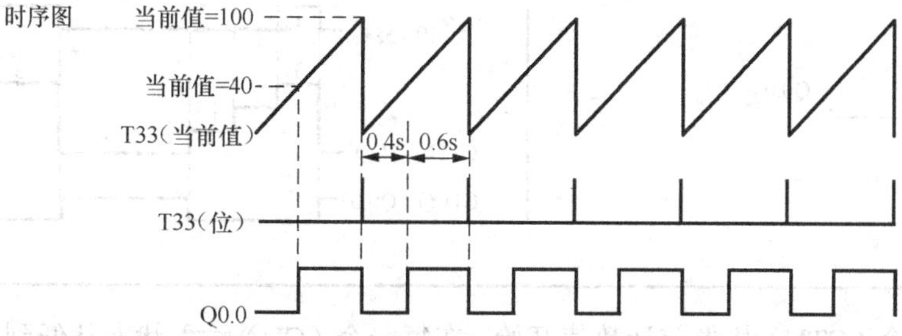

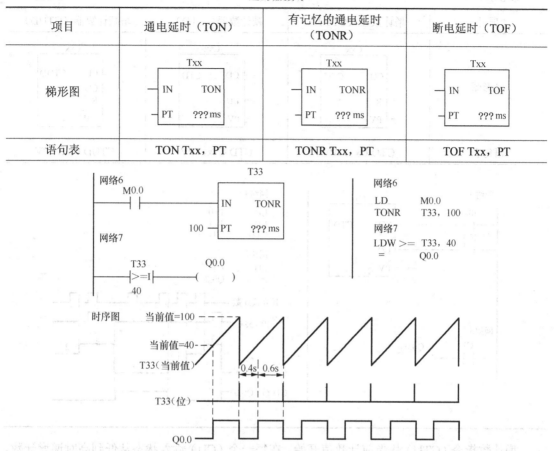

通电延时定时器（TON）用于单一间隔的定时，定时器号（Txx）决定了定时器的分辨率，定时器号和分辨率的关系见表 5-5。有记忆通电延迟定时器（TONR）用于累计许多时间间隔。断电延时定时器（TOF）用于关断或者故障事件后的延时（例如，在电机停后，需要冷却电机）。

表 5-5　定时器号和分辨率

定时器类型	分辨率（ms）	最大值（s）	定时器号
TONR	1	32.767	T0、T64
	10	327.67	T1～T4、T65～T68
	100	3276.7	T5～T31、T69～T95
TON、TOF	1	32.767	T32、T96
	10	327.67	T33～T36、T97～T100
	100	3276.7	T37～T63、T101～T255

5.1.3 计数器

计数器指令有增计数器（CTU）、减计数器（CTD）及增减计数器（CTUD）三类指令，见表 5-6。

表 5-6　　　　　　　　　　　　　　　　计数器指令

项目	增计数器（CTU）	减计数器（CTD）	增减计数器（CTUD）
梯形图	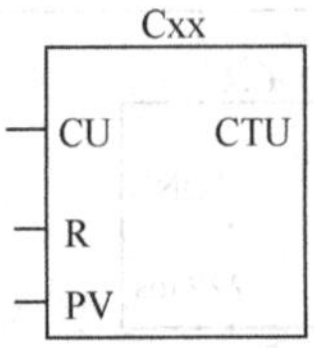	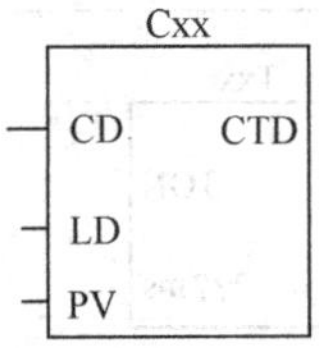	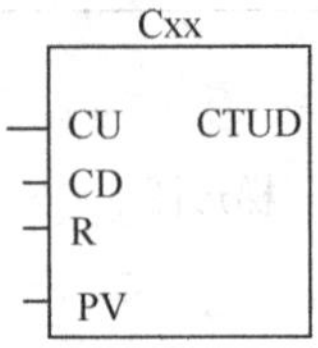
语句表	CTU Cxx，PV	CTD Cxx，PV	CTUD Cxx，PV

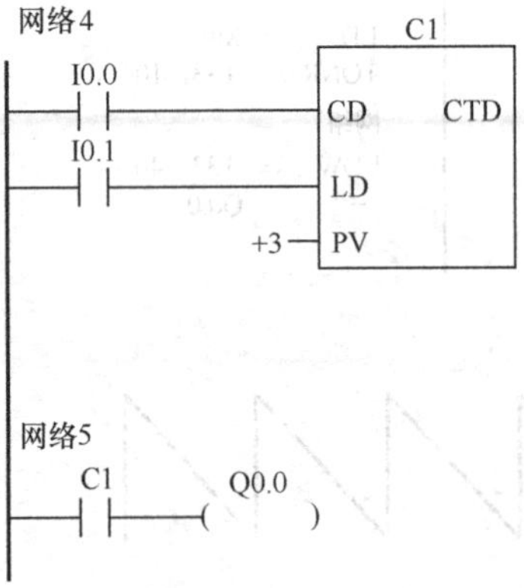


```
网络4
LD      I0.0
LD      I0.1
CTD     C1，3
网络5
LD      C1
=       Q0.0
```

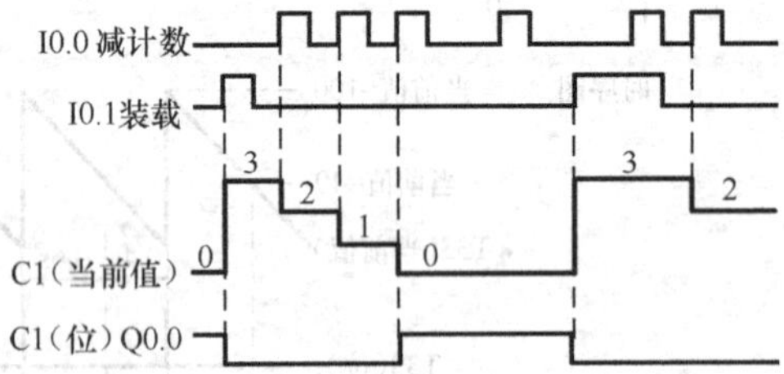

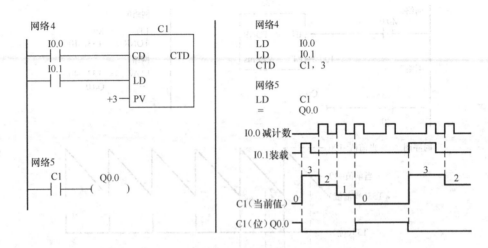

增计数指令（CTU）从当前计数值开始，在每一个（CU）输入状态从低到高时递增计数。当 Cxx 的当前值大于等于预设值 PV 时，计数器位 Cxx 置位。当复位端（R）接通或者执行复位指令后，计数器被复位。当它达到最大值（32767）后，计数器停止计数。

减计数指令（CTD）从当前计数值开始，在每一个（CD）输入状态由低到高时递减计数。当 Cxx 的当前值等于 0 时，计数器位 Cxx 置位。当装载输入端（LD）接通时，计数器位复位，并将计数器的当前值设为预设值 PV。当计数值到 0 时，计数器停止计数，计数器位 Cxx 接通。

增减计数指令（CTUD），在每一个增计数输入（CU）的低到高时增计数，在每一个减计数输入（CD）由低到高时减计数。计数器的当前值 Cxx 保存当前计数值。在每一次计数器执行时，预设值 PV 与当前值作比较。当达到最大值（32767）时，在增计数输入处的下一个上升沿导致当前计数值变为最小值（−32768）。当达到最小值（−32768）时，在减计数输入端的下一个上升沿导致当前计数值变为最大值（32767）。当 Cxx 的当前值大于等于预设值 PV 时，计数器位 Cxx 置位。否则，计数器位关断。当复位端（R） 接通或者执行复位指令后，计数器被复位。

5.2　S7-200 的功能指令

S7-200 的功能指令即应用指令，主要包括数据处理、算术/逻辑运算、表功能、转换、中断、高速处理指令等。

5.2.1 数据传送指令

数据传送指令用于实现数据的搬移，包括字节、字、双字或者实数传送、字节立即传送、数据块传送及字节交换指令。

字节传送（MOV_B）、字传送（MOV_W）、双字传送（MOV_DW）和实数传送（MOV_R）指令在不改变原值的情况下将 IN 中的值传送到 OUT，操作数类型为 BYTE、WORD、INT、DWORD 、DINT、REAL，见表 5-7。

表 5-7　　标准数据传送指令

项目	字节传送（MOV_B）	字传送（MOV_W）	双字传送（MOV_DW）	实数传送（MOV_R）
梯形图	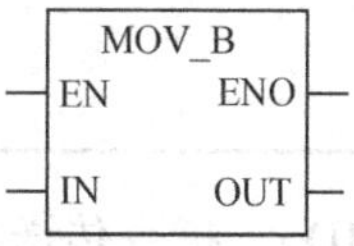	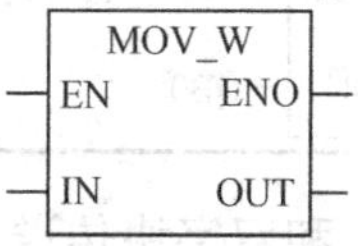	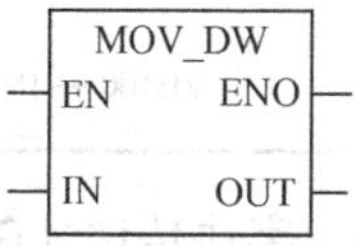	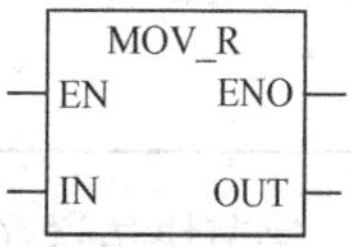
语句表	MOVB IN，OUT	MOVW IN，OUT	MOVDW IN，OUT	MOVR IN，OUT

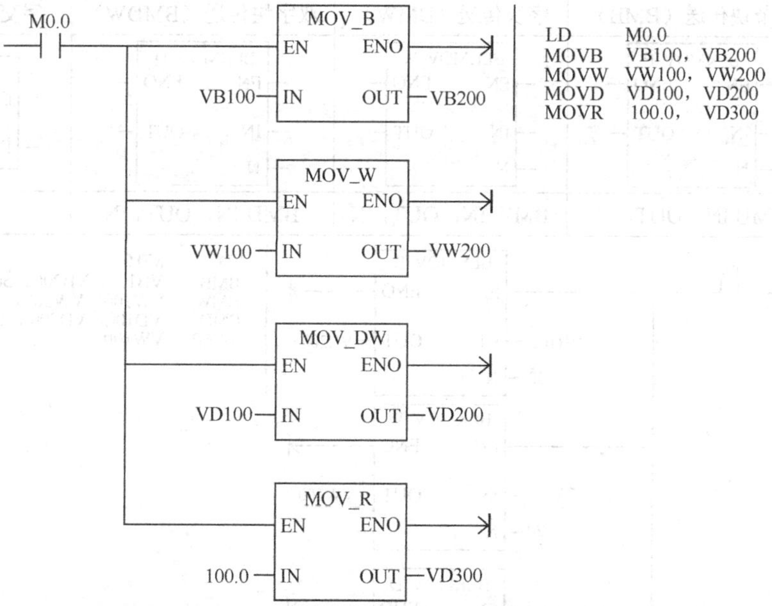

字节立即传送指令允许您在物理 I/O 和存储器之间立即传送一个字节数据。字节立即读（BIR）指令读物理输入（IN），并将结果存入内存地址（OUT），但过程映像寄存器并不刷新。字节立即写指令（BIW）从内存地址（IN）中读取数据，写入物理输出（OUT），同时刷新相应的过程映像区，操作数类型为 BYTE，见表 5-8。

表 5-8　　字节立即读写指令

项目	字节立即读（MOV_B）	字节立即写（MOV_B）
梯形图	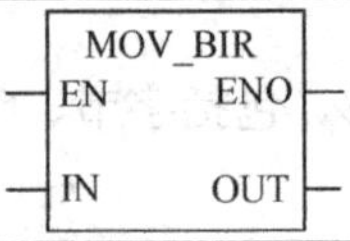	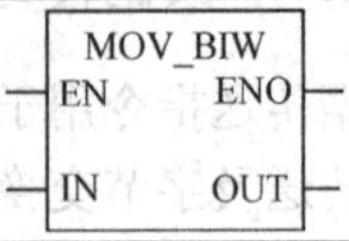
语句表	BIR IN，OUT	BIW IN，OUT

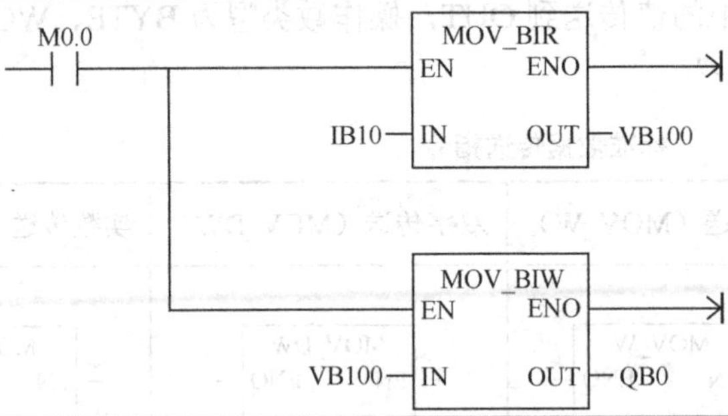

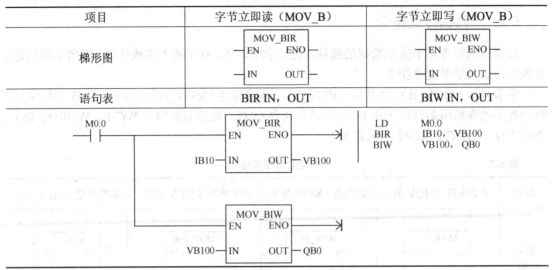

```
LD    M0.0
BIR   IB10，VB100
BIW   VB100， QB0
```

字节块传送（BMB）、字块传送（BMW）和双字块传送（BMD） 指令传送指定数量的数据到一个新的存储区，数据的起始地址 IN，数据长度为 *N* 个字节、字或者双字，新块的起始地址为 OUT，见表 5-9。

表 5-9　　数据块传送及字节交换指令

项目	字节块传送（BMB）	字块传送（BMW）	双字块传送（BMDW）	字交换（SWAP）
梯形图	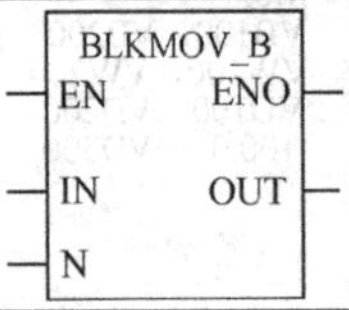	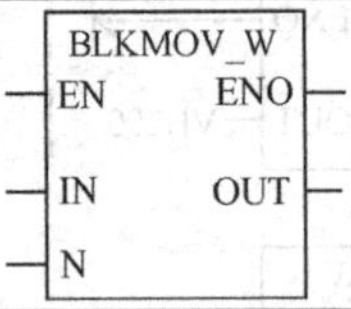	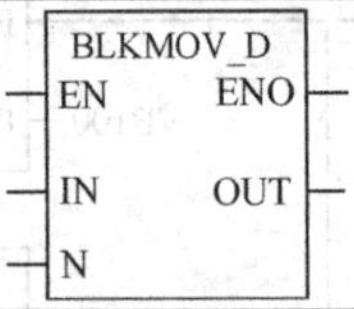	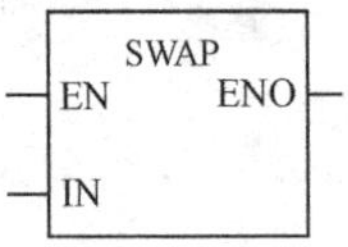
语句表	BMB IN，OUT，N	BMW IN，OUT，N	BMD IN，OUT，N	SWAP IN

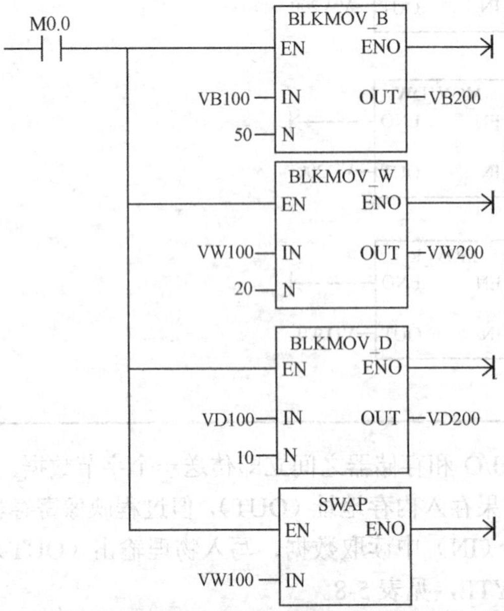

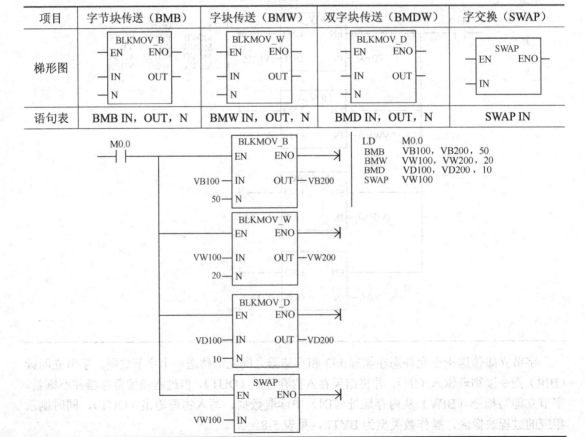

```
LD     M0.0
BMB    VB100，VB200，50
BMW    VW100，VW200，20
BMD    VD100，VD200，10
SWAP   VW100
```

块传送输入（IN）、输出（OUT）操作数类型为 BYTE、WORD、INT、DWORD、DINT；块大小参数（N）类型为 BYTE。字节交换指令用来交换输入字 IN 的高字节和低字节 ，操作数（IN）的数据类型为 WORD。

5.2.2　数字运算指令

S7-200 提供功能强大的数学运算指令，包括数学四则运算、自增/自减及数学功能指令。

（1）四则运算指令

S7-200 四则运算指令支持整数及实数的加、减、乘、除运算，其操作数类型为 INT、DINT、实型。

整数加法或者整数减法指令，将两个 16 位整数相加或者相减，产生一个 16 位结果。双整数加法或者双整数减法指令，将两个 32 位整数相加或者相减，产生一个 32 位结果。实数加法和实数减法指令，将两个 32 位实数相加或相减，产生一个 32 位实数结果，见表 5-10。

整数乘法或者整数除法指令，将两个 16 位整数相乘或者相除，产生一个 16 位结果；双整数乘法或者双整数除法指令，将两个 32 位整数相乘或者相除，产生一个 32 位结果（对于除法，余数不被保留）；实数乘法或实数除法指令，将两个 32 位实数相乘或相除，产生一个 32 位实数结果，见表 5-11。

整数完全乘法产生双整数指令（MUL），将两个 16 位整数相乘，得到 32 位结果。带余数的整数除法指令（DIV），将两个 16 位整数相除，得到 32 位结果。其中 16 位为余数（高 16 位字中），另外 16 位为商（低 16 位字中），见表 5-12。

表 5-10　　整数及实数加减运算指令

指令名称	梯形图	语句表
整数加	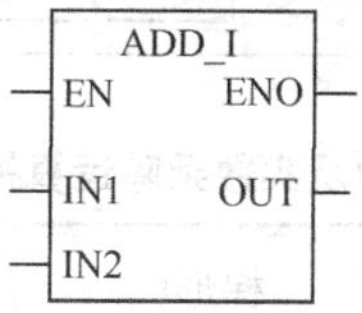	+I　IN1，OUT
双整数加	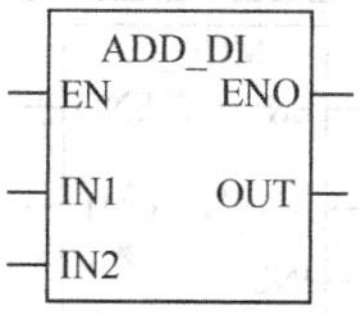	+D　IN1，OUT
实数加	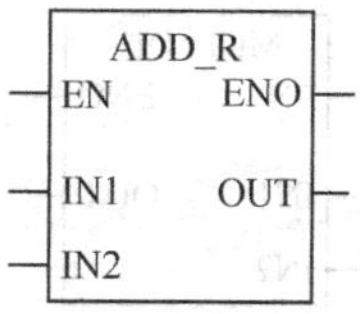	+R　IN1，OUT
整数减	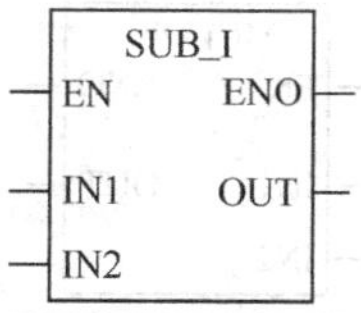	–I　IN1，OUT

续表

指令名称	梯形图	语句表
双整数减	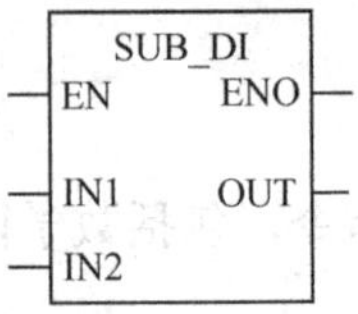	-D IN1，OUT
实数减	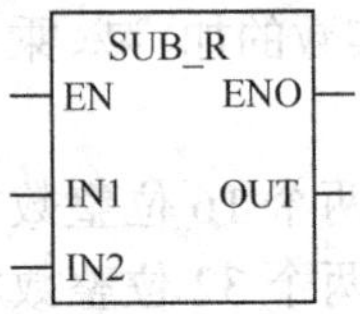	-R IN1，OUT
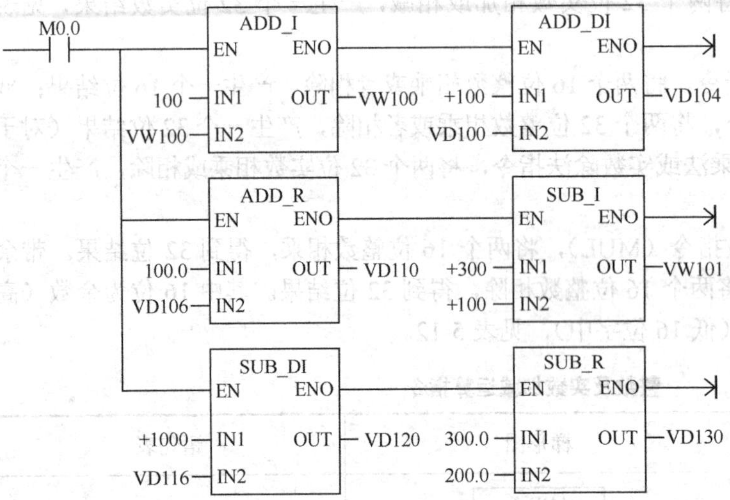		LD M0.0 LPS +I 100，VW100 AENO MOVD +100，VD104 +D VD100，VD104 LRD MOVR 100.0，VD110 AENO +R VD106，VD110 AENO MOVW +300，VW101 -I +100，VW101 LPP MOVD +1000，VD120 AENO -D VD116，VD120 AENO MOVR 300.0，VD130 -R 200.0，VD130

表 5-11　整数及实数乘除运算指令

指令名称	梯形图	语句表
整数乘法	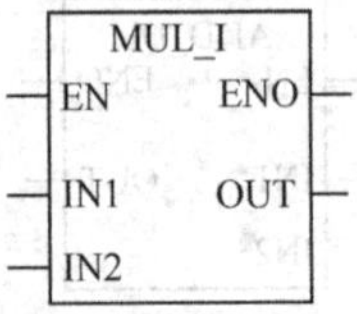	*I IN1，OUT
双整数乘法	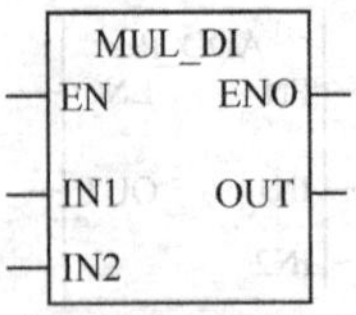	*D IN1，OUT
实数乘法	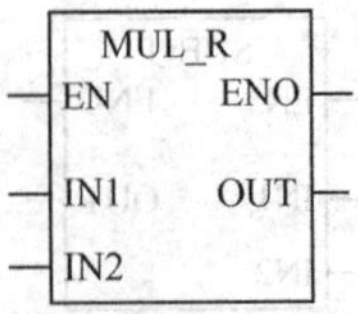	*R IN1，OUT

续表

指令名称	梯形图	语句表
整数除法	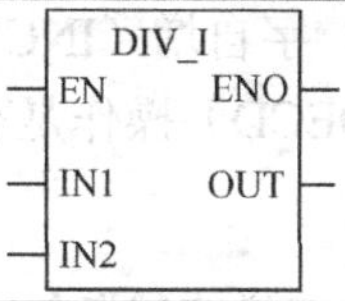	/I IN1，OUT
双整数除法	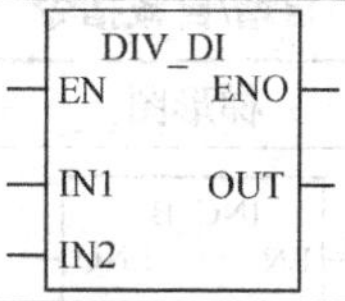	/D IN1，OUT
实数除法	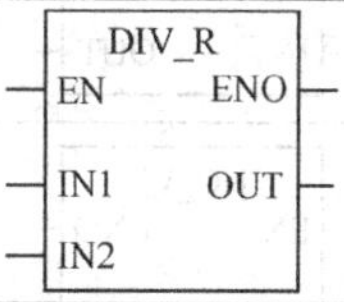	/R IN1，OUT

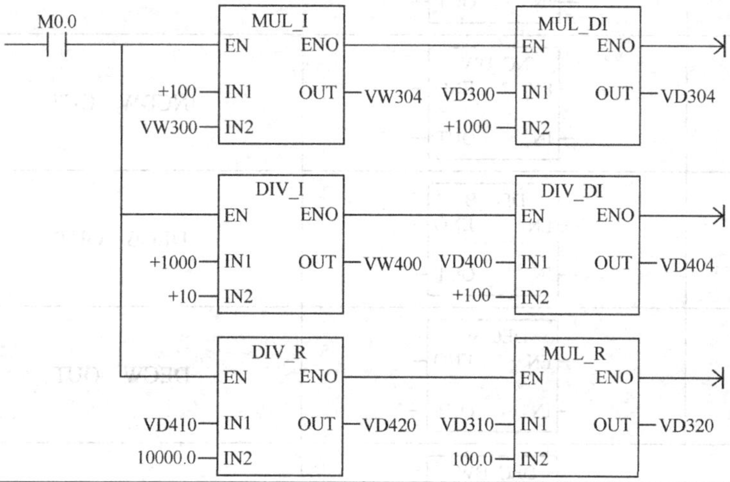


```
LD      M0.0
LPS
MOVW    +100, VW304
AENO
*I      VW300, VW304
AENO
MOVD    VD300, VD304
*D      +1000, VD304
LRD
MOVW    +1000, VW400
AENO
/I      +10, VW400
AENO
MOVD    VD400, VD404
/D      +100, VD404
LPP
MOVR    VD410, VD420
AENO
/R      10000.0, VD420
AENO
MOVR    VD310, VD320
*R      100.0, VD320
```

表 5-12　　整数完全乘除运算指令

指令名称	梯形图	语句表
整数完全乘法	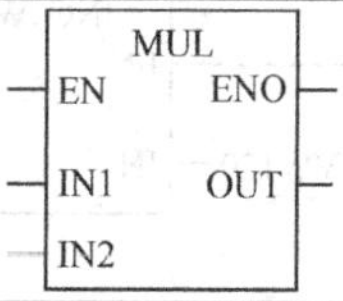	MUL IN1，OUT
整数完全除法	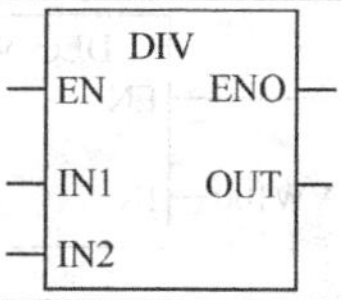	DIV IN1，OUT

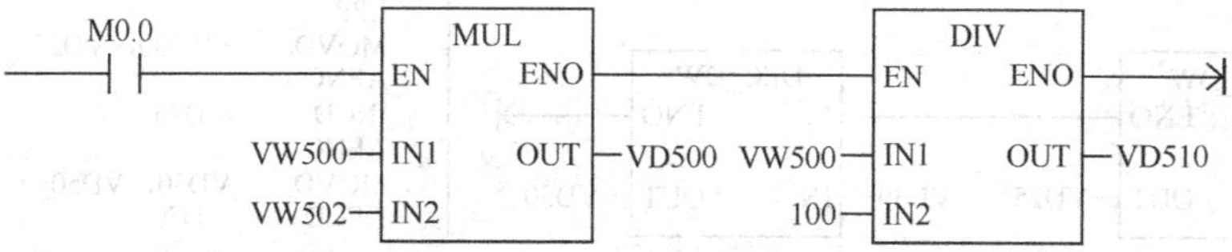


```
LD      M0.0
MUL     VW500, VD500
AENO
MOVW    VW500, VW512
DIV     100, VD510
```

（2）自增/自减指令

自增或自减指令将输入IN数据加1或减1，并将结果存放在OUT中。字节自增（INCB）和字节自减（DECB）操作是无符号的。字自增（INCW）和字自减（DECW）操作是有符号的。双字自增（INCD）和双字自减（DECD）操作是有符号的，操作数类型为BYTE、INT、DINT，见表5-13。

表5-13 **自增/自减指令**

指令名称	梯形图	语句表
字节自增	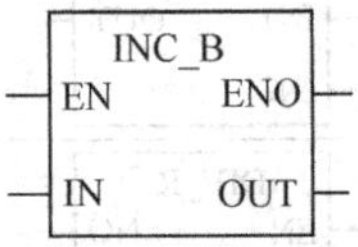	INCB OUT
字自增	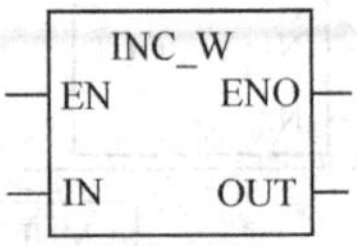	INCW OUT
双字自增	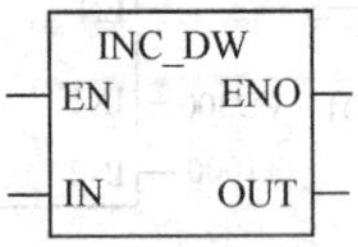	INCDW OUT
字节自减	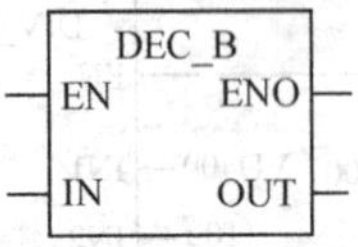	DECB OUT
字自减	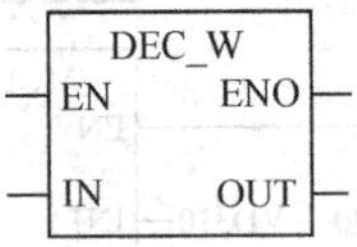	DECW OUT
双字自减	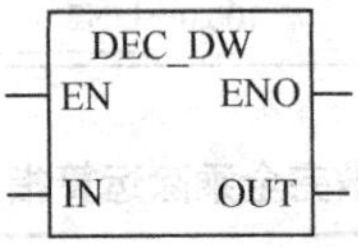	DECDW OUT

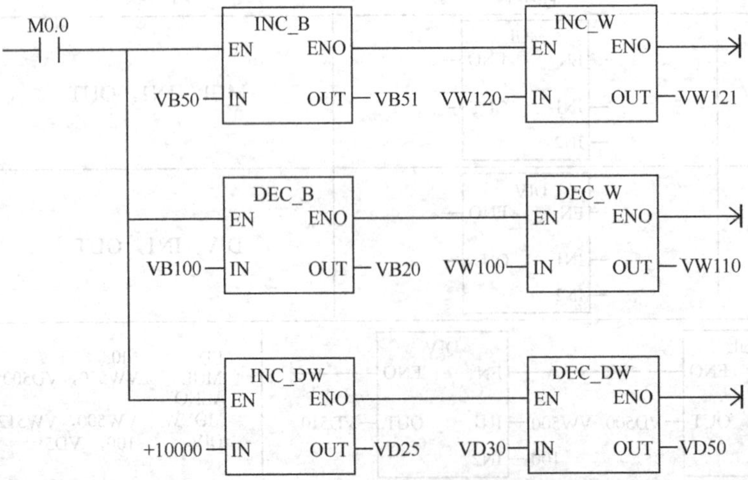


```
LD      M0.0
LPS
MOVB    VB50，VB51
AENO
INCB    VB51
AENO
MOVW    VW120，VW121
INCW    VW121
LRD
MOVB    VB100，VB20
AENO
DECB    VB20
AENO
MOVW    VW100，VW110
DECW    VW110
LPP
MOVD    +10000，VD25
AENO
INCD    VD25
AENO
MOVD    VD30，VD50
DECD    VD50
```

（3）数学功能指令

数学功能指令主要有正弦（SIN）、余弦（COS）、正切（TAN）、自然对数指令（LN）、自然指数指令（EXP）及平方根指令（SQRT），操作数类型为 REAL，指令见表 5-14。

表 5-14　　数学功能指令

指令名称	梯形图	语句表
正弦	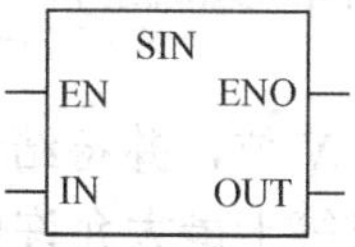	SIN　IN，OUT
余弦	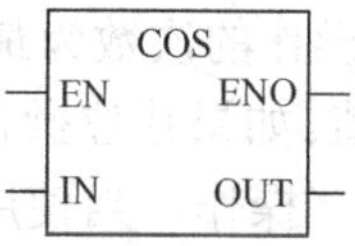	COS　IN，OUT
正切	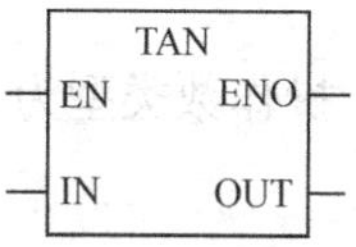	TAN　IN，OUT
自然对数	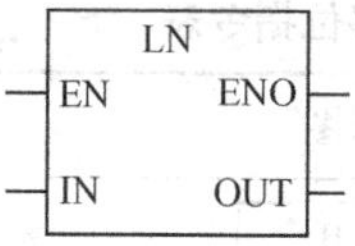	LN　IN，OUT
自然指数	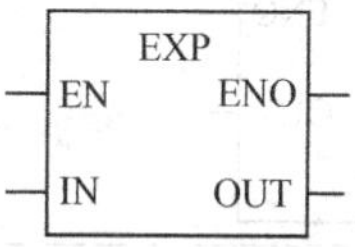	EXP　IN，OUT
平方根	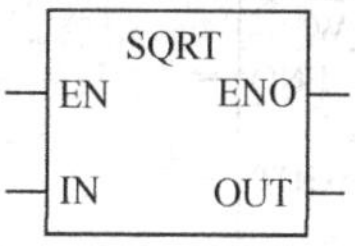	SQRT　IN，OUT

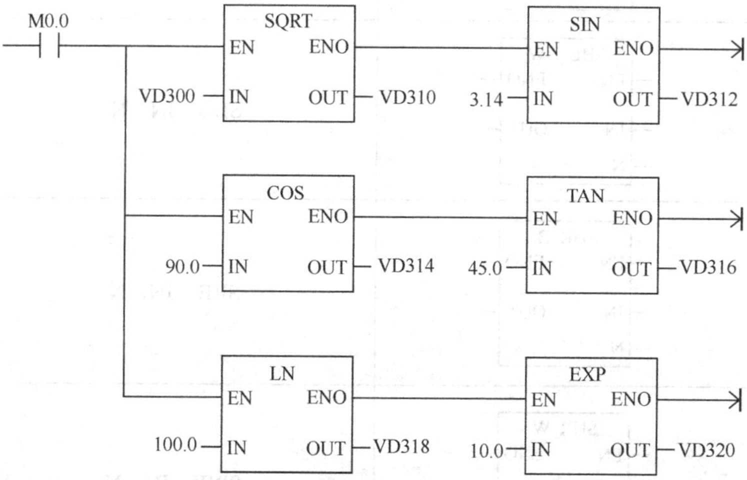


```
LD      M0.0
LPS
SQRT    VD300，VD310
AENO
SIN     3.14，VD312
LRD
COS     90.0，VD314
AENO
TAN     45.0，VD316
LPP
LN      100.0，VD318
AENO
EXP     10.0，VD320
```

正弦（SIN）、余弦（COS）和正切（TAN）指令计算角度值 IN 的三角函数值，并将结果存放在 OUT 中，输入角度值是弧度值。自然对数指令（LN）计算输入值 IN 的自然对数，并将结果存放到 OUT 中。自然指数指令（EXP）计算输入值 IN 的自然指数值，并将结果存放到 OUT 中。平方根指令（SQRT）计算实数（IN）的平方根，并将结果存放到 OUT 中。

5.2.3 移位和循环指令

移位和循环指令包括右移和左移、循环右移和循环左移、移位寄存器及字节交换指令。

（1）移位指令

移位指令将输入值（IN）右移或左移 *N* 位，并将结果装载到输出 OUT 中。移位指令对移出的位自动补零。如果位数 *N* 大于或等于最大允许值（对于字节操作为 8，对于字操作为 16，对于双字操作为 32），那么移位操作的次数为最大允许值。如果移位次数大于 0，溢出标志位（SM1.1）上就是最近移出的位值。如果移位操作的结果为 0，零存储器位（SM1.0）置位。字节操作是无符号的。对于字和双字操作，当使用有符号数据类型时，符号位也被移动。

移位指令的输入（IN）与输出（OUT）操作数类型为 BYTE、WORD 及 DWORD，指令见表 5-15。

表 5-15　　移位指令表

指令名称	梯形图	语句表
字节左移	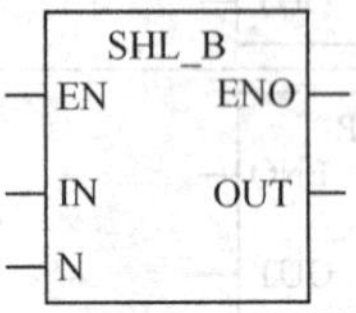	SLB　IN，N
字左移	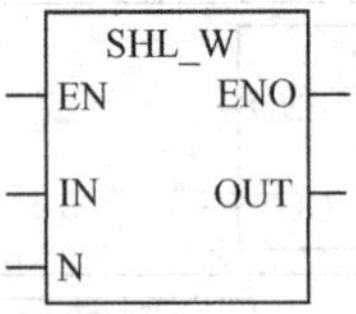	SLW　IN，N
双字左移	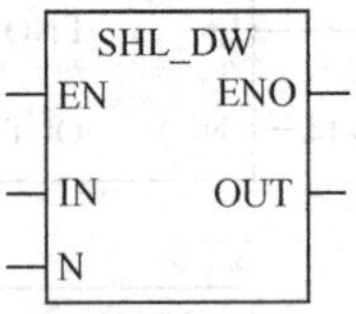	SLD　IN，N
字节右移	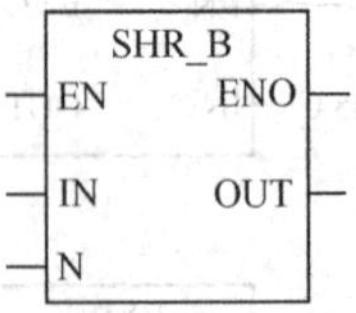	SRB　IN，N
字右移	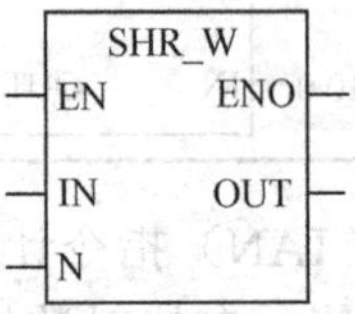	SRW　IN，N

续表

<table>
<tr><th>指令名称</th><th>梯形图</th><th>语句表</th></tr>
<tr><td>双字右移</td><td>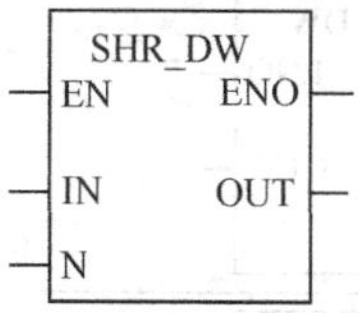
</td><td>SRD IN，N</td></tr>
<tr><td colspan="2">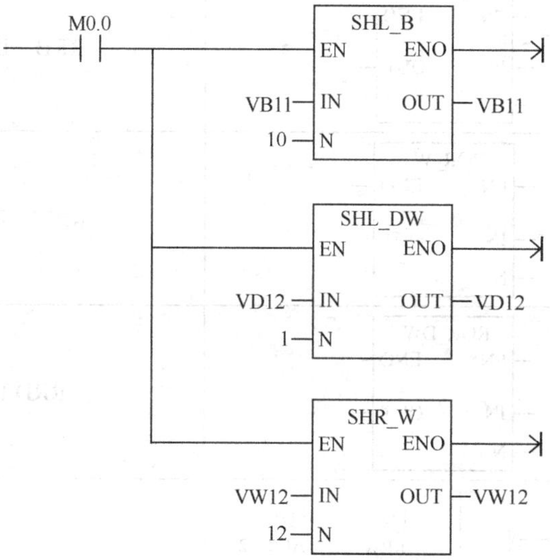
</td><td>LD M0.0
SLB VB11，10
SLD VD12，1
SRW VW12，12</td></tr>
</table>

循环移位指令将输入值（IN）循环右移或者循环左移 *N* 位，并将输出结果装载到 OUT 中。循环移位是圆形的。如果位数 *N* 大于或者等于最大允许值（对于字节操作为 8，对于字操作为 16，对于双字操作为 32），S7-200 在执行循环移位之前，会执行取模操作，得到一个有效的移位次数。移位位数的取模操作的结果，对于字节操作是 0 到 7，对于字操作是 0 到 15，而对于双字操作是 0 到 31。

移位指令的输入（IN）与输出（OUT）操作数类型为 BYTE、WORD 及 DWORD，指令见表 5-16。

表 5-16　　循环移位指令表

<table>
<tr><th>指令名称</th><th>梯形图</th><th>语句表</th></tr>
<tr><td>字节循环左移</td><td>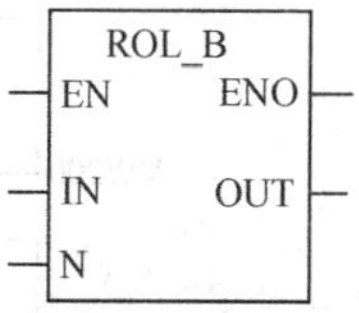
</td><td>RLB IN，N</td></tr>
<tr><td>字循环左移</td><td>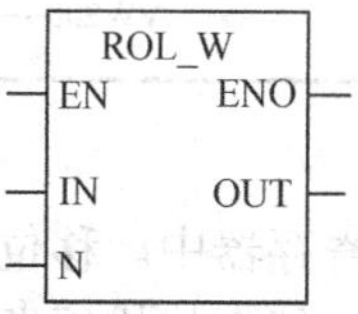
</td><td>RLW IN，N</td></tr>
</table>

续表

指令名称	梯形图	语句表
双字循环左移	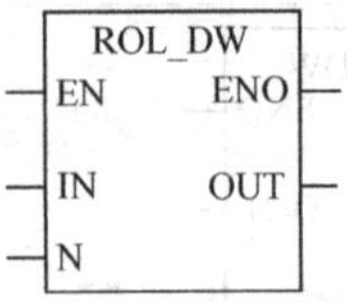	RLD IN，N
字节循环右移	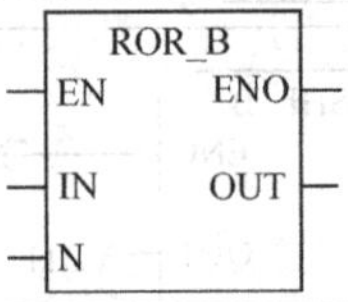	RRB IN，N
字循环右移	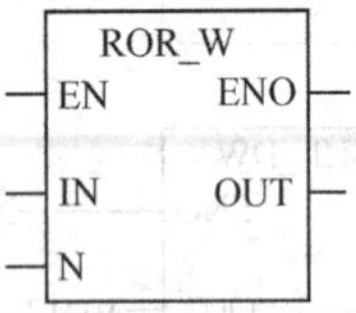	RRW IN，N
双字循环右移	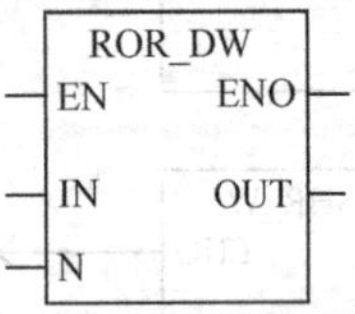	RRD IN,N

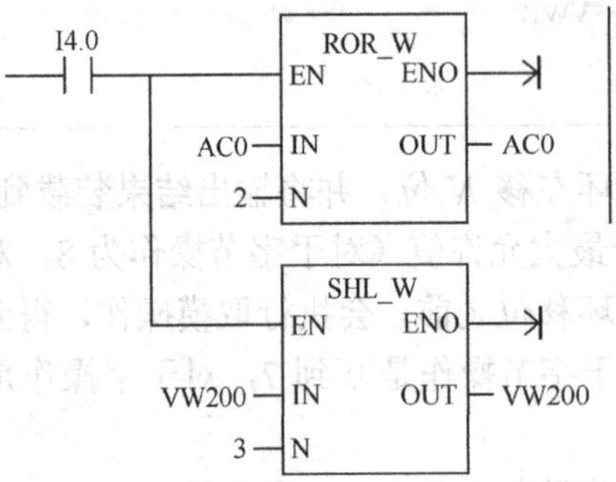


```
LD    I4.0
RRW   AC0，2
SLW   VW200，3
```

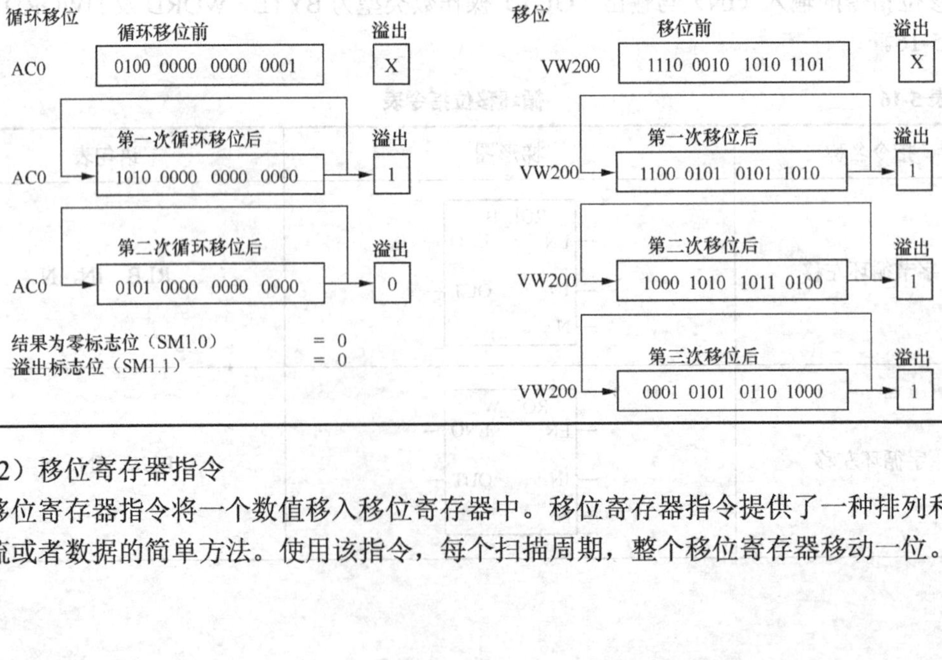

（2）移位寄存器指令

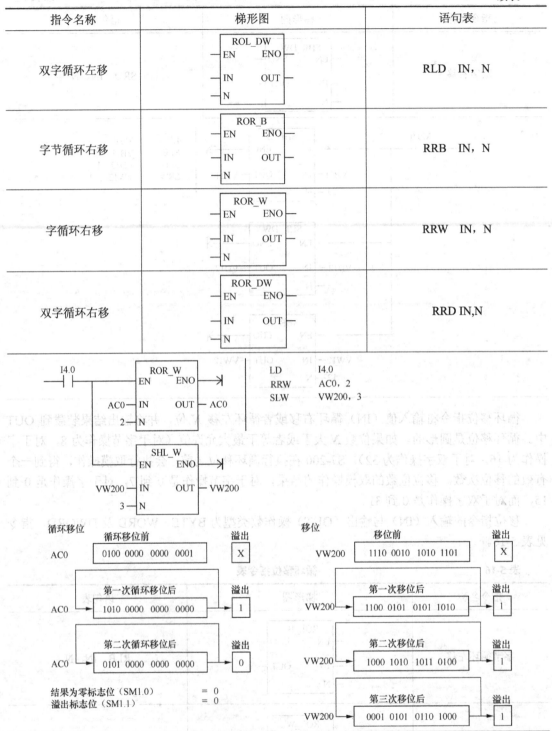

移位寄存器指令将一个数值移入移位寄存器中。移位寄存器指令提供了一种排列和控制产品流或者数据的简单方法。使用该指令，每个扫描周期，整个移位寄存器移动一位。移位

寄存器指令把输入的 DATA 数值移入移位寄存器。其中，S_BIT 指定移位寄存器的最低位，*N* 指定移位寄存器的长度和移位方向（正向移位=*N*，反向移位=−*N*）。SHRB 指令移出的每一位都被放入溢出标志位（SM1.1）。这条指令的执行取决于最低有效位（S_BIT）和由长度（*N*）指定的位数。移位寄存器指令见表 5-17。

表 5-17　　移位寄存器指令表

指令名称	梯形图	语句表
移位寄存器指令	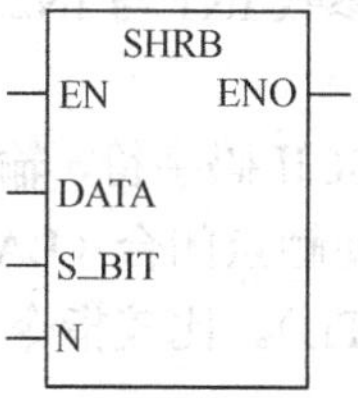	SHRB　DATA，S_BIT,N

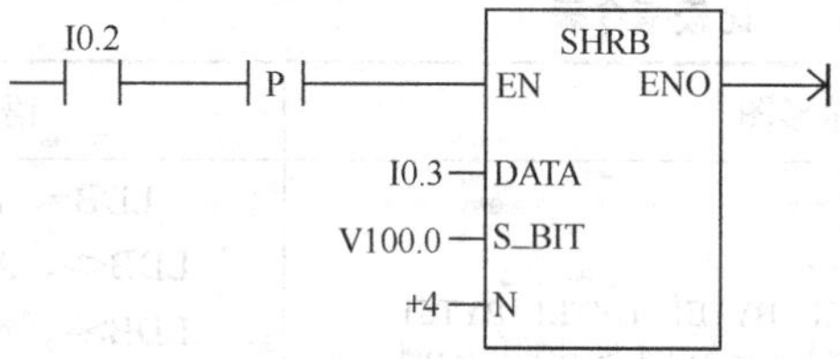

LD　I0.2
EU
SHRB　I0.3，V100.0，+4

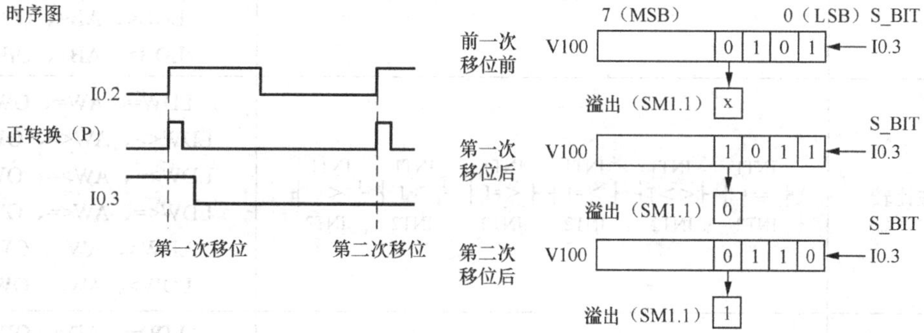

（3）字节交换指令

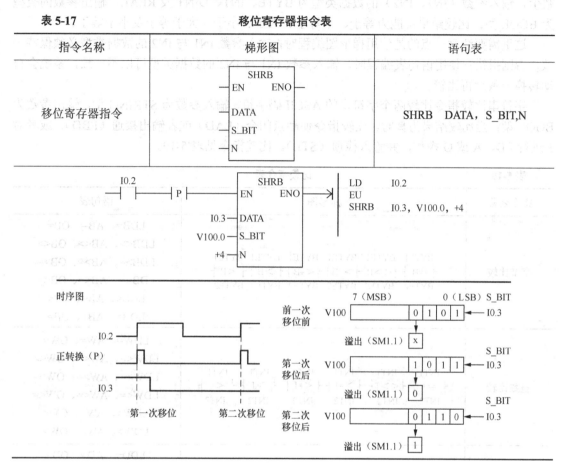

字节交换指令用来交换输入字（IN）的高字节和低字节，操作数类型为 WORD，指令见表 5-18。

表 5-18　　字节交换指令表

指令名称	梯形图	语句表
字节交换指令	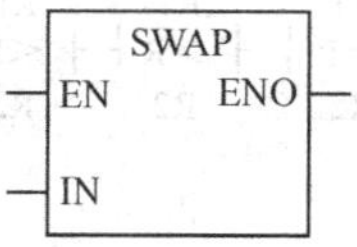	SWAP IN

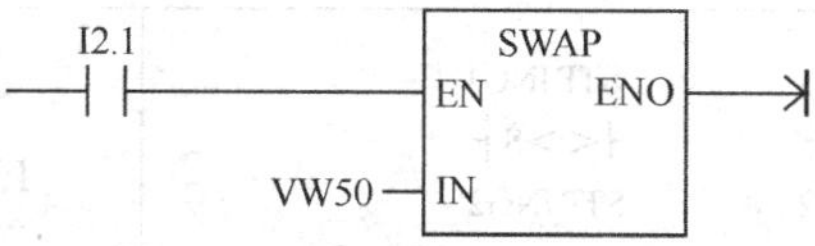

LD　I2.1
SWAP　VW50

5.2.4 比较指令

比较指令主要分为数值的比较与字符串的比较。数值比较指令用于比较两个输入参数的数值，输入参数（IN1、IN2）的数据类型为 BYTE、INT、DINT 及 REAL，输出参数的类型为 BOOL 型；比较结果可能为等于、不等于、大于、小于、大于等于及小于等于。

这里需要注意一点的是使用梯形图编程时，输入参数 IN1 与 IN2 的数据类型必须保持一致，否则报错；使用语句表编程时，输入参数 IN1 与 IN2 的数据类型可以不一致，系统会自动转换一致后再比较。

字符串比较指令比较两个字符串的 ASCII 码字符，输入参数为 STRING 型，输出参数为 BOOL 型；当比较结果为真时，比较指令使触点闭合（LAD）或者输出接通（FBD），或者对 1 进行 LD、A 或 O 操作，并置入栈顶（STL）。比较指令见表 5-19。

表 5-19　　比较指令表

指令名称	梯形图	语句表
字节比较	BYTE1 BYTE1 BYTE1 BYTE1 BYTE1 BYTE1 ┤==B├ ┤<>B├ ┤>=B├ ┤<=B├ ┤>B├ ┤<B├ BYTE2 BYTE2 BYTE2 BYTE2 BYTE2 BYTE2	LDB=、AB=、OB= LDB<>、AB<>、OB<> LDB>=、AB>=、OB>= LDB<=、AB<=、OB<= LDB<、AB<、OB< LDB>、AB>、OB>
整数比较	INT1 INT1 INT1 INT1 INT1 INT1 ┤==I├ ┤<>I├ ┤>=I├ ┤<=I├ ┤>I├ ┤<I├ INT2 INT2 INT2 INT2 INT2 INT2	LDW=、AW=、OW= LDW<>、AW<>、OW<> LDW>=、AW>=、OW>= LDW<=、AW<=、OW<= LDW<、AW<、OW< LDW>、AW>、OW>
双整数比较	DINT1 DINT1 DINT1 DINT1 DINT1 DINT1 ┤==DI├ ┤<>DI├ ┤>=DI├ ┤<=DI├ ┤>DI├ ┤<DI├ DINT2 DINT2 DINT2 DINT2 DINT2 DINT2	LDD=、AD=、OD= LDD<>、AD<>、OD<> LDD>=、AD>=、OD>= LDD<=、AD<=、OD<= LDD<、AD<、OD< LDD>、AD>、OD>
实数比较	R1 R1 R1 R1 R1 R1 ┤==R├ ┤<>R├ ┤>=R├ ┤<=R├ ┤>R├ ┤<R├ R2 R2 R2 R2 R2 R2	LDR=、AR=、OR= LDR<>、AR<>、OR<> LDR>=、AR>=、OR>= LDR<=、AR<=、OR<= LDR<、AR<、OR< LDR>、AR>、OR>
字符串比较	STRING1 STRING1 ┤==S├ ┤<>S├ STRING2 STRING2	LDS=、AS=、OS= LDS<>、AS<>、OS<>

续表

指令名称	梯形图	语句表
	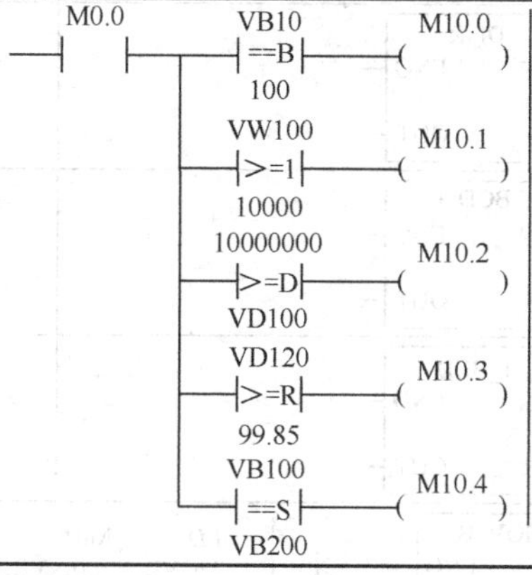	LD M0.0 LPS AB= VB10，100 = M10.0 LRD AW>= VW100，10000 = M10.1 LRD AD>= 10000000，VD100 = M10.2 LRD AR>= VD120，99.85 = M10.3 LPP AS= VB100，VB200 = M10.4

5.2.5 转换指令

转换指令的功能是完成各种数据类型之间的转换，包括标准转换指令、ASCII 码转换指令、字符串转换指令及编码和解码指令。

（1）标准转换指令

标准转换指令主要有数字转换、四舍五入和取整及段码处理指令。

数字转换包括字节转为整数（BTI）、整数转为字节（ITB）、整数转为双整数（ITD）、双整数转为整数（DTI）、双整数转为实数（DTR）、BCD 码转为整数（BCDI）和整数转为 BCD 码（IBCD），以上指令将输入值 IN 转换为指定的格式并存储到由 OUT 指定的输出值存储区中。数字转换指令输入输出操作数的数据类型为 BYTE、WORD、INT、DINT 及 REAL，指令见表 5-20。

四舍五入指令（ROUND）将一个实数转为一个双整数值，并将四舍五入的结果存入由 OUT 指定的变量中。

表 5-20　　数字转换指令表

指令名称	梯形图	语句表
字节转为整数	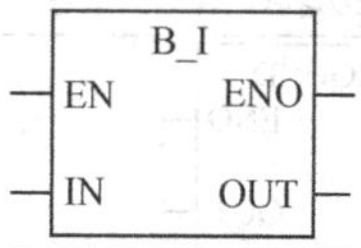	BTI IN，OUT
整数转为字节	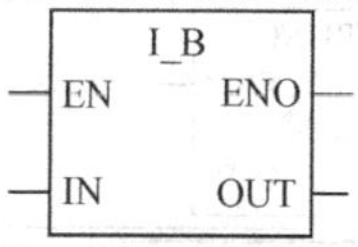	ITB IN，OUT
整数转为双整数	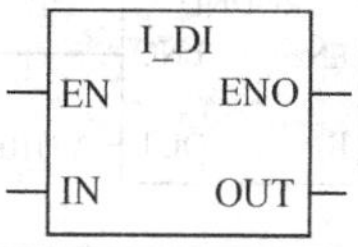	ITD IN，OUT
双整数转为整数	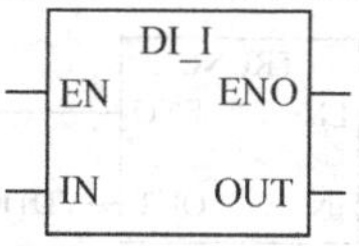	DTI IN，OUT

续表

指令名称	梯形图	语句表
双整数转为实数	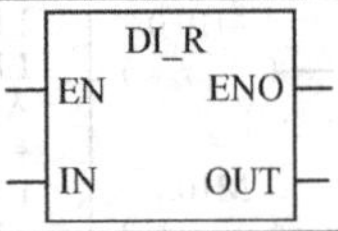	DTR IN，OUT
BCD 码转为整数	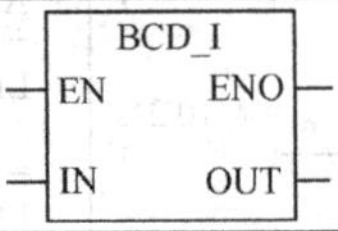	BCDI OUT
整数转为 BCD 码	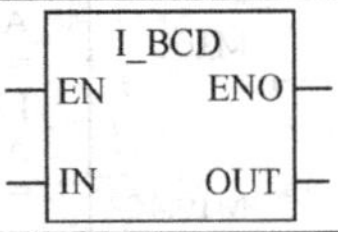	IBCD OUT

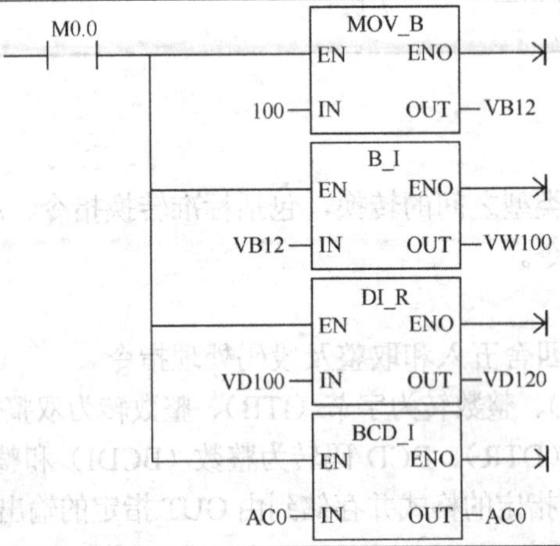


```
LD      M0.0
MOVB    100，VB12
BTI     VB12，VW100
DTR     VD100，VD120
BCDI    AC0
```

取整指令（TRUNC）将一个实数转为一个双整数值，并将实数的整数部分作为结果存入由 OUT 指定的变量中，指令见表 5-21。如果所转换的不是一个有效的实数，或者其数值太大以致于无法在输出中表示，则溢出标志位置位，输出不变。

表 5-21　　取整指令表

指令名称	梯形图	语句表
四舍五入	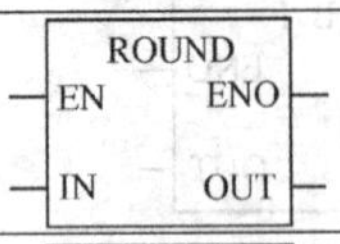	ROUND IN，OUT
舍尾取整	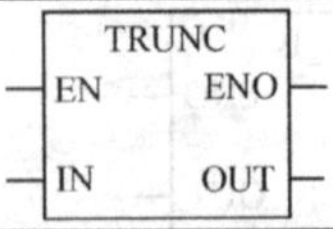	TRUNC IN，OUT

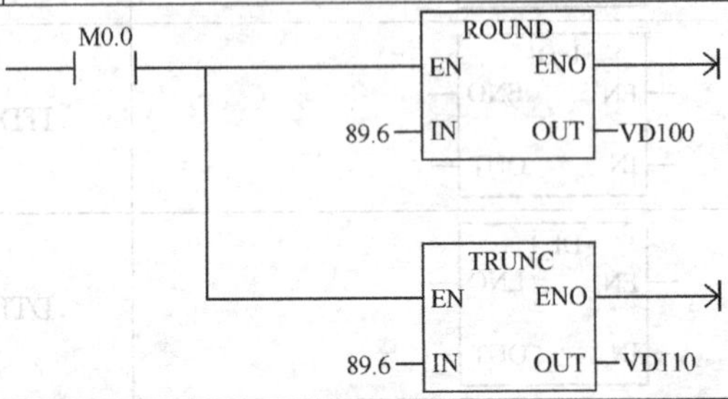


```
LD      M0.0
ROUND   89.6，VD100
TRUNC   89.6，VD110
```

段码指令（SEG）允许您产生一个点阵，用于点亮七段码显示器的各个段。点亮的段表示的是输入字节中低 4 位所代表的字符。段码指令使用的七段码显示器的编码如图 5-1 所示，指令见表 5-22。

输入 LSD	七段码显示器	输出 -gfe dcba
0	0	0011 1111
1	1	0000 0110
2	2	0101 1011
3	3	0100 1111
4	4	0110 0110
5	5	0110 1101
6	6	0111 1101
7	7	0000 0111

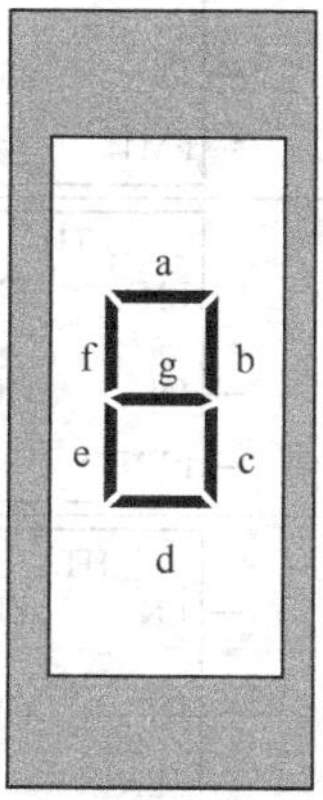

输入 LSD	七段码显示器	输出 -gfe dcba
8	8	0111 1111
9	9	0110 0111
A	A	0111 0111
B	b	0111 1100
C	C	0011 1001
D	d	0101 1110
E	E	0111 1001
F	F	0111 0001

图 5-1　七段码显示器编码

表 5-22　　段码指令表

指令名称	梯形图	语句表
段码	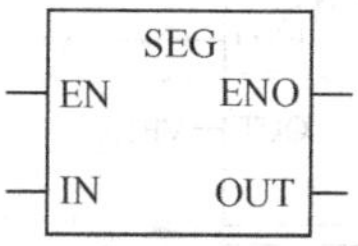	SEG　IN，OUT
	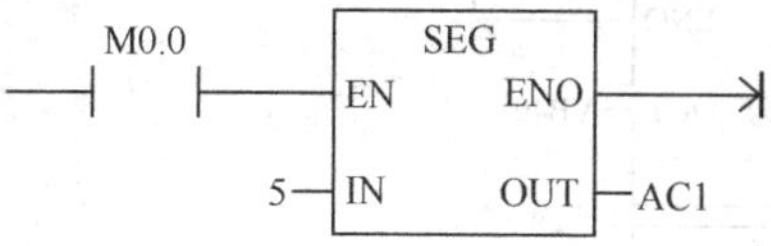	LD　M0.0 SEG　5，AC1 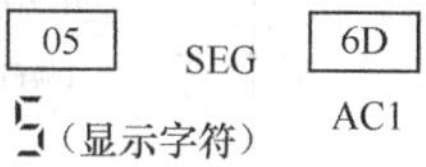

（2）ASCII 码转换指令

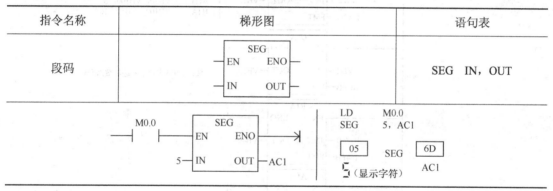

ASCII 码转换指令主要有 5 个，分别是整数转 ASCII、双整数转 ASCII、实数转 ASCII 及 ASCII 与十六进制数之间的相互转换，指令见表 5-23。

表 5-23　　ASCII 码转换指令表

指令名称	梯形图	语句表
整数转 ASCII	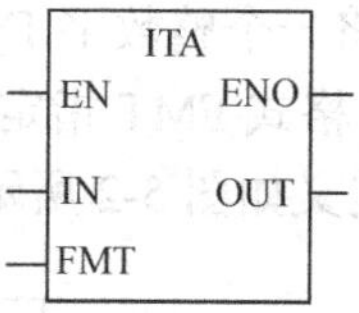	ITA　IN，OUT，FMT
双整数转 ASCII	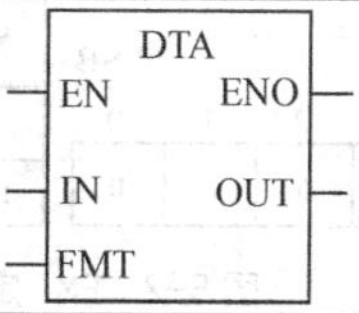	DTA　IN，OUT，FMT

续表

指令名称	梯形图	语句表
实数转 ASCII 码	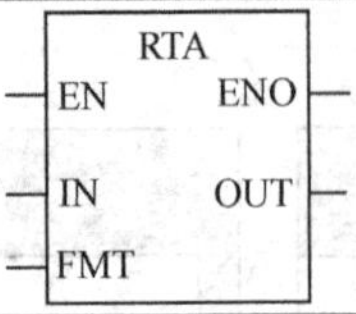	RTA IN，OUT，FMT
ASCII 码转十六进制数	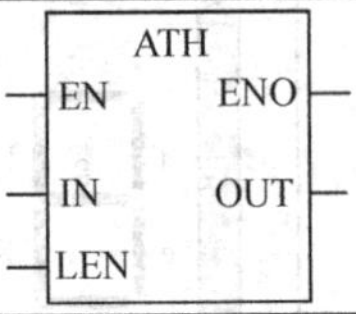	ATH IN，OUT，LEN
十六进制数转 ASCII	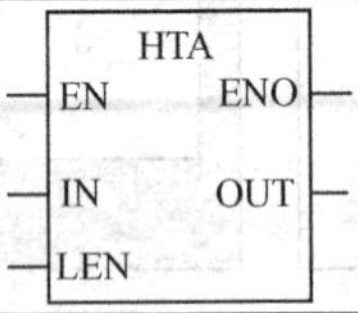	HTA IN，OUT，LEN

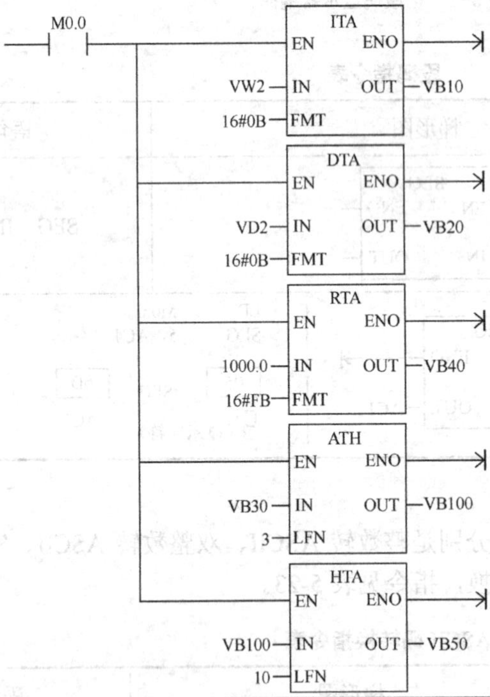

ID	M0.0
ITA	VW2，VB10，16#0B
DTA	VD2，VB20，16#0B
RTA	1000.0，VB40，16#FB
ATH	VB30，VB100，3
HTA	VB100，VB50，10

注：16#FB 表示十六进制数据 FB

整数转 ASCII 码（ITA）指令将一个整数字 IN 转换成一个 ASCII 码字符串，转换结果放在 OUT 指定的连续 8 个字节中。格式 FMT 指定小数点右侧的转换精度和小数点是使用逗号还是点号，格式操作数 FMT 的定义如图 5-2 所示。

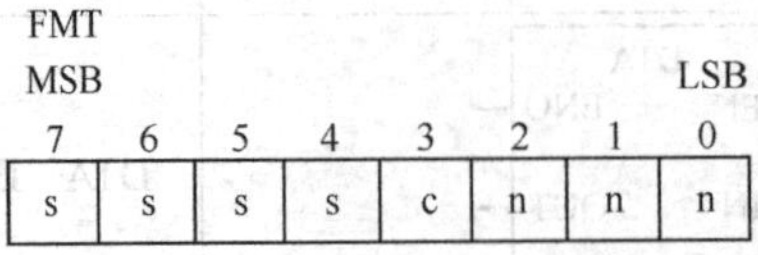

s s s s	输出缓冲区大小（整数及双整数转 ASC Ⅱ 时为0000）
c	小数点形式：0-点号；1-逗号
n n n	小数点右侧位数

图 5-2 FMT 定义

双整数转 ASCII 码（DTA）指令将一个双字 IN 转换成一个 ASCII 码字符串。格式操作数 FMT 指定小数点右侧的转换精度。转换结果存储在从 OUT 开始的连续 12 个字节中。

实数转 ASCII 码指令（RTA）将一个实数值 IN 转为 ASCII 码字符串。格式操作数 FMT 指定小数点右侧的转换精度，小数点是用逗号还是用点号表示和输出缓冲区的大小。转换结果存储在从 OUT 开始的输出缓冲区中。结果 ASCII 码字符的长度为 3 至 15 字节或字符之间。S7-200 的实数格式支持最多 7 位小数，超过 7 位以上的小数将会产生一个四舍五入错误。

ASCII 码转十六进制数指令（ATH）将一个长度为 LEN 从 IN 开始的 ASCII 码字符串转换成从 OUT 开始的十六进制数。十六进制数转 ASCII 码指令（HTA）将从输入字节 IN 开始的十六进制数，转换成从 OUT 开始的 ASCII 码字符串。被转换的十六进制数的位数由长度 LEN 给出。可转换的 ASCII 字符或十六进制数字（LEN）的最大数目是 255 。有效 ASCII 码输入字符是 0 到 9 的十六进制数代码值 30 到 39，和大写字符 A 到 F 的十六进制数代码值 41 到 46 这些字母数字字符。

（3）字符串转换指令

字符串转换指令主要有 6 个，分别是整数转字符串、双整数转字符串、实数转字符串及字符串到整数、双整数及实数转换，指令见表 5-24。

表 5-24　　字符串转换指令表

指令名称	梯形图	语句表
整数转字符串	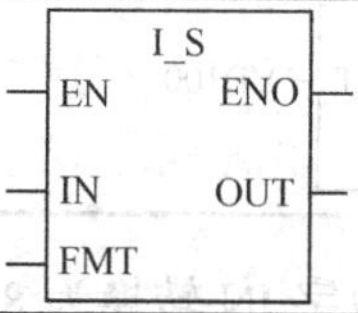	ITS　IN，OUT，FMT
双整数转字符串	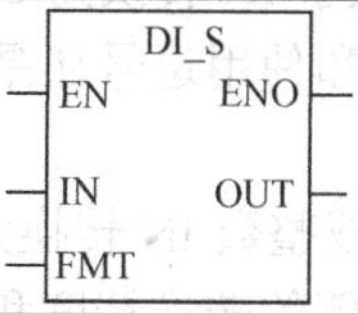	DTS　IN，OUT，FMT
实数转字符串	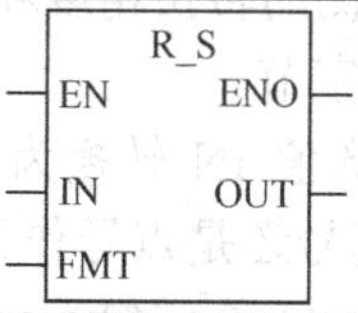	RTS　IN，OUT，FMT
字符串转整数	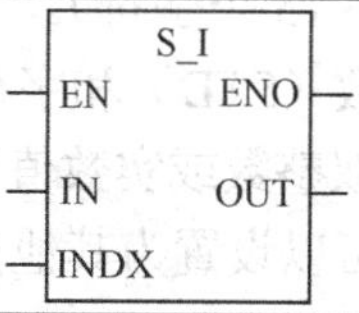	STI　IN，OUT，INDX
字符串转双整数	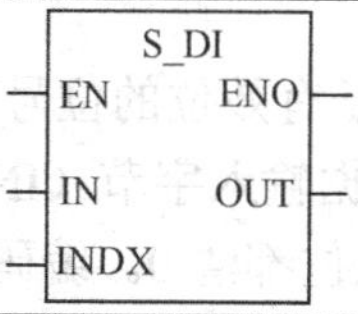	STD　IN，INDX，OUT

续表

指令名称	梯形图	语句表
字符串转实数	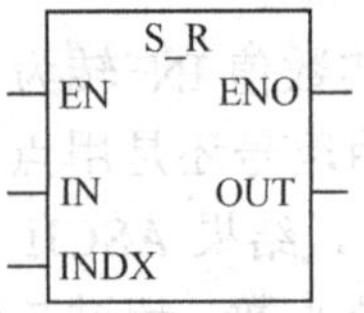	STR IN，INDX，OUT

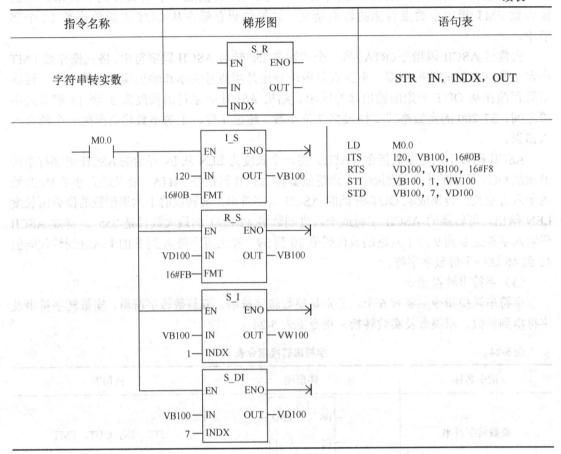

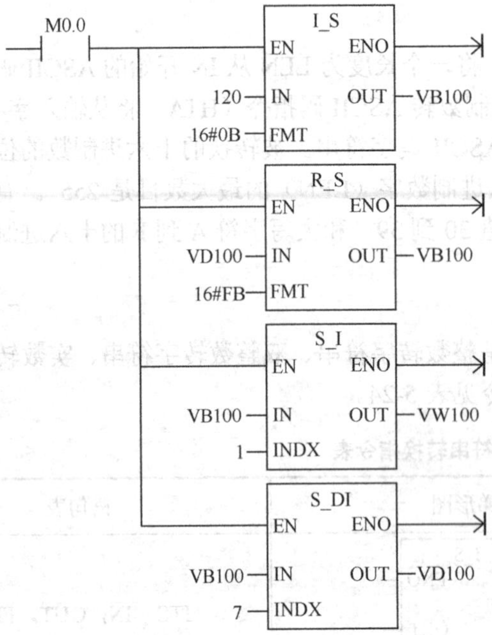


```
LD    M0.0
ITS   120, VB100, 16#0B
RTS   VD100, VB100, 16#F8
STI   VB100, 1, VW100
STD   VB100, 7, VD100
```

整数转字符串指令（ITS）将一个整数字 IN 转换为 8 个字符长的 ASCII 码字符串。格式操作数 FMT 指定小数点右侧的转换精度和使用逗号还是点号作为小数点。结果字符串被写入从 OUT 开始的 9 个连续字节中。

双整数转字符串指令（DTS）将一个双整数 IN 转换为一个长度为 12 个字符的 ASCII 码字符串。格式操作数 FMT 指定小数点右侧的转换精度和使用逗号还是点号作为小数点。结果字符串被写入从 OUT 开始的连续 13 个字节。

实数转字符串指令（RTS）将一个实数值 IN 转换为一个 ASCII 码字符串。格式操作数 FMT 指定小数点右侧的转换精度和使用逗号还是点号作为小数点。转换结果放在从 OUT 开始的一个字符串中（结果字符串长度为 3～15 个字符）。

字符串转整数（STI）、字符串转双整数（STD）和字符串转实数（STR）指令，将从偏移量 INDX 开始的字符串值 IN 转换成整数/双整数或实数值到 OUT 中。INDX 值通常设置为 1，从字符串的第一个字符开始转换，当然也可以设置为其他值，从字符串的不同位置进行转换。

（4）编码和解码指令

编码指令（ENCO）将输入字 IN 的最低有效位的位号写入输出字节 OUT 的最低有效“半字节”（4 位）中。解码指令（DECO）根据输入字节（IN）的低四位所表示的位号置输出字（OUT）的相应位为 1。输出字的所有其他位都清 0。编码和解码指令的输入输出操作数类型为 BYTE 及 WORD，指令见表 5-25。

表 5-25　　　　　　　　　　　　　　**编解码指令表**

指令名称	梯形图	语句表
解码	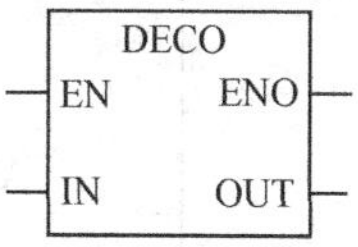	DECO　IN，OUT
编码	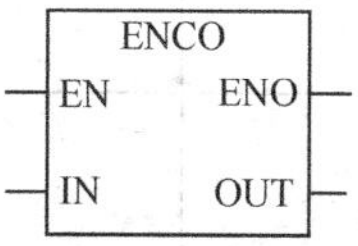	ENCO　IN，OUT

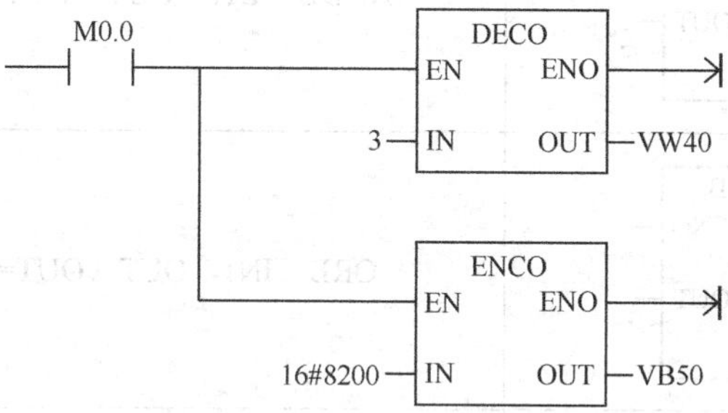


```
LD      M0.0
DECO    3，VW40
ENCO    16#8200，VB50
```

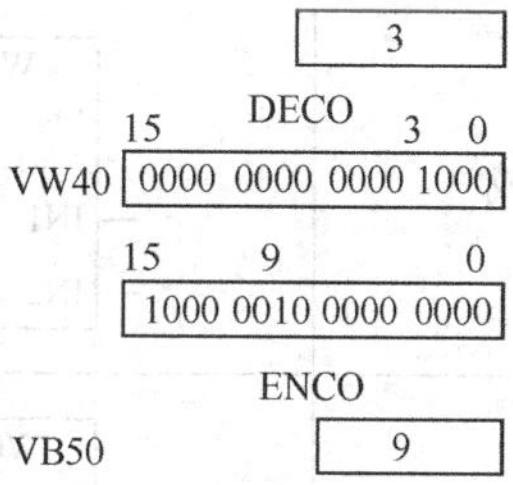

5.2.6　逻辑运算指令

逻辑运算指令主要包括字节、字及双字的取反、与、或及异或运算，该指令的操作数类型为 BYTE、WORD 和 DWORD，指令见表 5-26。

表 5-26　　　　　　　　　　　　　　**逻辑运算指令表**

指令名称	梯形图	语句表
字节取反	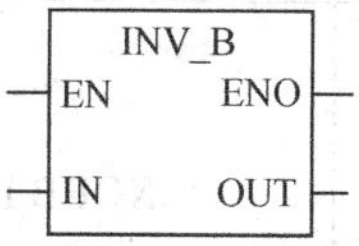	INVB　OUT
字取反	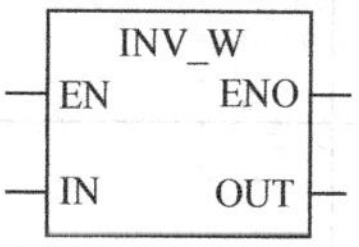	INVW　OUT
双字取反	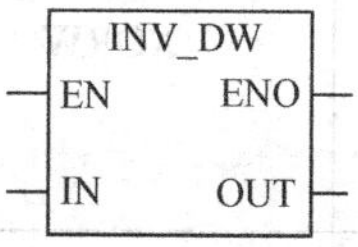	INVD　OUT
字节与	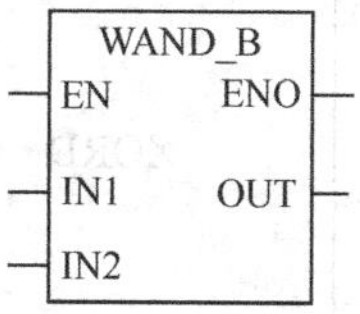	ANDB　IN1，OUT（OUT=IN2）

续表

指令名称	梯形图	语句表
字与	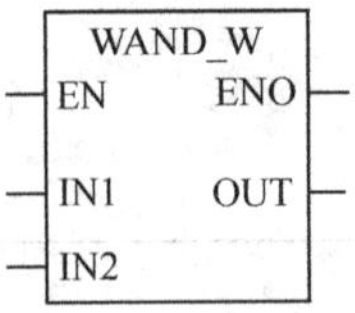	ANDW IN1，OUT（OUT=IN2）
双字与	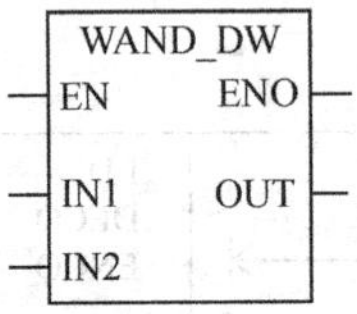	ANDD IN1，OUT（OUT=IN2）
字节或	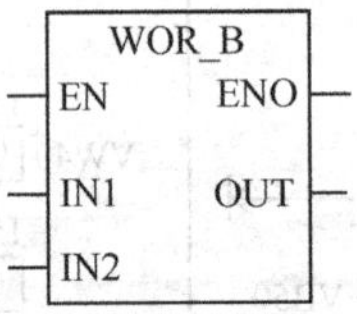	ORB IN1，OUT（OUT=IN2）
字或	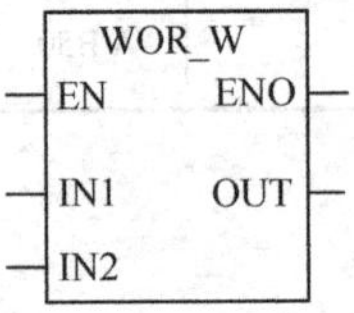	ORW IN1，OUT（OUT=IN2）
双字或	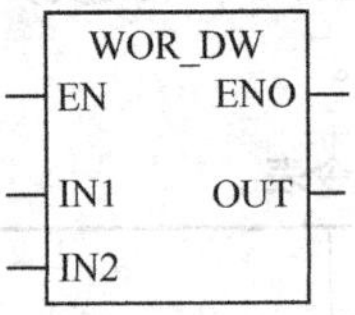	ORD IN1，OUT（OUT=IN2）
字节异或	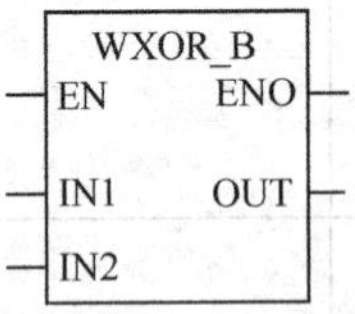	XORB IN1，OUT（OUT=IN2）
字异或	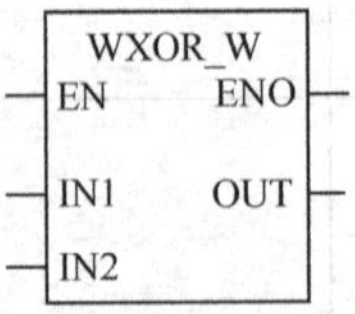	XORW IN1，OUT（OUT=IN2）
双字异或	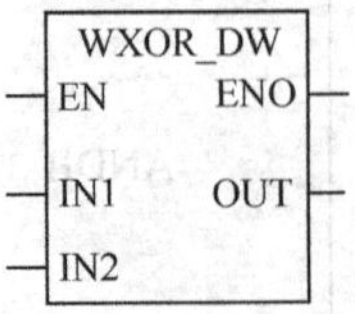	XORD IN1，OUT（OUT=IN2）

续表

指令名称	梯形图	语句表
	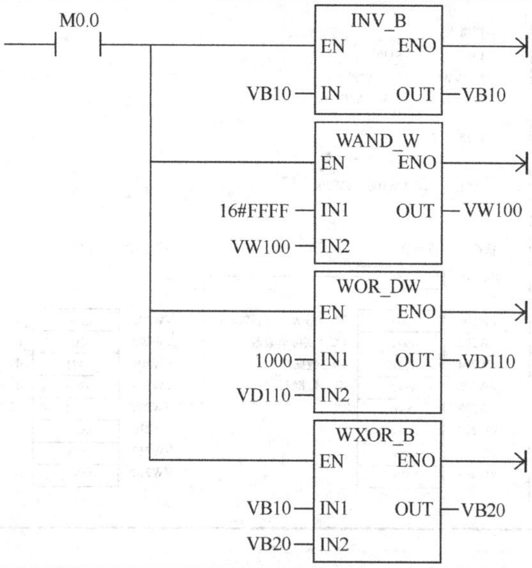	LD M0.0 INVB VB10 ANDW 16#FFFF，VW100 ORD 1000，VD110 XORB VB10，VB20

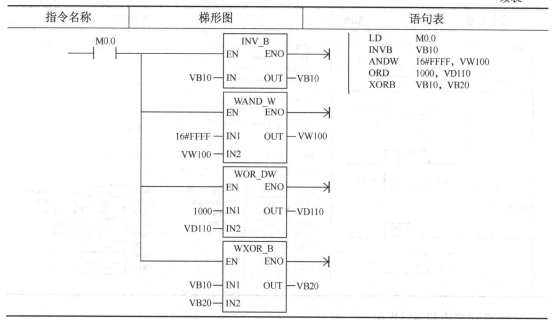

字节取反（INVB）、字取反（INVW）和双字取反（INVD）指令将输入 IN 取反的结果存入 OUT 中。

字节与（ANDB）、字与（ANDW）和双字与（ANDD）指令将输入值 IN1 和 IN2 的相应位进行与操作，将结果存入 OUT 中。

字节或（ORB）、字或指令（ORW）和双字或（ORD）指令将两个输入值 IN1 和 IN2 的相应位进行或操作，将结果存入 OUT 中。

字节异或（ROB）、字异或（ORW）和双字异或（ORD）指令将两个输入值 IN1 和 IN2 的相应位进行异或操作，将结果存入 OUT 中。

5.2.7 表操作指令

表操作包括填表、先进先出、后进先出、储存器填充和查表指令。

（1）填表

填表 ATT 指令向表（TBL）中增加一个数值（DATA）。表中第一个数是最大填表数（TL），第二个数是实际填表数（EC），指出已填入表的数据个数。新的数据填加在表中上一个数据的后面，每向表中填加一个新的数据，EC 会自动加 1，一个表最多可以有 100 条数据。操作数 DATA 类型为 INT，操作数 TBL 类型为 WORD，指令见表 5-27。

表 5-27 填表指令

指令名称	梯形图	语句表
填表	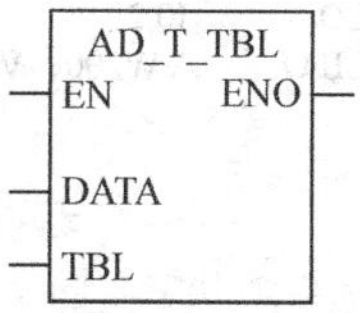	ATT DATA，TBL

续表

指令名称	梯形图	语句表
	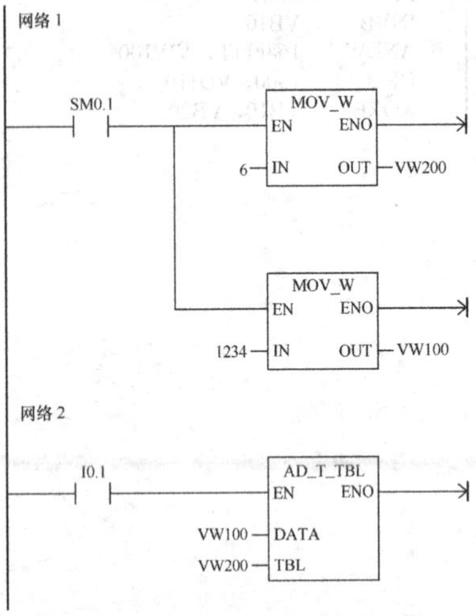	网络 1 LD SM0.1 MOVW 6，VW200 MOVW 1234，VW100 网络 2 LD I0.1 ATT VW100，VW200 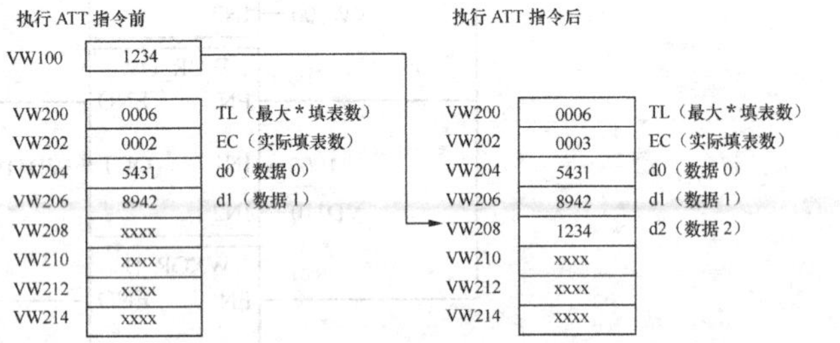

（2）先进先出和后进先出

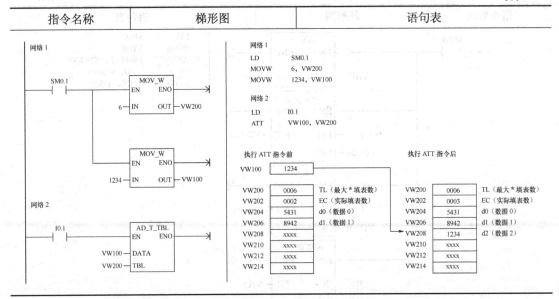

先进先出（FIFO）指令从表（TBL）中移走第一个数据，并将此数输出到 DATA。剩余数据依次上移一个位置。每执行一条本指令，表中的数据数减 1。后进先出（LIFO）指令从表（TBL）中移走最后一个数据，并将此数输出到 DATA。每执行一条本指令表中的数据数减 1。操作数 DATA 类型为 INT，操作数 TBL 类型为 WORD，指令见表 5-28。

表 5-28　　先进先出和后进先出指令

指令名称	梯形图	语句表
先进先出	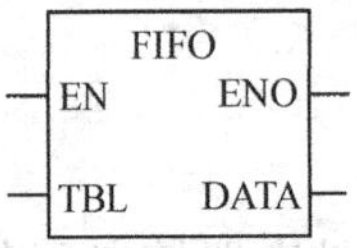	FIFO　TBL，DATA
后进先出	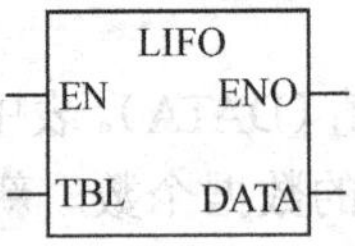	LIFO　TBL，DATA
	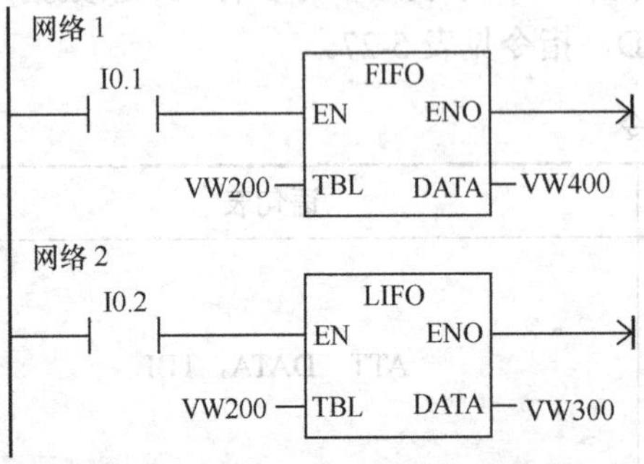	网络 1 LD I0.1 FIFO VW200，VW400 网络 2 LD I0.2 LIFO VW200，VW300

续表

指令名称	梯形图	语句表

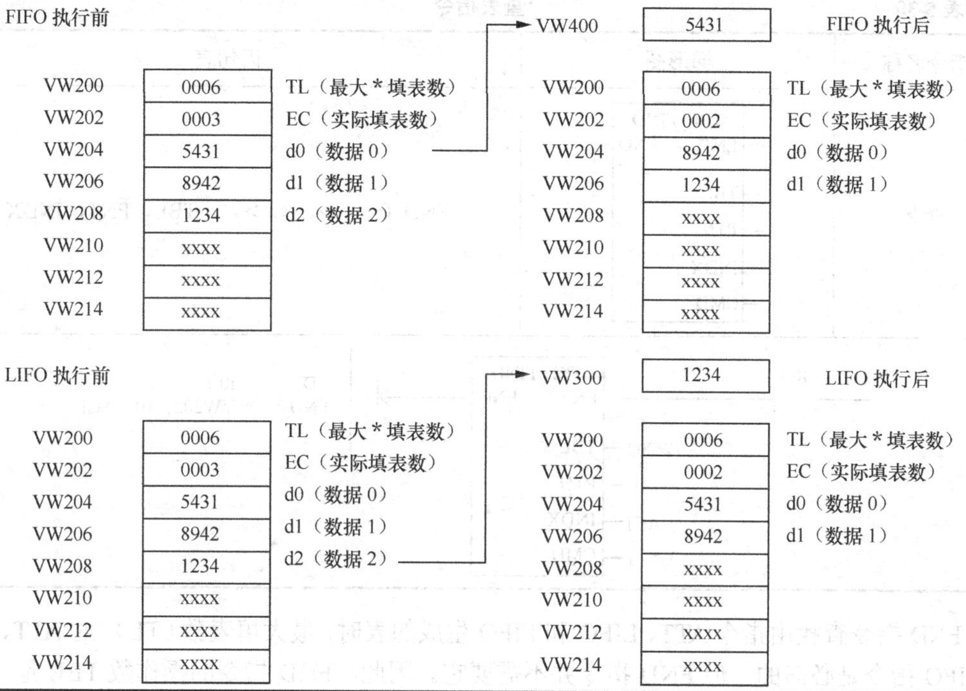

（3）储存器填充

存储器填充指令（FILL）用输入值（IN）填充从输出（OUT）开始的 N 个字的内容，N 的范围为 1～255。输入输出操作数类型为 INT，操作数 N 类型为 BYTE，指令见表 5-29。

表 5-29　　　　储存器填充指令

指令名称	梯形图	语句表
填充	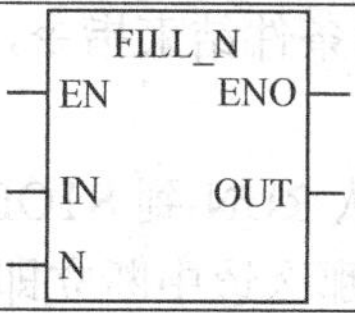	FILL　IN，OUT，N
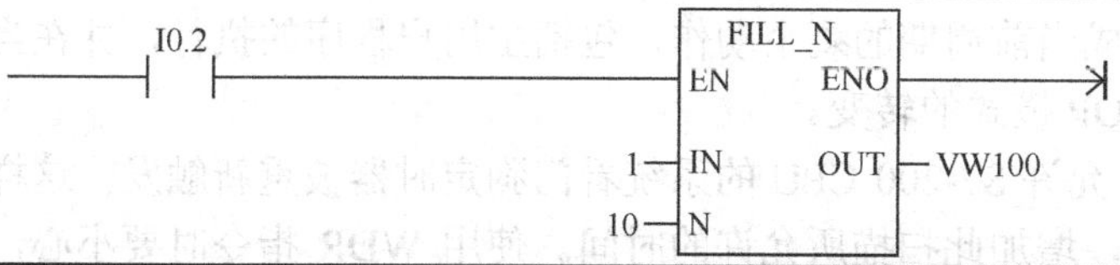		LD　　I0.2 FILL　　1，VW100，10

（4）查表

查表指令（FND）查找符合一定规则的数据。查表指令从 INDX 开始搜索表（TBL），寻找符合 PTN 和条件（=、<>、<或>）的数据。PTN 参数表示查找的具体数值，命令参数 CMD 是一个 1～4 的数值，分别代表=、<>、<和>。

查表指令如果找到一个符合条件的数据，INDX 指向表中该数的位置；如果没有找到符合条件的数据，那么 INDX 等于 EC。为了查找下一个符合条件的数据，在激活查表指令前，必须先对 INDX 加 1。一个表最多可以有 100 条数据，数据条标号从 0～99，指令见表 5-30。

表 5-30　　　　　　　　　　　　　　查表指令

指令名称	梯形图	语句表
查表	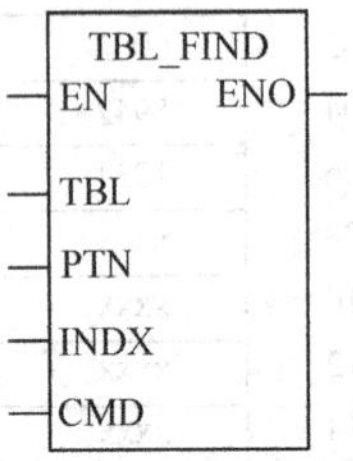	FND（=、<>、<、>）　TBL，PNT，INDX
	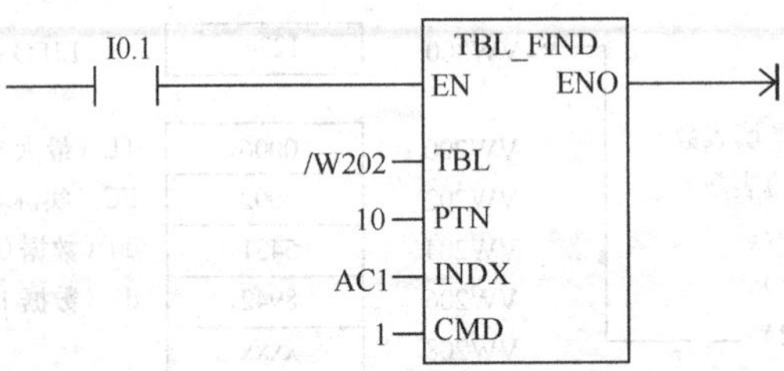	LD　　I0.1 FND=　　VW202，10，AC1

FND 指令查找由指令 ATT、LIFO 和 FIFO 生成的表时，最大填表数（TL）对 ATT、LIFO 和 FIFO 指令是必需的，但 FND 指令并不需要它。因此，FND 指令的操作数 TBL 是一个指向 EC 的字地址，比相应的 ATT、LIFO 或 FIFO 指令的操作数 TBL 要高 2 个字节。

5.2.8　程序控制指令

程序控制主要用于程序运行状态监视与控制，包括条件结束、停止、看门狗复位、循环、跳转、顺控继电器指令及子程序调用等指令。

（1）程序结束、停止与看门狗复位指令

条件结束、停止和看门狗复位指令见表 5-31。条件结束指令（END）根据前面的逻辑关系终止当前扫描周期。可以在主程序中使用条件结束指令，但不能在子程序或中断程序中使用该命令。

停止指令（STOP）导致 S7-200 CPU 从 RUN 到 STOP 模式，从而可以立即终止程序的执行。如果 STOP 指令在中断程序中执行，那么该中断立即终止，并且忽略所有挂起的中断，继续扫描程序的剩余部分。完成当前周期的剩余动作，包括主用户程序的执行，并在当前扫描的最后，完成从 RUN 到 STOP 模式的转变。

看门狗复位指令（WDR）允许 S7-200 CPU 的系统看门狗定时器被重新触发，这样可以在不引起看门狗错误的情况下，增加此扫描所允许的时间。使用 WDR 指令时要小心，因为如果您用循环指令去阻止扫描完成或过度的延迟扫描完成的时间，那么在终止本次扫描之前，下列操作过程将被禁止：

- 通讯（自由端口方式除外）。
- I/O 更新（立即 I/O 除外）。
- 强制更新。

表 5-31　　　　　　　　程序结束、停止与看门狗复位指令

指令名称	梯形图	语句表
条件结束	—(END)	END
停止	—(STOP)	STOP
看门狗复位	—(WDR)	WDR

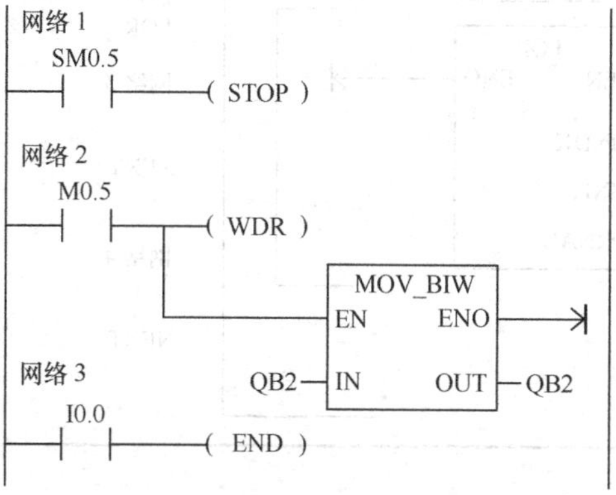


```
网络 1
LD      SM0.5
STOP
网络 2
LD      M0.5
WDR
BIW     QB2，QB2
网络 3
LD      I0.0
END
```

■ SM 位更新（SM0，SM5-SM29 不能被更新）。

■ 运行时间诊断。

■ 由于扫描时间超过 25s，10ms 和 100ms 定时器将不会正确累计时间。

■ 在中断程序中的 STOP 指令。

■ 带数字量输出的扩展模块也包含一个看门狗定时器，如果模块没有被 S7-200 写入，则此看门狗定时器将关断输出。在扩展的扫描时间内，对每个带数字量输出的扩展模块进行立即写操作，以保持正确的输出。

（2）FOR-NEXT 循环指令

FOR 和 NEXT 指令可以描述需重复进行一定次数的循环体。每条 FOR 指令必须对应一条 NEXT 指令。For-Next 循环嵌套（一个 For-Next 循环在另一个 For-Next 循环之内）深度可达 8 层。FOR-NEXT 指令执行 FOR 指令和 NEXT 指令之间的指令。

FOR-NEXT 循环指令在执行之前必须指定当前循环次数 INDX、初始值（INIT）和终止值（FINAL），并且终止值要大于初始值。操作数 INDX、INIT 及 FINAL 的数据类型为 INT，指令见表 5-32。

表 5-32　　　　　　　　FOR-NEXT 循环指令

指令名称	梯形图	语句表
FOR	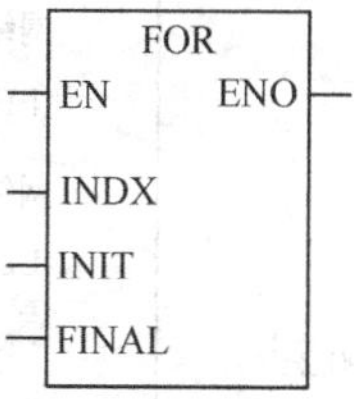	FOR　INDX，INIT，FINAL
NEXT	—(NEXT)	NEXT

续表

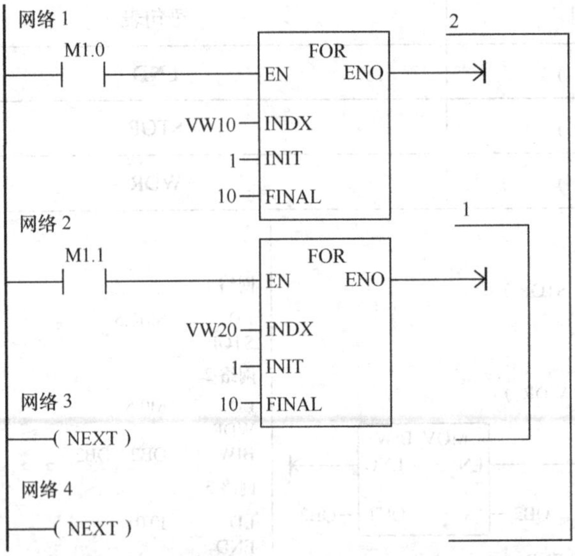

网络 1

LD M1.0
FOR VW10，1，10

网络 2

LD M1.1
FOR VW20，1，10

网络 3

NEXT

网络 4

NEXT

（3）跳转与标号指令

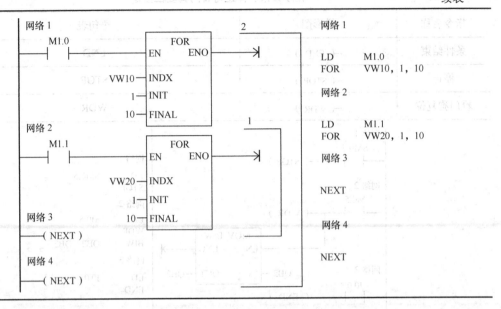

跳转（JMP）到标号（LBL）指令执行程序内标号 N 指定的程序分支。标号指令标识跳转目的地的位置 N。跳转指令可以在主程序、子程序或者中断程序中使用，但跳转和与之相应的标号指令必须位于同一段程序代码（无论是主程序、子程序还是中断程序）中。跳转与标号指令也可以在 SCR 程序段中使用，但相应的标号指令必须也在同一个 SCR 段中，指令见表 5-33。

表 5-33　　跳转与标号指令

指令名称	梯形图	语句表
跳转	N —(JMP)	JMP N
标号	N LBL	LBL N

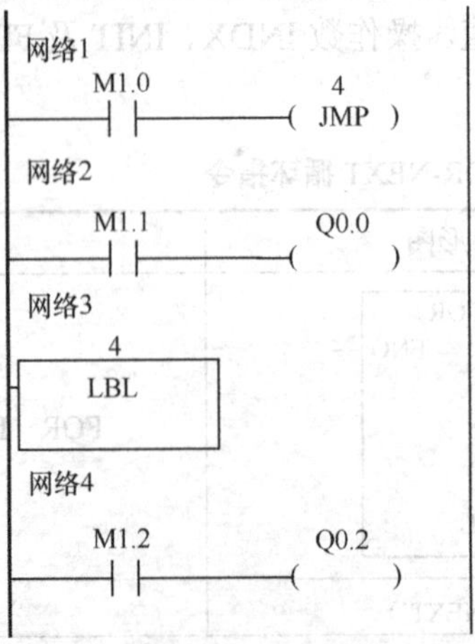

网络1

LD M1.0
JMP 4

网络2

LD M1.1
= Q0.0

网络3

LBL 4

网络4

LD M1.2
= Q0.2

（4）顺控继电器指令

顺控指令使用户能够按照自然工艺段在 LAD、FBD 或 STL 中编制状态控制程序。S7-200 PLC 提供 4 条顺序控制指令，见表 5-34。

表 5-34　　顺控指令表

梯形图	语句表	功　能	操作对象
S_bit SCR	LSCR　S_bit	顺序状态开始	S（位）
S_bit —(SCRT)	SCRT　S_bit	顺序状态转移	S（位）
—(SCRE)	SCRE	顺序状态结束	无
	CSCRE	条件顺序状态结束	无

顺控指令的操作对象是顺控继电器 S，也称作状态器。每一个 S 表示功能图的一种状态，S 的范围为 S0.0～S31.7。

装载 SCR 指令（LSCR）将 S 位的值装载到 SCR 和逻辑堆栈中。SCR 段是指从 LSCR 开始到 SCRE 指令结束的所有指令组成的一个顺序控制继电器段。LSCR 指令标记为 SCR 段的开始，当该段的状态器 S 置位时，允许该 SCR 段工作。SCR 段以 SCRE 指令结束，同时置位下一段状态器 S，开始下一段的工作。SCR 程序段的功能如下。

- 驱动处理：该段状态器有效时，要执行的任务。
- 指定转移条件与目标：满足什么条件转移到何处。
- 转移源自动复位：状态发生转移后，置位下一个状态的同时，自动复位原状态。

使用顺控继电器指令编程时，先根据控制要求分解控制步序，再确定顺序功能图结构并绘出顺序功能图，最后编写梯形图或语句表程序。关于顺序功能图的结构及绘制方法请参考相关文档资料，以下以一个实例说明顺控继电器指令编程的过程，如图 5-3 所示。

（5）子程序调用指令

子程序调用指令（CALL）将程序控制权交给子程序 SBR_N。调用子程序时可以带参数也可以不带参数。子程序执行完成后，控制权返回到调用子程序指令的下一条指令。

子程序可以带参数调用，一个子程序最多可以传递 16 个参数。参数在子程序的局部变量表中定义，参数必须有变量名（最多 23 个字符）、变量类型和数据类型，数据类型支持 BOOL、BYTE、WORD、DWORD、INT、DINT 及 REAL 等，变量类型见表 5-35。

在带参数调用子程序指令中，参数必须按照一定顺序排列，输入参数在最前面，其次是输入/输出参数，然后是输出参数。如果用语句表编程，CALL 指令的格式是：

CALL 子程序号，参数 1，参数 2，…，参数

主程序可以嵌套调用子程序（在子程序中调用子程序），最多嵌套 8 层；中断程序中不能嵌套调用子程序。子程序执行完后正常返回时，系统会自动加入无条件返回指令 RET 作为结束；同时子程序也可以有条件返回指令 CRET 终止返回。子程序调用指令见表 5-36。

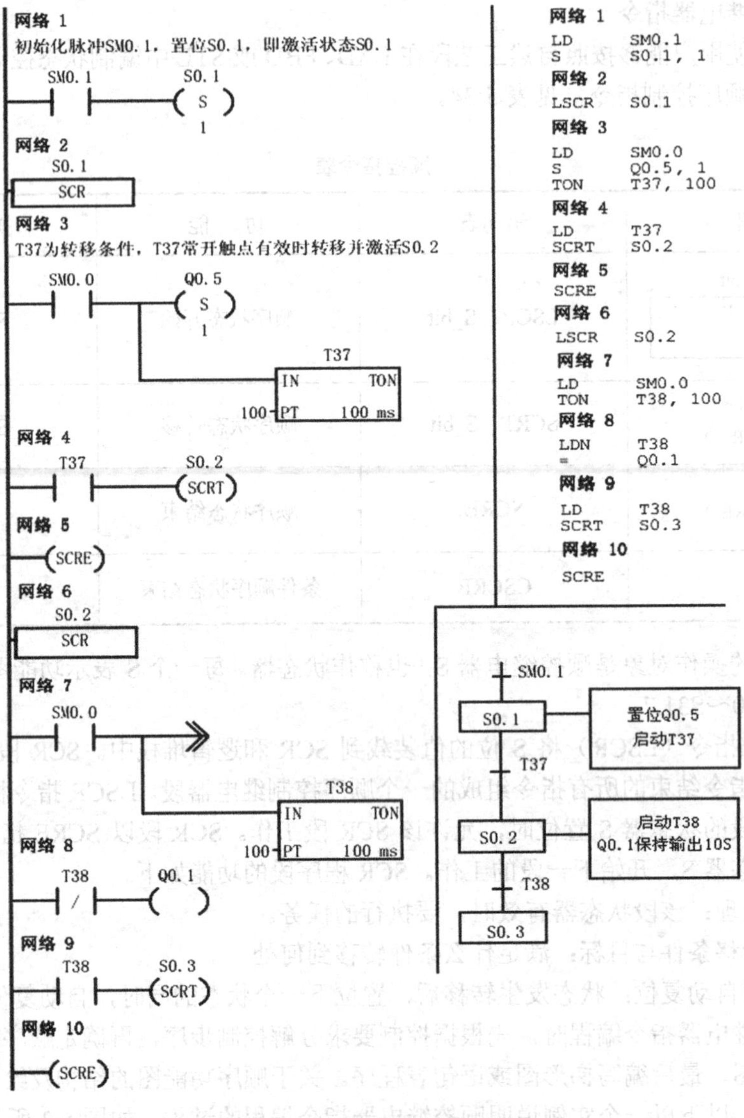

图 5-3 顺控继电器指令编程实例

表 5-35 **子程序参数类型**

参　数	描　　述
IN	参数传入子程序。如果参数是直接寻址（如：VB10），指定位置的值被传递到子程序。如果参数是间接寻址（如：*AC1），指针指定位置的值被传入子程序；如果参数是常数（如：16#1234），或者一个地址（如：&VB100），常数或地址的值被传入子程序
IN_OUT	指定参数位置的值被传到子程序，从子程序的结果值被返回到同样地址。常数（如：16#1234）和地址（如：&VB100）不允许作为输入/输出参数
OUT	从子程序来的结果值被返回到指定参数位置。常数（如：16#1234）和地址（如：&VB100）不允许作为输出参数。由于输出参数并不保留子程序最后一次执行时分配给它的数值，所以必须在每次调用子程序时将数值分配给输出参数。注意：在电源上电时，SET 和 RESET 指令只影响布尔量操作数的值
TEMP	任何不用于传递数据的局部存储器都可以在子程序中作为临时存储器使用

表 5-36　　子程序调用指令

指令名称	梯形图	语句表
子程序调用	SBR_0 EN	CALL　SBR_0
有条件返回	—(RET)	CRET

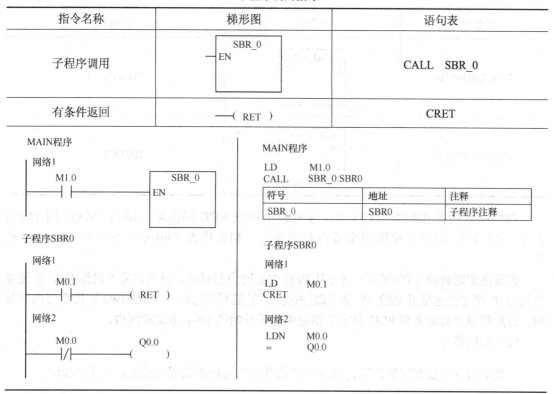

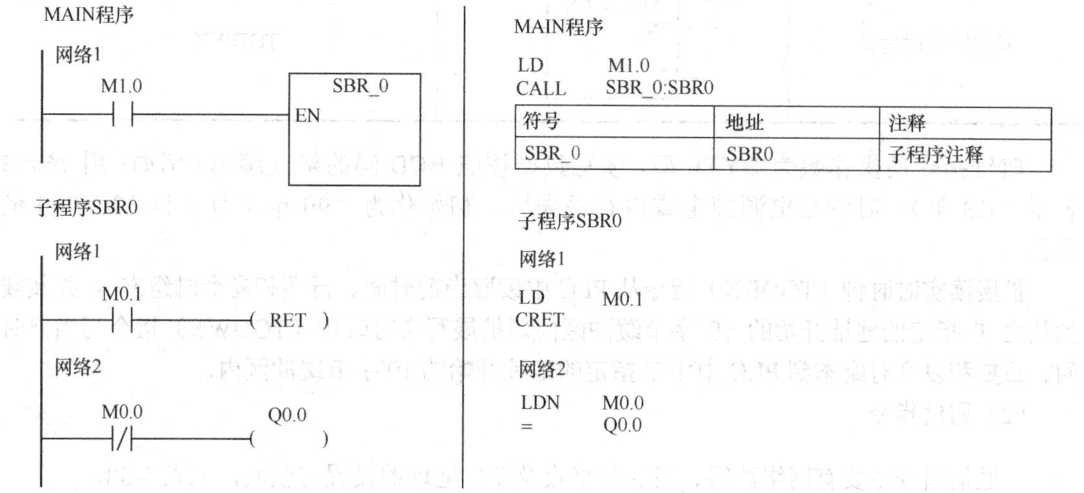
MAIN程序
网络1
M1.0
SBR_0
EN
子程序SBR0
网络1
M0.1
RET
网络2
M0.0
Q0.0
MAIN程序
LD　M1.0
CALL　SBR_0:SBR0
符号　地址　注释
SBR_0　SBR0　子程序注释
子程序SBR0
网络1
LD　M0.1
CRET
网络2
LDN　M0.0
=　Q0.0

5.2.9　特殊功能指令

S7-200 的特殊功能指令是指 PLC 的高级应用指令，主要包括时钟、通信、高速计数、高速脉冲、中断及 PID 操作指令。本小节只对这些高级应用指令做简单介绍，有关特殊功能指令的深入应用可参考《S7-200 可编程控制器系统手册》。

（1）时钟指令

时钟指令的主要功能是读写 PLC 的实时时钟，见表 5-37。读实时时钟（TODR）指令从硬件时钟中读当前时间和日期，并把它装载到一个 8 字节，起始地址为 T 的时间缓冲区中。写实时时钟（TODW）指令将当前时间和日期写入硬件时钟，当前时钟存储在以地址 T 开始的 8 字节时间缓冲区中。

表 5-37　　实时时钟指令

指令名称	梯形图	语句表
读实时时钟	READ_RTC EN ENO T	TODR　T
写实时时钟	SET_RTC EN ENO T	TODW　T

续表

指令名称	梯形图	语句表
扩展读实时时钟	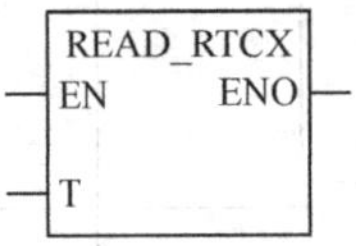	TODRX T
扩展写实时时钟	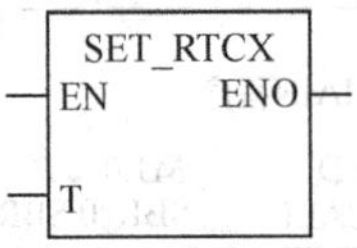	TODWX T

时钟指令的操作数为 BYTE 型，读写数据按照 BCD 码的格式编码（例如：用 16#13 表示 2013 年）。时钟在电源掉电或内存丢失后，初始化为“90 年 1 月 1 日 00:00:00 星期日”。

扩展读实时时钟（TODRX）指令从 PLC 中读取当前时间、日期和夏令时组态 ，并装载到从由 T 指定的地址开始的 19 字节缓冲区内。扩展写实时时钟（TODWX）指令写当前时间、日期和夏令时组态到 PLC 中由 T 指定的地址开始的 19 字节缓冲区内。

（2）通信指令

通信指令主要有网络读写、发送与接收及端口地址的设置与获取，见表 5-38。

表 5-38　　　　通信指令

指令名称	梯形图	语句表
网络读	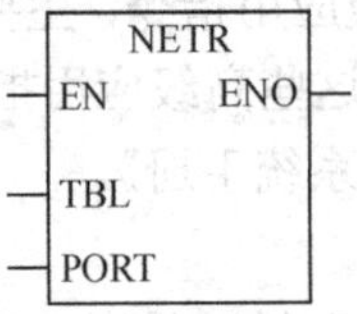	NETR TBL，PORT
网络写	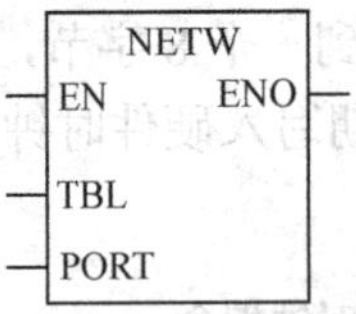	NETW TBL，PORT
发送	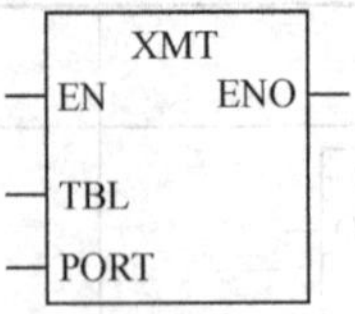	XMT TBL，PORT
接收	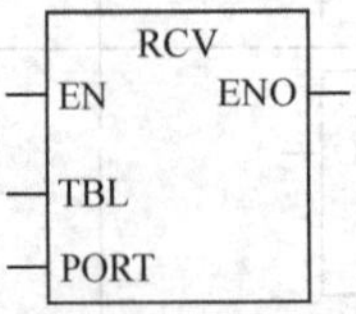	RCV TBL，PORT

续表

指令名称	梯形图	语句表
获取端口	GET_ADDR EN　ENO ADDR PORT	GPA　ADDR，PORT
设置端口	SET_ADDR EN　ENO ADDR PORT	SPA　ADDR，PORT

网络读指令（NETR）初始化一个通信操作，根据表（TBL）的定义，通过指定端口从远程设备上采集数据。网络写指令（NETW）初始化一个通信操作，根据表（TBL） 的定义，通过指定端口向远程设备写数据。网络读指令可以从远程站点读取最多 16 个字节的信息，网络写指令可以向远程站点写最多 16 个字节的信息。

网络读写指令可以由指令向导程序创建，通过在 STEP 7-Micro/WIN 命令菜单中选择工具/指令向导，并且在指令向导窗口中选择网络读写。

发送指令（XMT）用于在自由端口模式下依靠通讯口发送数据。接收指令（RCV） 启动或者终止接收消息功能。从指定通信口接收到的消息被存储在数据缓冲区（TBL）中。数据缓冲区的第一个数据指明了接收到的字节数。

接收指令必须指定开始和结束条件。接收指令一般使用接收消息控制字节（SMB87 或 SMB187）中的位来定义消息起始和结束条件。

获取端口地址指令（GPA）读取 PORT 指定的 CPU 口的站地址，并将数值放入 ADDR 指定的地址中。设置端口地址指令（SPA）将口的站地址（PORT）设置为 ADDR 指定的数值。新地址不能永久保存。重新上电后，口地址将返回到原来的地址值（用系统块下载的地址）。

（3）高速计数

高速计数指令有两条：高数计数器定义指令（HDEF）及高速计数编程指令（HSC），见表 5-39。

表 5-39　　高速计数指令

指令名称	梯形图	语句表
高速计数器定义	HDEF EN　ENO HSC MODE	HDEF　HSC，MODE
高速计数器编程	HSC EN　ENO N	HSC　N

定义高速计数器指令（HDEF）为指定的高速计数器（HSCx）选择操作模式。模块的选择决定了高速计数器的时钟、方向、启动和复位功能。对于每一个高速计数器使用一条定义高速计数器指令。

高速计数器指令（HSC）在 HSC 特殊存储器位状态的基础上，配置和控制高速计数器。参数 N 指定高速计数器的标号。每个计数器支持时钟、方向控制、重设和启动的专用输入，见表 5-40。对于两相计数器，两个时钟都可以运行在最高频率。在正交模式下，可选择一倍速（1x）或者四倍速（4x）计数速率。所有计数器都可以运行在最高频率下而互不影响。

表 5-40　　高速计数输入点

模　式	描　　述	输　　入			
	HSC0	I0.0	I0.1	I0.2	
	HSC1	I0.6	I0.7	I1.0	I1.1
	HSC2	I1.2	I1.3	I1.4	I1.5
	HSC3	I0.1			
	HSC4	I0.3	I0.4	I0.5	
	HSC5	I0.4			
0	带有内部方向控制的单相计数器	时钟			
1		时钟		复位	
2		时钟		复位	启动
3	带有外部方向控制的单相计数器	时钟	方向		
4		时钟	方向	复位	
5		时钟	方向	复位	启动
6	带有增减计数时钟的两相计数器	增时钟	减时钟		
7		增时钟	减时钟	复位	
8		增时钟	减时钟	复位	启动
9	A/B 相正交计数器	时钟 A	时钟 B		
10		时钟 A	时钟 B	复位	
11		时钟 A	时钟 B	复位	启动
12	只有 HSC0 和 HSC3 支持模式 12 HSC0 计数 Q0.0 输出的脉冲数 HSC3 计数 Q0.1 输出的脉冲数				

高速计数可以使用指令向导来配置计数器。向导使用下列信息：计数器类型和模式、计数器预设值、计数器当前值和初始计数方向。要启动 HSC 指令向导，可以在命令菜单窗口中选择工具/指令向导，然后在向导窗口中选择 HSC 指令。

对高速计数器编程，必须完成下列基本操作：

- 定义计数器和模式
- 设置控制字节
- 设置初始值
- 设置预设值
- 指定并使能中断程序
- 激活高速计数器

（4）高速脉冲

脉冲输出指令（PLS）用于在高速输出（Q0.0 和 Q0.1）上控制脉冲串输出（PTO）操作和脉宽调制（PWM）操作功能，PLS 指令见表 5-41。

表 5-41　　高速计数指令

指令名称	梯形图	语句表
高速脉冲输出	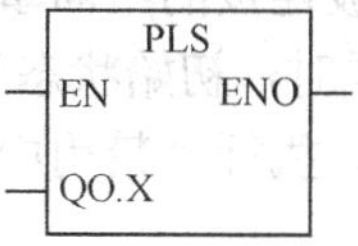	PLS　Q0.X

PTO 可以输出一串脉冲（占空比为 50%），用户可以控制脉冲的周期和个数。PWM 可以输出连续的、占空比可调的脉冲串，用户可以控制脉冲的周期和脉宽。S7-200 CPU 有两个 PTO /PWM 发生器，它们可以产生一个高速脉冲串或者一个脉宽调制信号波形。一个生成器分配给数字输出点 Q0.0，另一个生成器分配给数字输出点 Q0.1。一个指定的特殊存储（SM）位置存储每个发生器的下列数据：一个控制字节（8 位数值）、一个脉冲计数值（无符号 32 位数值）、一个周期和脉冲宽度值（无符号 16 位数值）。

PTO/PWM 生成器和进程图像寄存器共享使用 Q0.0 和 Q0.1。当 PTO 或 PWM 功能在 Q0.0 或 Q0.1 激活时，PTO/PWM 生成器控制输出，正常使用输出点功能被禁止。输出信号波形不受过程映像区状态、输出点强制值或者立即输出指令执行的影响。当不使用 PTO/PWM 发生器功能时，对输出点的控制权交回到过程映像寄存器。过程映像寄存器决定输出信号波形的起始和结束状态，以高低电平产生信号波形的启动和结束。

（5）中断操作

中断功能指令用于完成实时控制、高速处理、通信及网络等复杂的控制任务。该类指令主要有中断允许与禁止、中断连接与分离、中断返回及中断清除，见表 5-42。

表 5-42　　中断指令

指令名称	梯形图	语句表
中断允许	–(ENI)	ENI
中断禁止	–(DISI)	DISI

续表

指令名称	梯形图	语句表
中断返回	-(RETI)	CRETI
连接中断	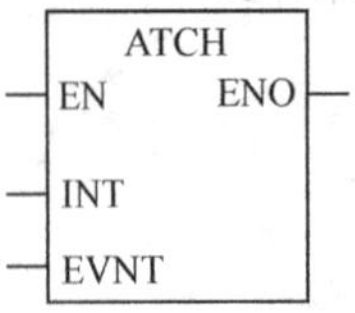	ATCH INT，EVNT
分离中断	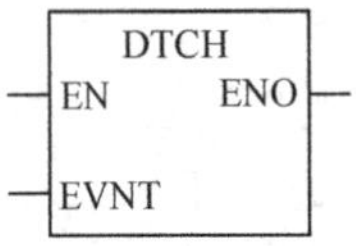	DTCH INT，EVNT
清除中断	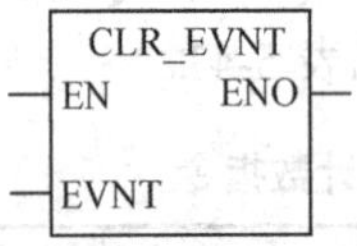	CEVNT EVNT

中断允许指令（ENI）全局地允许所有被连接的中断事件。中断禁止指令（DISI）全局地禁止处理所有中断事件。当进入 RUN 模式时，初始状态为禁止中断。在 RUN 模式，可执行全局中断允许指令（ENI）允许所有中断；执行“禁用中断”指令可禁止中断过程，但激活的中断事件仍继续排队。

中断条件返回指令（CRETI）用于根据前面的逻辑操作的条件，从中断程序中返回。

中断连接指令（ATCH）将中断事件 EVNT 与中断程序号 INT 相关联，并使能该中断事件。

中断分离指令（DTCH）将中断事件 EVNT 与中断程序之间的关联切断，并禁止该中断事件。

清除中断事指令从中断队列中清除所有 EVNT 类型的中断事件。使用此指令从中断队列中清除不需要的中断事件。如果此指令用于清除假的中断事件，在从队列中清除事件之前要首先分离事件。否则，在执行清除事件指令之后，新的事件将被增加到队列中。

（6）PID 指令

PID 是基于经典控制理论，并经过长期工程实践形成的应用最广泛的工业控制器。S7-200 CPU 提供 PID 回路指令（包含比例、积分、微分回路），可以用来进行 PID 运算。该指令有两个操作数：作为回路表起始地址的“表”地址 TBL 和从 0 到 7 的常数的回路编号 LOOP，见表 5-43。

表 5-43　　PID 指令

指令名称	梯形图	语句表
PID 指令	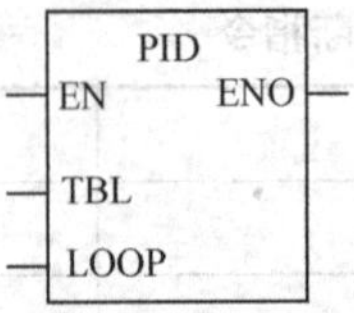	PID TBL，LOOP

回路表包含 9 个参数，用来控制和监视 PID 运算。这些参数分别是过程变量当前值(PV_n)，过程变量前值（PV_{n-1}），设定值（SP_n），输出值（M_n），增益（K_c），采样时间（T_s），积分时间（TI），微分时间（TD ）和积分项前值（MX）。

为了让 PID 运算以预想的采样频率工作，PID 指令必须用在定时发生的中断程序中，或者用在主程序中被定时器所控制以一定频率执行。采样时间必须通过回路表输入到 PID 运算中。

STEP7-Micro/WIN 提供了 PID 指令向导，指导定义一个闭环控制过程的 PID 算法。在命令菜单中选择工具/指令向导，然后在指令向导窗口中选择 PID 指令。同时，可以使用 PID 整定控制面板调试及自整定 PID 回路。

5.3 S7-200 PLC 编程实例

本节主要介绍几个 S7-200 编程实例，以助于理解及掌握 S7-200 编程指令。

5.3.1 液体混合模拟控制

（1）控制要求

用 PLC 构成液体混合控制系统如图 5-4 所示，按下起动按钮，电磁阀 Y1 闭合，开始注入液体 A，按 L2 表示液体到了 L2 的高度，停止注入液体 A。同时电磁阀 Y2 闭合，注入液体 B，按 L1 表示液体到了 L1 的高度，停止注入液体 B，开启搅拌机 M，搅拌 4s，停止搅拌。同时 Y3 为 ON，开始放出液体至液体高度为 L3，再经 2s 停止放出液体。同时液体 A 注入。开始循环。按停止按扭，所有操作都停止，须重新启动。

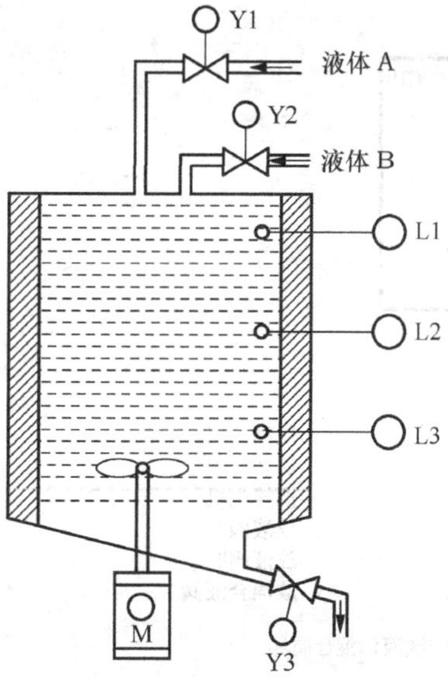

图 5-4 液体混合控制示意图

（2）I/O 分配

根据系统控制要求 PLC 输入输出口定义见表 5-44。

表 5-44　　　　　　　　液体混合控制系统 I/O 分配

输　入		输　出	
启动按钮 B1	I0.0	Y1	Q0.1
停止按钮 B2	I0.4	Y2	Q0.2
L1 按钮	I0.1	Y3	Q0.3
L2 按钮	I0.2	M	Q0.4
L3 按钮	I0.3		

（3）参考程序及注解

网络 1　　启动系统

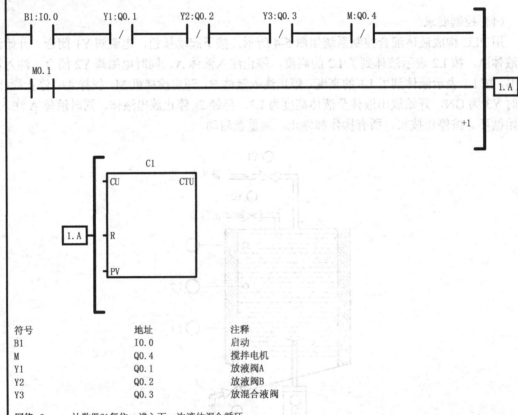

B1为系统启动，当按下B1按钮后，系统开始工作，C1计数一次后，系统C1映射区数据为1，这里用到计数器C1，主要功能是控制系统循环，大家仔细体会。

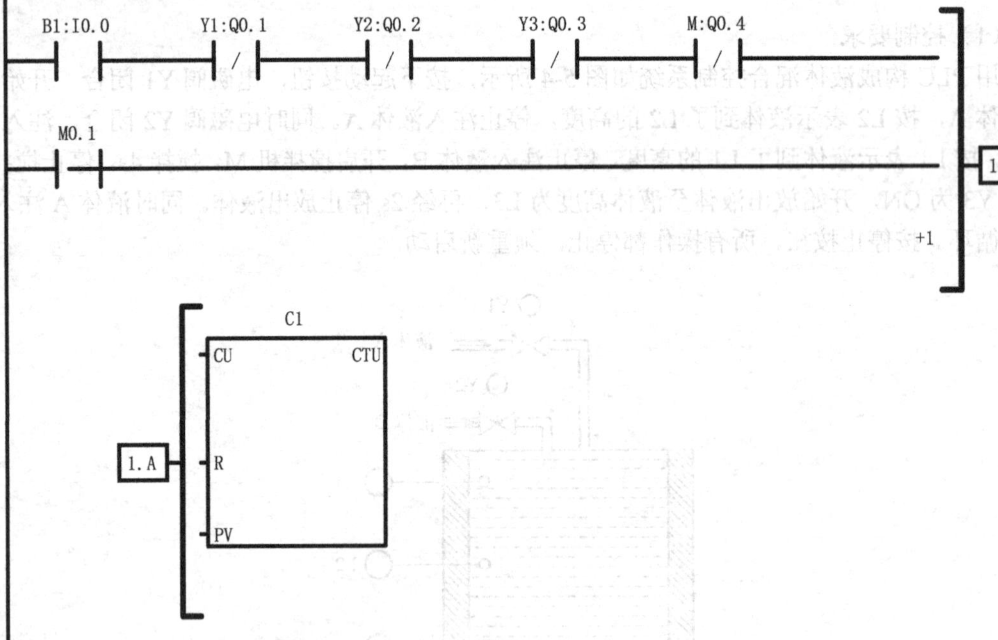

符号	地址	注释
B1	I0.0	启动
M	Q0.4	搅拌电机
Y1	Q0.1	放液阀A
Y2	Q0.2	放液阀B
Y3	Q0.3	放混合液阀

网络 2　　计数器C1复位，进入下一次液体混合循环

在液体混合好后，打开放混合液阀Y3的上升沿时刻置位M0.1；M0.1=1，则C1立即复位，开始下一次的混合循环

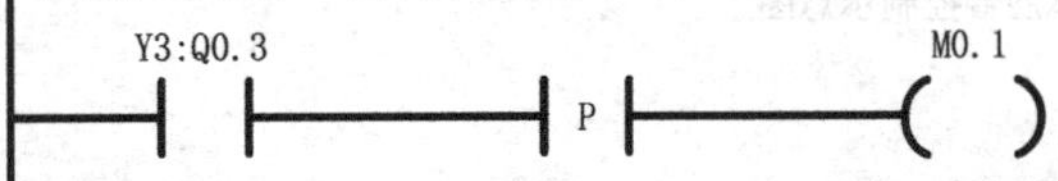

符号	地址	注释
Y3	Q0.3	放混合液阀

网络 3

系统启动，C1=1，在C1=1的上升沿M10.0输出1；这里M10.6的功能是 当每一次液体混合顺控到最后一个状态时Y3动作，从而C1复位，因此使用M10.6使移位的状态值重新回到M10.0

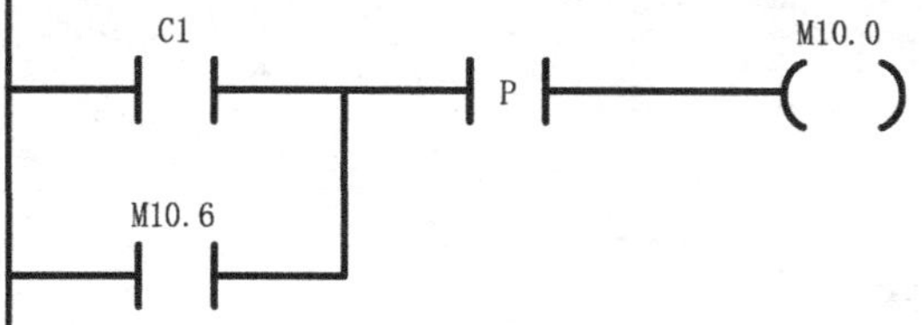

网络 4 模拟液体混合顺序控制

从M10.1开始到M10.5 表示液体混合的5个顺控状态。当某一个状态控制完成后，启动移位指令，置"1"下一个状态，把其他状态置"0"，移位指令的用处就是起到顺控状态的传递。

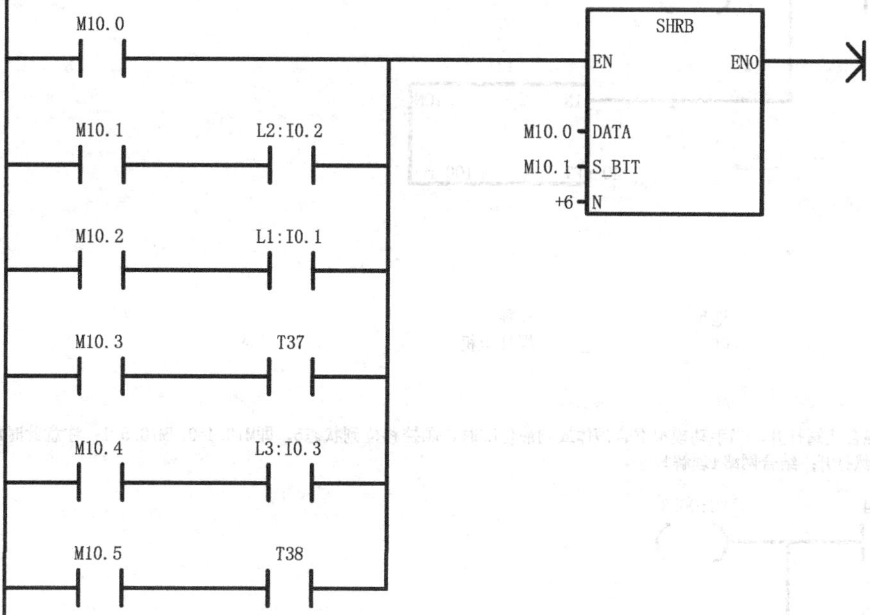

符号	地址	注释
L1	I0.1	液位1
L2	I0.2	液位2
L3	I0.3	液位3

网络 5 从网络5到网络9完成液体混合的各个状态的顺序控制，大家仔细体会！

状态1，放液阀A打开，当手动模拟液体A到液位L2时，L2开关打开，顺控移位到状态2，即M10.1=0，M10.2=1，放液阀A关闭；结合网络4理解！

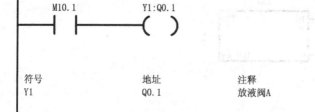

符号	地址	注释
Y1	Q0.1	放液阀A

网络 6

状态2，放液阀B打开，当手动模拟液体B到液位L1时，L1开关打开，顺控移位到状态3，即M10.2=0，M10.3=1，放液阀B关闭；结合网络4理解！

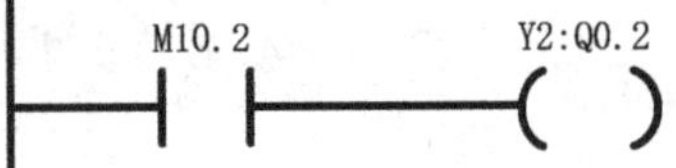

符号	地址	注释
Y2	Q0.2	放液阀B

网络 7

状态3，搅拌电机M打开，4s后，顺控移位到状态4，即M10.3=0，M10.4=1，搅拌电机M关闭；结合网络4理解！

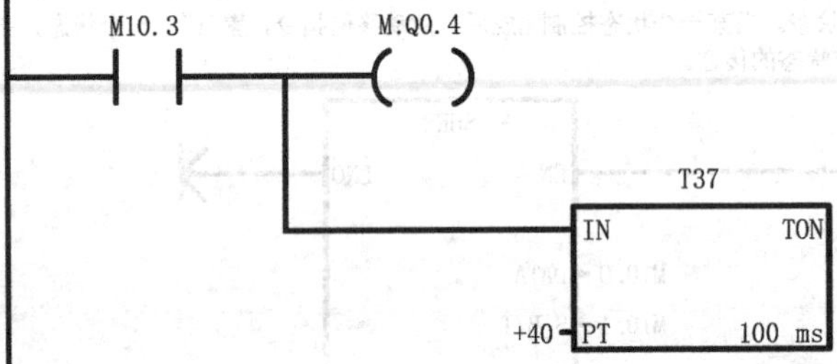

符号	地址	注释
M	Q0.4	搅拌电机

网络 8

状态4，放混合液阀打开，当手动模拟混合液体放到液位L3时，顺控移位到状态5，即M10.4=0，M10.5=1；注意此时放混合液阀仍然打开；结合网络4理解！

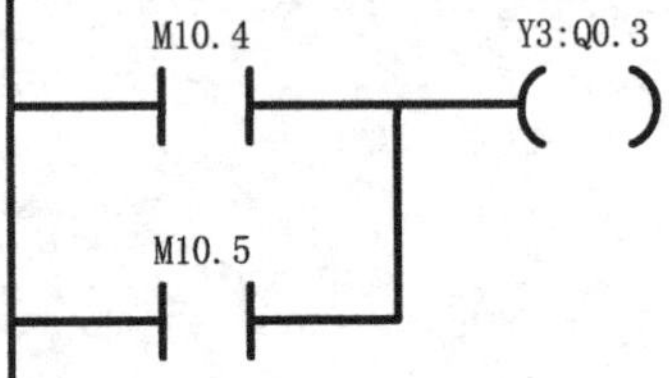

符号	地址	注释
Y3	Q0.3	放混合液阀

网络 9

状态5，2秒后，即M10.5=0，M10.6=1放混合液阀Y3关闭；结合网络4理解，并从新理解网络3，进入下一个循环！

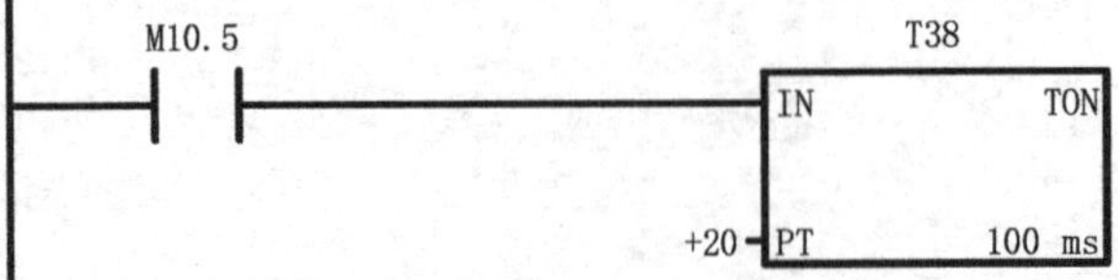

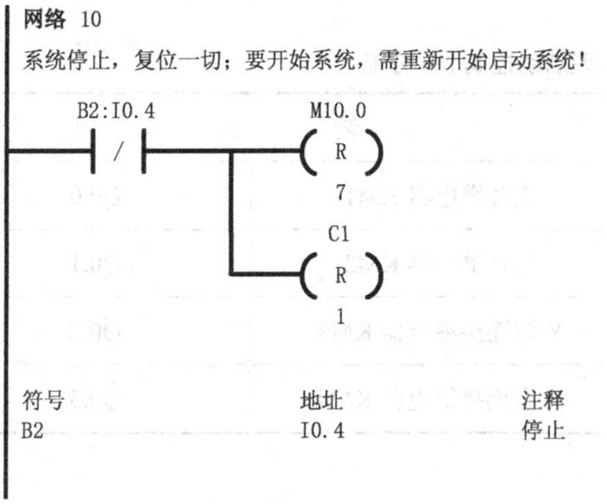

5.3.2 交流电机 Y/△型启动控制

（1）控制要求

用 PLC 构成交流电机 Y/△型起动控制如图 5-5 所示。电机可以正转启动和反转启动，且正、反转可以切换，即在正转时可直接按下反转启动按钮，电机即可开始反转，同时切断正转电路，反之亦可。启动时，要求电机先为“Y”型连接，过一段时间再变成“△”型连接运行。另外，还要有系统停止按钮。

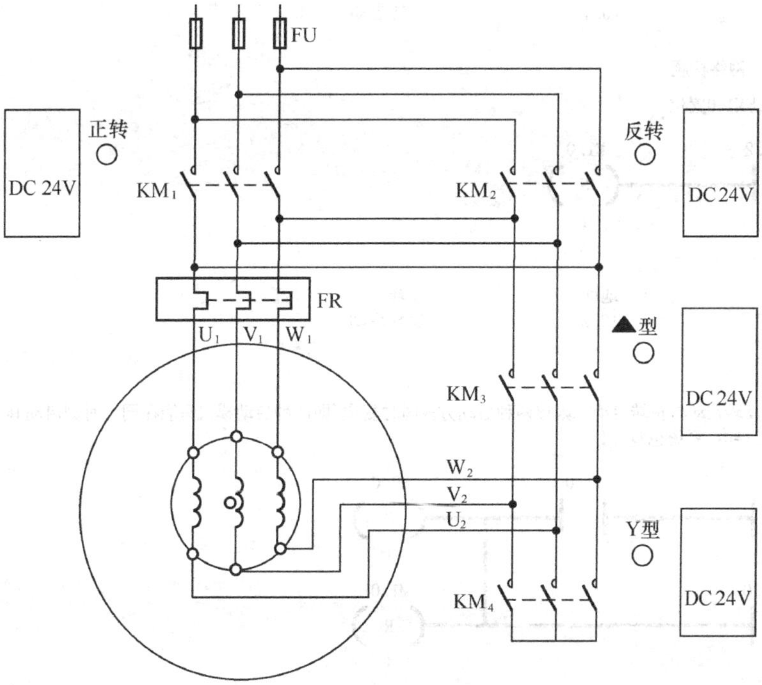

图 5-5 交流电机 Y/△型启动控制示意图

（2）I/O 分配

根据系统控制要求 PLC 输入输出口定义见表 5-45。

表 5-45　　交流电机 Y/△型启动控制 I/O 分配

输　入		输　出	
停止 B1	I0.0	正转继电器 KM1	Q0.0
正传启动 B2	I0.1	反转继电器 KM2	Q0.1
反转启动 B3	I0.2	Y 型连接继电器 KM3	Q0.2
		△型连接继电器 KM4	Q0.3

（3）参考程序及注解

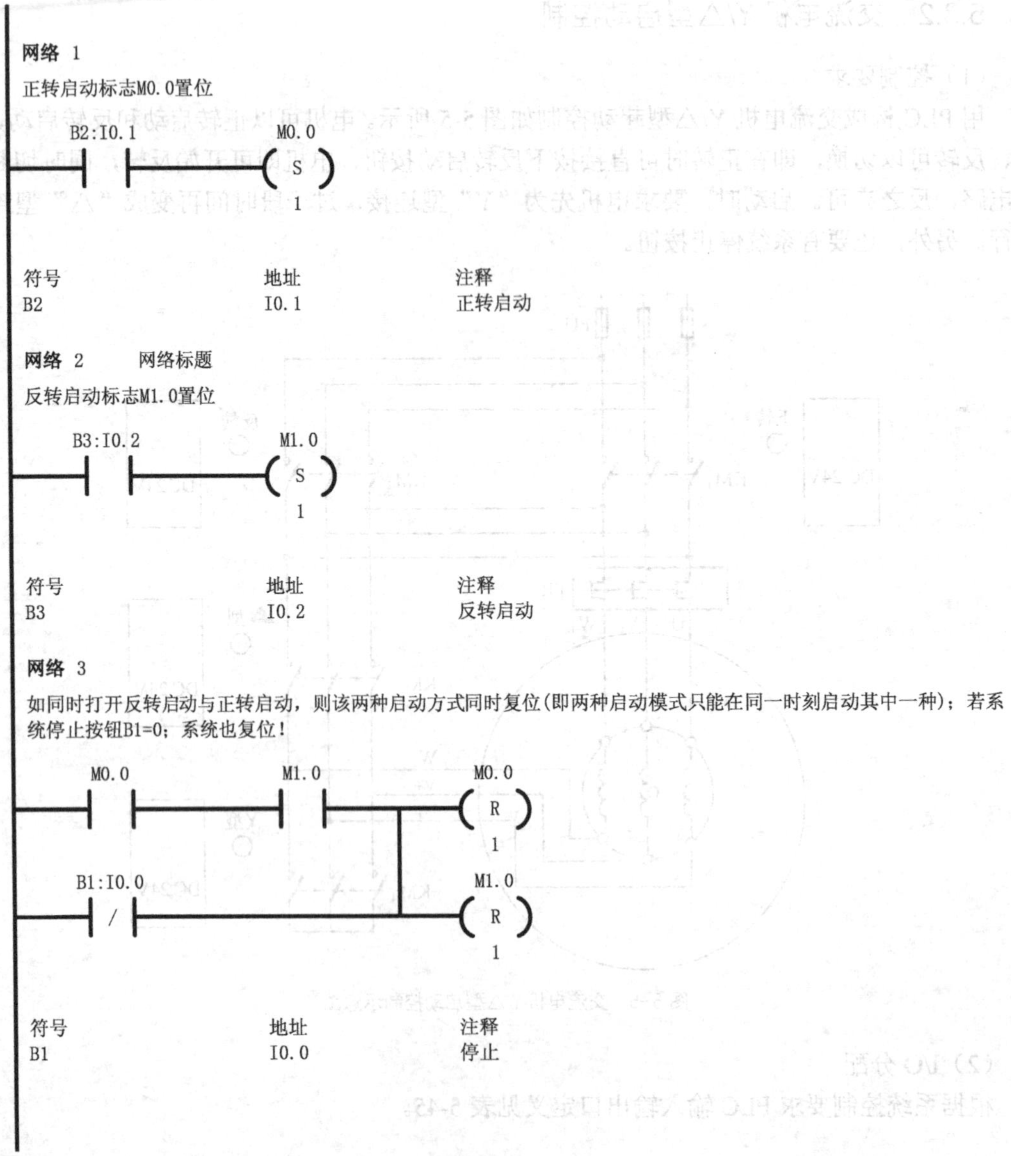

网络 4

正转启动模式，打开正转继电器，电机在Y型模式下正转5s（M2.0=1，Y型继电器打开），结合网络6理解！5s后M3.0=1，三角型继电器打开，电机在三角型模式下正转，结合网络7理解！

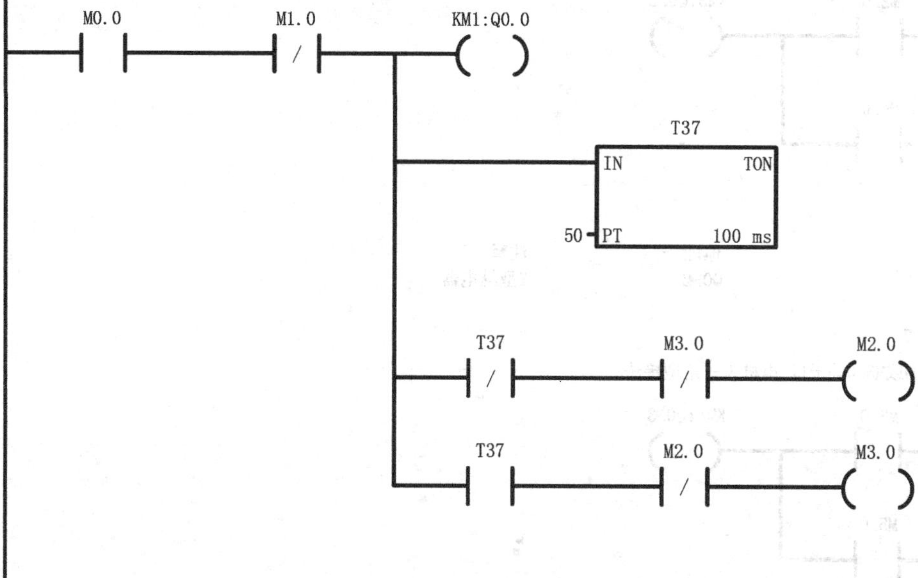

符号	地址	注释
KM1	Q0.0	正转继电器

网络 5

反转启动模式，打开反转继电器，电机在Y型模式下正转5s（M4.0=1，Y型继电器打开），结合网络6理解！5s后M5.0=1，三角型继电器打开，电机在三角型模式下正转，结合网络7理解！

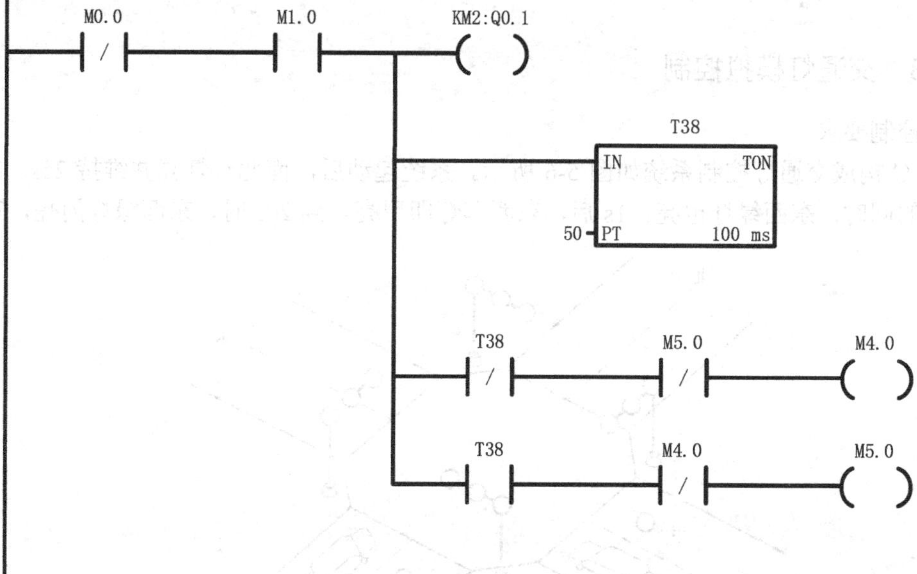

符号	地址	注释
KM2	Q0.1	反转继电器

网络 6

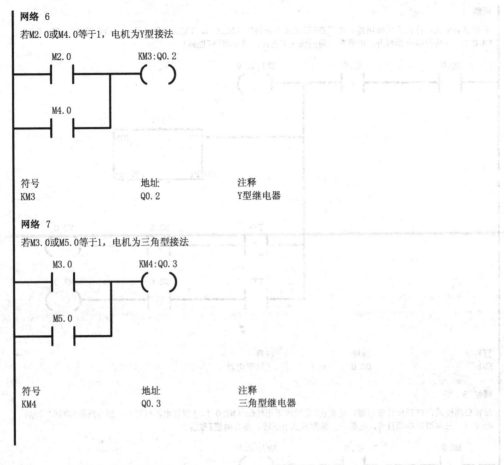

若M2.0或M4.0等于1，电机为Y型接法

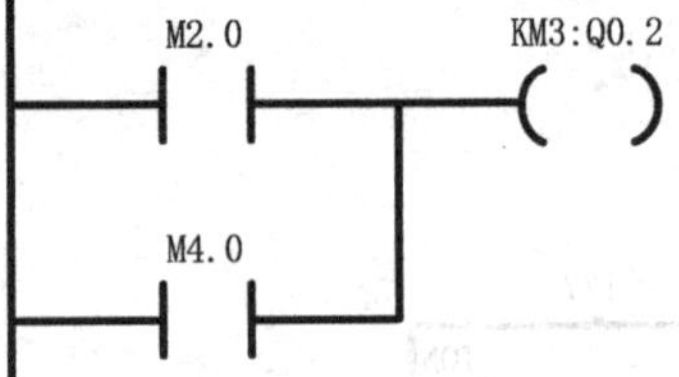

符号	地址	注释
KM3	Q0.2	Y型继电器

网络 7

若M3.0或M5.0等于1，电机为三角型接法

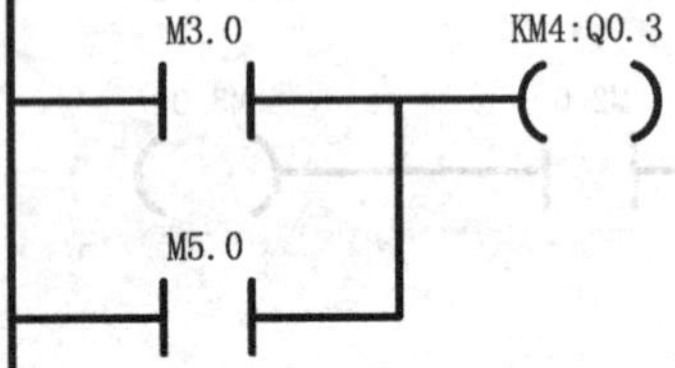

符号	地址	注释
KM4	Q0.3	三角型继电器

5.3.3 交通灯模拟控制

（1）控制要求

用 PLC 构成交通灯控制系统如图 5-6 所示。系统起动后，南北红灯亮并维持 25s。在南北红灯亮的同时，东西绿灯也亮，1s 后，东西车灯即甲亮。到 20s 时，东西绿灯闪亮，3s 后

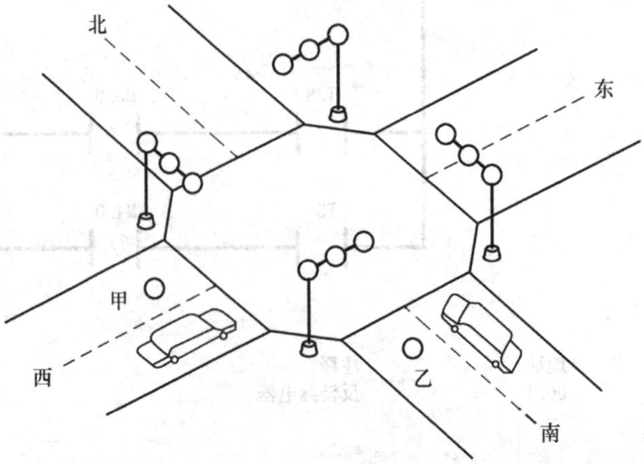

图 5-6 交通灯控制系统示意图

熄灭，在东西绿灯熄灭后东西黄灯亮，同时甲灭。黄灯亮 2s 后灭东西红灯亮。与此同时，南北红灯灭，南北绿灯亮。1s 后，南北车灯即乙亮。南北绿灯亮了 25s 后闪亮，3s 后熄灭，同时乙灭，黄灯亮 2s 后熄灭，南北红灯亮，东西绿灯亮，循环。

（2）I/O 分配

根据系统控制要求 PLC 输入输出口定义见表 5-46。

表 5-46　　交通灯控制系统 I/O 分配

输　入		输　出	
启动 B1	I0.0	南北红灯	Q0.0
停止 B2	I0.1	南北黄灯	Q0.1
		南北绿灯	Q0.2
		东西红灯	Q0.3
		东西黄灯	Q0.4
		东西绿灯	Q0.5
		乙车灯	Q0.6
		甲车灯	Q0.7

（3）参考程序及注解

控制要求：南北红灯亮时，东西立即绿灯。南北红灯1s时，东西车流示意甲车灯亮，南北红灯20s时，东西绿灯闪亮，南北红灯23s时，东西绿灯灭，黄灯闪亮，并且东西车流甲车灯灭，红灯25s时，南北绿灯亮，东西红灯亮；东西红灯1s时，南北车流示意乙车灯亮，东西红灯25s时，南北绿灯闪亮，东西红灯28s时，南北绿灯灭，黄灯闪亮，并且东西车流甲车灯灭，东西红灯30s时，南北与东西交通灯控制交替！

网络 1

启动停止电路：完成启动后的自锁功能，及启动后再次按启动按钮B1，M0.0的状态不变，M0.0作为一个启动标志位（M0.0=1，启动；M0.0=0，停止）。

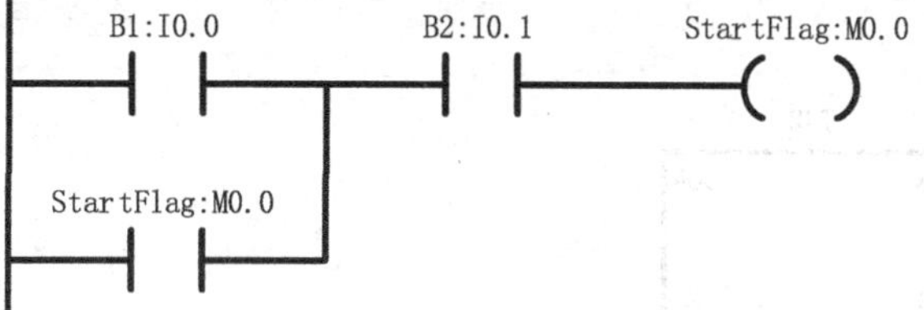

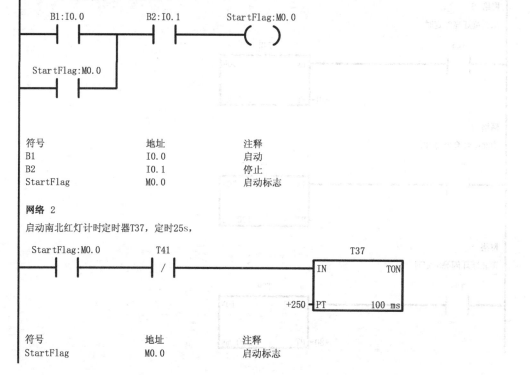

符号	地址	注释
B1	I0.0	启动
B2	I0.1	停止
StartFlag	M0.0	启动标志

网络 2

启动南北红灯计时定时器T37，定时25s，

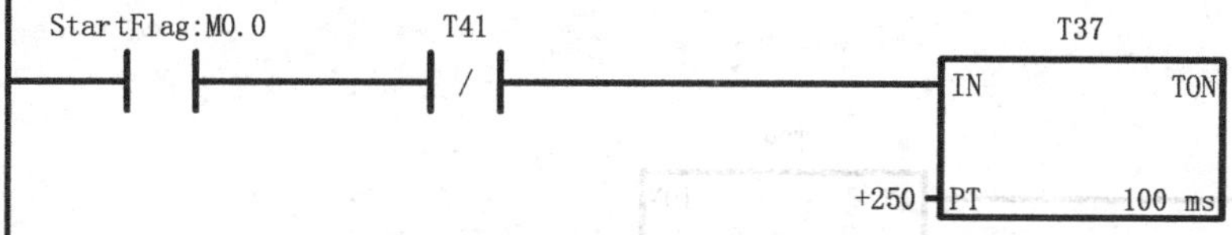

符号	地址	注释
StartFlag	M0.0	启动标志

网络 3

启动东西红灯计时定时器T41，T37先启动，25s后启动T41，30s后又重新启动T37，从而实现T37与T41的循环定时，网络2与网络3实现25s与30s的循环定时（先南北红灯25s，再东西红灯30s）；大家仔细体会！

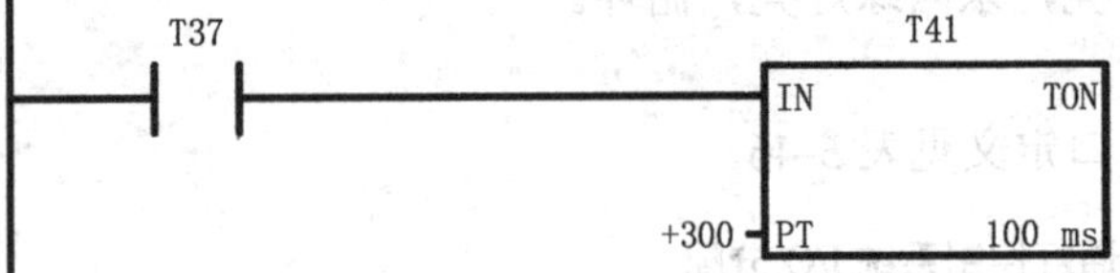

网络 4

东西绿灯亮20s定时

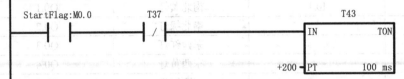

符号	地址	注释
StartFlag	M0.0	启动标志

网络 5

东西绿灯闪亮3s定时

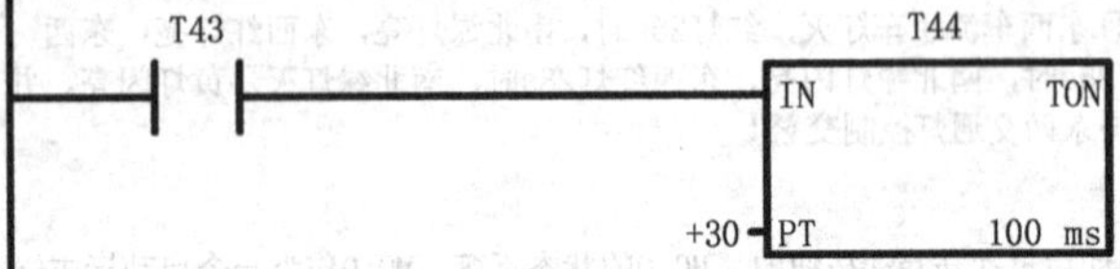

网络 6

东西黄灯亮2s定时

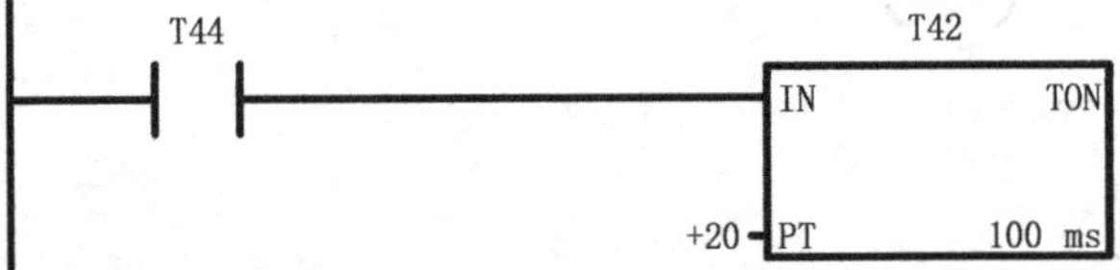

网络 7

南北绿灯亮25s定时

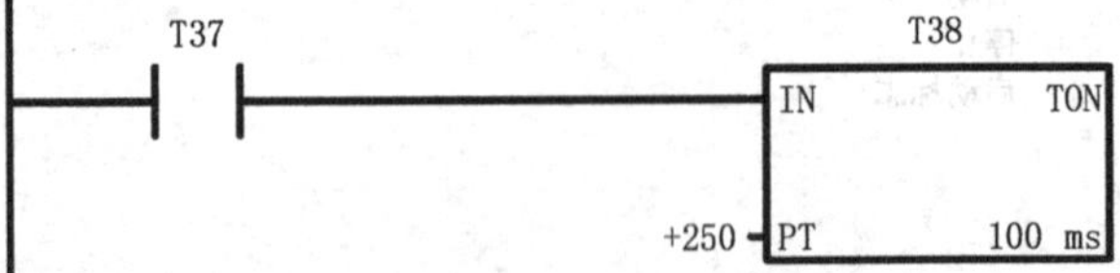

网络 8

南北绿灯闪亮3s定时

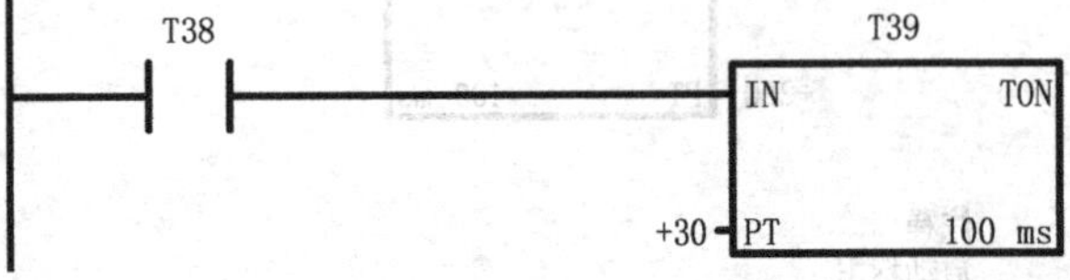

网络 9

南北黄灯亮2s定时

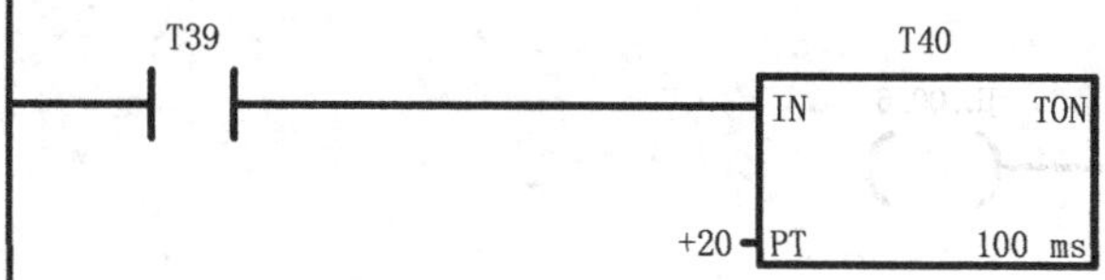

网络 10

南北红灯亮25s

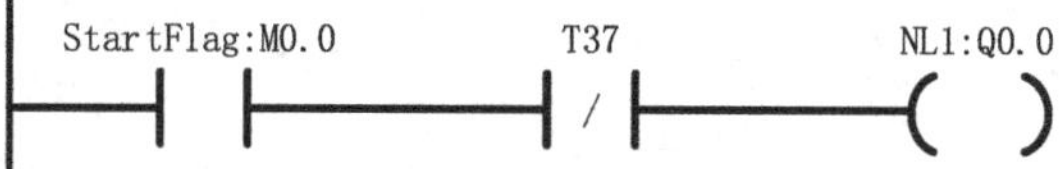

符号	地址	注释
NL1	Q0.0	南北红灯
StartFlag	M0.0	启动标志

网络 11

东西红灯亮30s，这里需要注意，因为T37与T41实现了25s与30s的交替开启循环，因此对于T37的常闭触点闭合25s，定时25s后，常闭触点断开，常开触点闭合，T41工作30s后，常闭触点闭合，常开触点断开。

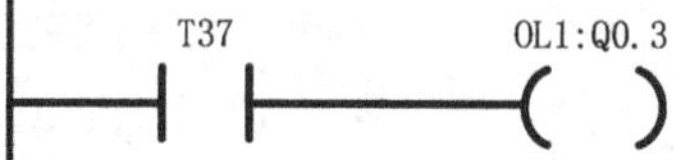

符号	地址	注释
OL1	Q0.3	东西红灯

网络 12

东西绿灯亮20s后，再闪烁3s

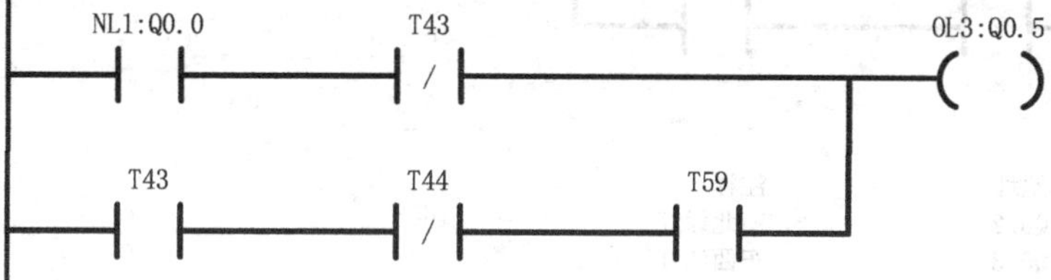

符号	地址	注释
NL1	Q0.0	南北红灯
OL3	Q0.5	东西绿灯

网络 13

乙车灯在绿灯亮时推迟1s定时

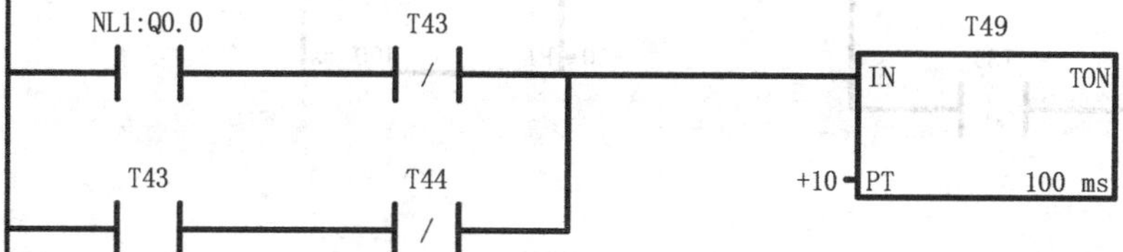

符号	地址	注释
NL1	Q0.0	南北红灯

网络 14

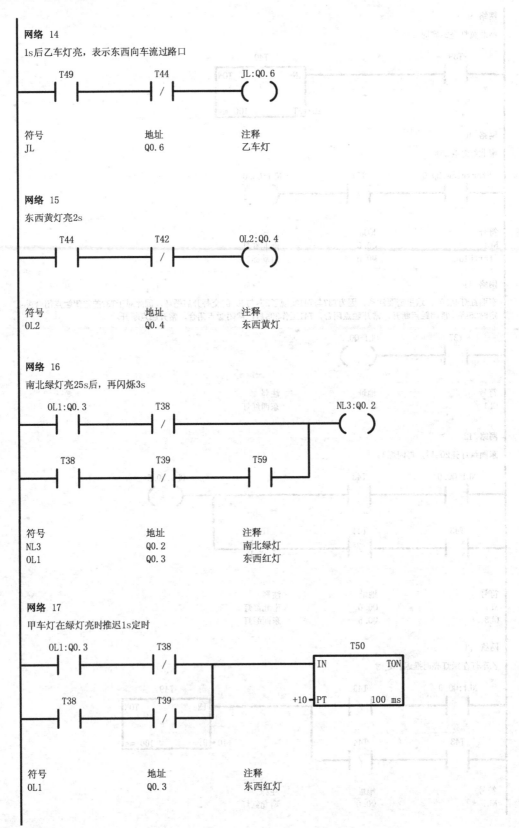

1s后乙车灯亮，表示东西向车流过路口

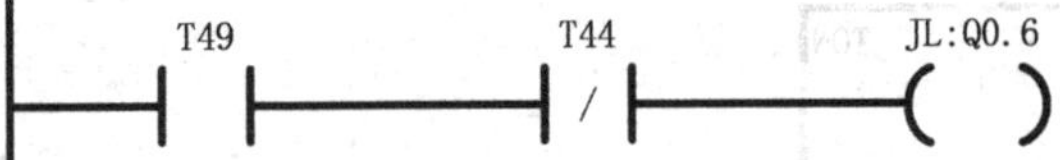

符号	地址	注释
JL	Q0.6	乙车灯

网络 15

东西黄灯亮2s

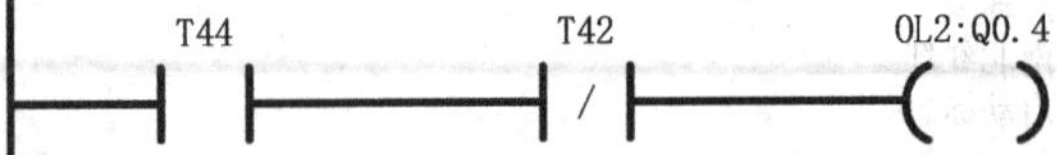

符号	地址	注释
OL2	Q0.4	东西黄灯

网络 16

南北绿灯亮25s后，再闪烁3s

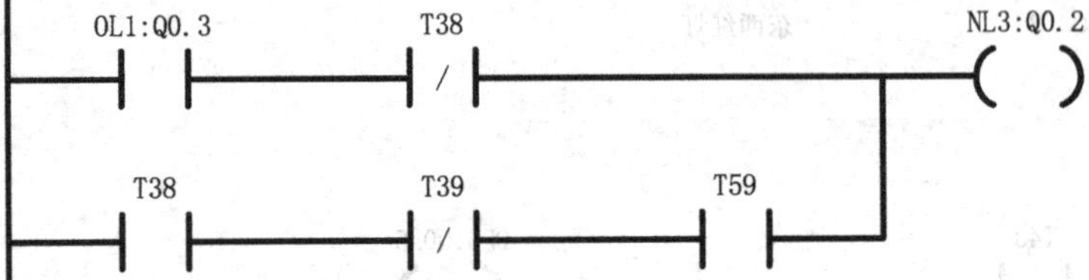

符号	地址	注释
NL3	Q0.2	南北绿灯
OL1	Q0.3	东西红灯

网络 17

甲车灯在绿灯亮时推迟1s定时

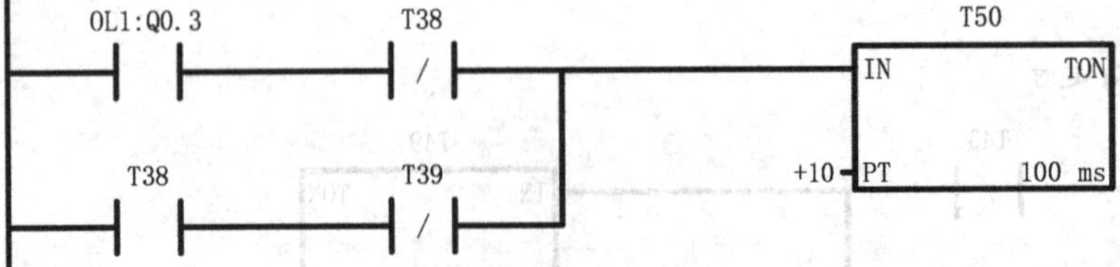

符号	地址	注释
OL1	Q0.3	东西红灯

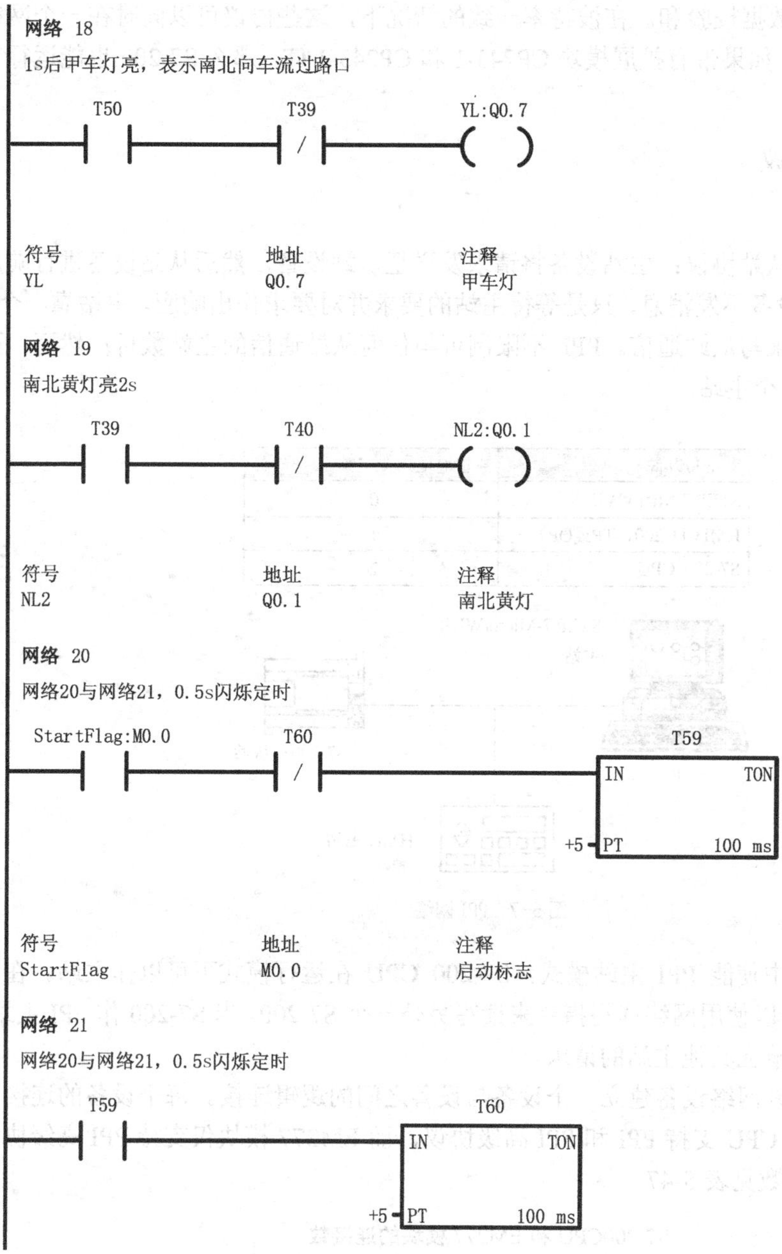

5.4 S7-200 PLC 网络通信技术

S7-200 可以满足通信和网络的需求，不仅支持简单的网络，而且支持比较复杂的网络。本节主要对 S7-200 支持的网络协议及组网方式做简单介绍。

S7-200 CPU 支持点对点接口（PPI）、多点接口（MPI）及 PROFIBUS 协议。根据开放式系统互连（OSI）7 层模型通信架构，这些协议在令牌环网络上实现，它们遵守欧洲标准 EN50170 中定义的 PROFIBUS 标准。这些协议是带一个停止位、八个数据位、偶校验和一个停止位的异步、基于字符的协议。通信结构依赖于特定的起始字符和停止字符、源和目地网络地址，报文长度和数据校验和。在波特率一致的情况下，这些协议可以同时在一个网络上运行，并且互不干扰。如果带有扩展模块 CP243-1 和 CP243-1 IT，那么 S7-200 也能运行在以太网上。

5.4.1 网络协议

（1）PPI 协议

PPI 是一个主站-从站协议：主站设备将请求发送至从站设备，然后从站设备进行响应，如图 5-7 所示。从站设备不发消息，只是等待主站的要求并对要求作出响应。主站靠一个 PPI 协议管理的共享连接来与从站通信。PPI 不限制可与任何从站通信的主站数目；然而，不能在网络上安装超过 32 个主站。

S7-200设备	缺省地址
STEP 7-Micro/WIN	0
HMI（TD200、TP或OP）	1
S7-200 CPU	2

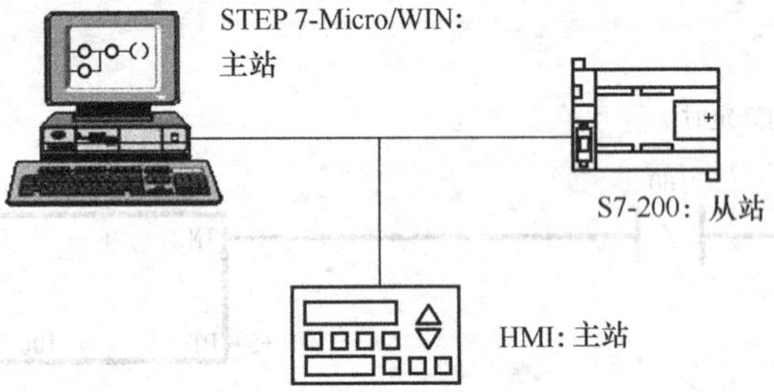

图 5-7　PPI 网络

如果在用户程序中使能 PPI 主站模式，S7-200 CPU 在运行模式下可以作主站。在使能 PPI 主站模式之后，可以使用网络读写指令来读写另外一个 S7-200。当 S7-200 作 PPI 主站时，它仍然可以作为从站响应其他主站的请求。

PPI 高级协议允许网络设备建立一个设备与设备之间的逻辑连接。每个设备的连接个数是有限制的。S7-200 CPU 支持 PPI 和 PPI 高级协议，而 EM277 模块仅支持 PPI 高级协议。S7-200 支持的连接个数见表 5-47。

表 5-47　　S7-200CPU 和 EM277 模块的连接数

模　块	波特率	连接个数
S7-200 CPU 端口 0	9.6K、19.2K、187.5K	4
端口 1	9.6K、19.2K、187.5K	4
EM277	9.6K～12M	6

（2）MPI 协议

MPI 允许主-主通信和主-从通信，如图 5-8 所示。要与一个 S7-200 CPU 通信，STEP 7-Micro/WIN 建立主-从连接。MPI 协议不能与作为主站的 S7-200 CPU 通信。对于 MPI 协议，S7-300 和 S7-400 PLC 可以用 XGET 和 XPUT 指令来读写 S7-200 的数据。

（3）PROFIBUS 协议

PROFIBUS 协议通常用于实现与分布式 I/O（远程 I/O）的高速通信。可以使用不同厂家的 PROFIBUS 设备。这些设备包括简单的输入或输出模块、电机控制器和 PLC 等。PROFIBUS 网络通常有一个主站和若干个 I/O 从站，如图 5-9 所示。

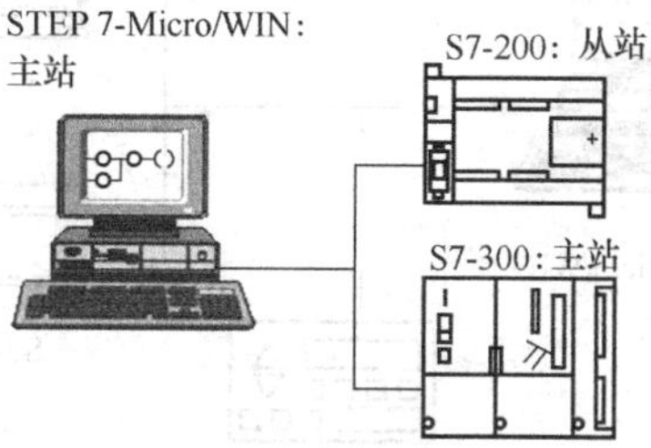

图 5-8　MPI 网络

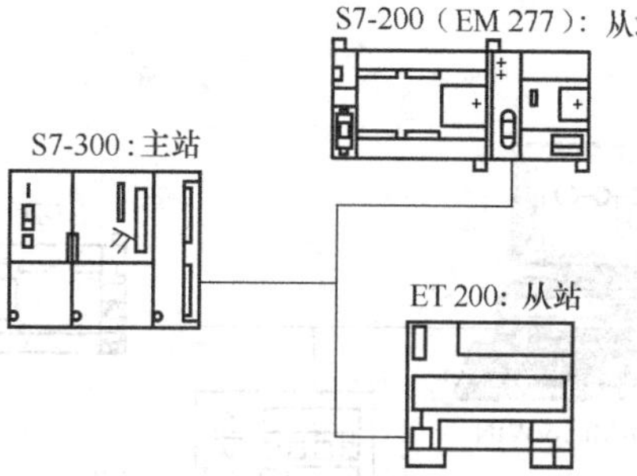

图 5-9　PROFIBUS 网络

主站设备通过组态可以知道 I/O 从站的类型和站号，网络上按照各站点的地址顺序组成一个逻辑令牌环，令牌从低地址到高地址传递。主站初始化网络使网络上的从站设备与组态相匹配，获得令牌的主站在拥有令牌期间不断地读写属于它的从站的数据。

（4）TCP/IP

通过以太网扩展模块（CP243-1）或互联网扩展模块（CP243-1 IT），S7-200 将能支持 TCP/IP 以太网通信。表 5-48 列出了这些模块所支持的波特率和连接数。

表 5-48　　以太网（CP243-1）和互联网（CP243-1 IT）模块的连接数

模　块	波特率	连　接
CP243-1	10～100M	8 个普通连接
CP243-1 IT		1 个 STEP 7-Micro/WIN

5.4.2　组网实例

（1）PPI 网络

对于简单的单主站网络来说，编程站可以通过 PPI 多主站电缆或编程站上的通信处理器（CP）卡与 S7-200CPU 进行通讯。在图 5-10 所示的单主站 PPI 网络实例中，编程站（STEP7-Micro/WIN）是网络的主站，人机界面（HMI）设备（例如：TD200、TP 或者 OP）是网络的主站，S7-200 CPU 都是从站响应来自主站的要求。对于单主站 PPI 网络，需要组态 STEP 7-Micro/WIN 使用 PPI 协议。如果可能的话，请不要选择多主站网络，也不要选中 PPI 高级选框。

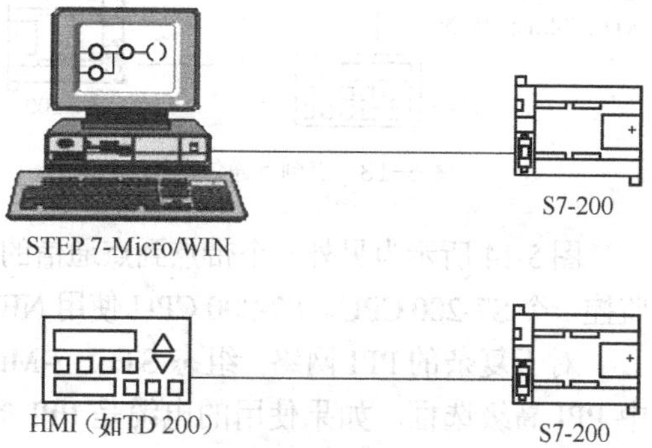

图 5-10　单主站 PPI 网络

对于多主站 PPI 网络，如图 5-11、图 5-12

所示。图 5-11 中给出了有一个从站的多主站网络示例。编程站（STEP 7-Micro/WIN）可以选用 CP 卡或 PPI 多主站电缆。STEP 7-Micro/WIN 和 HMI 共享网络。STEP 7-Micro/WIN 和 HMI 设备都是网络的主站，它们必须有不同的网络地址。如果使用 PPI 多主站电缆，那么该电缆将作为主站，并且使用 STEP 7-Micro/WIN 提供给它的网络地址，S7-200 CPU 将作为从站。

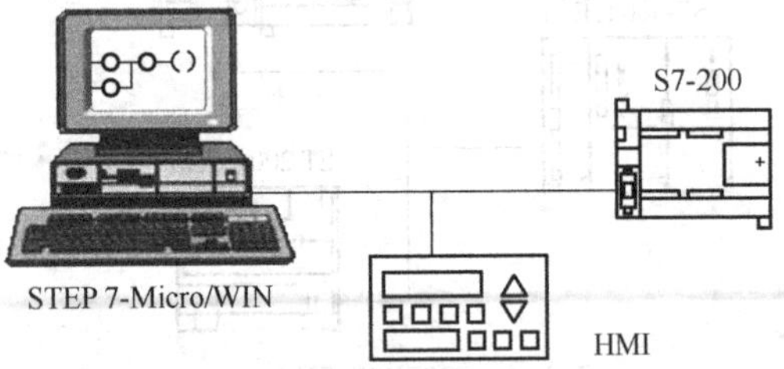

图 5-11 单从站和多主站 PPI 网络

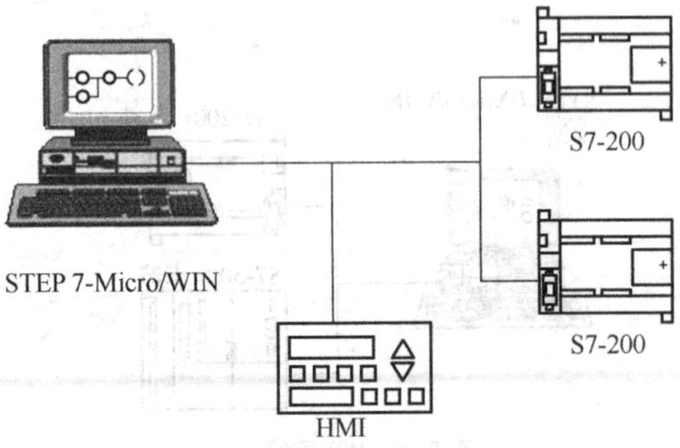

图 5-12 多从站和多主站 PPI 网络

图 5-12 中给出了多个主站和多个从站进行通信的 PPI 网络实例。在例子中，STEP 7-Micro/WIN 和 HMI 可以对任意 S7-200 CPU 从站读写数据。STEP 7-Micro/WIN 和 HMI 共享网络。所有设备（主站和从站）有不同的网络地址。如果使用 PPI 多主站电缆，那么该电缆将作为主站，并且使用 STEP 7-Micro/WIN 提供给它的网络地址，S7-200 CPU 将作为从站。对于带多个主站和一个或多个从站的网络，需组态 STEP 7-Micro/WIN 以使用 PPI 协议，使能多主网络并选中 PPI 高级选框。如果您使用的电缆是 PPI 多主站电缆，那么多主网络和 PPI 高级选框便可以忽略。

对于复杂 PPI 网络，如图 5-13、图 5-14 所示。图 5-13 给出了一个带点到点通信的多主网络。STEP 7-Micro/WIN 和 HMI 通过网络读写 S7-200CPU，同时 S7-200 CPU 之间使用网络读写指令相互读写数据（点到点通信）。

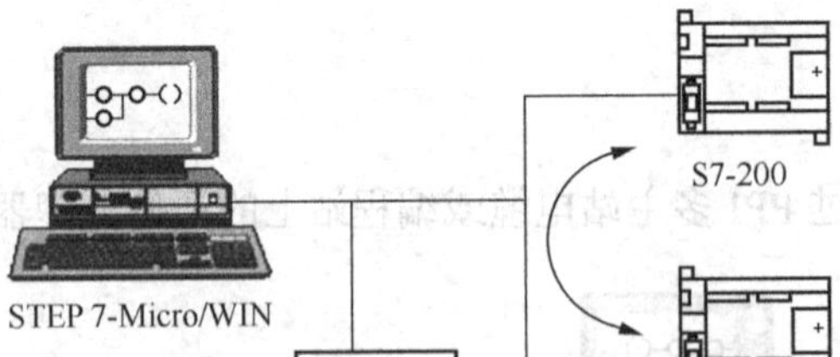

图 5-13 点到点通信网络

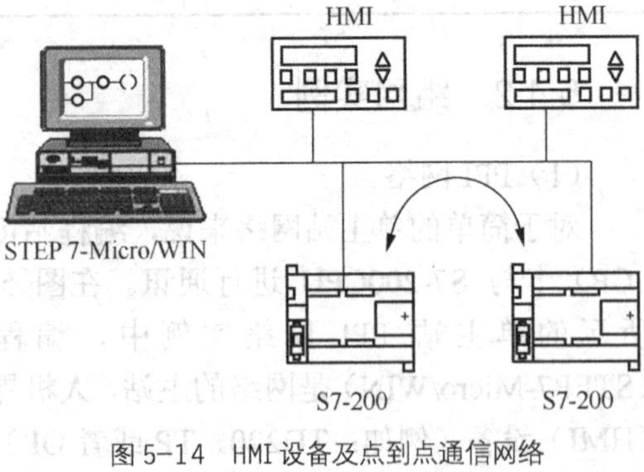

图 5-14 HMI 设备及点到点通信网络

图 5-14 所示为另外一个带点到点通信的多主网络的复杂 PPI 网络实例。在本例中，每个 HMI 监控一个 S7-200 CPU。S7-200 CPU 使用 NETR 和 NETW 指令相互读写数据（点到点通信）。

对于复杂的 PPI 网络，组态 STEP 7-Micro/WIN 使用 PPI 协议时，最好使能多主站，并选中 PPI 高级选框。如果使用的电缆是 PPI 多主站电缆，那么多主网络和 PPI 高级选框便可以忽略。

使用 S7-200、S7-300 和 S7-400 设备的网络组态实例如图 5-15、图 5-16 所示。图 5-15 所示的网络实例中，网络波特率可以达到 187.5 k。S7-300 用 XGET 和 XPUT 指令与 S7-200CPU 通信。如果 S7-200 处于主站模式，那么 S7-300 将无法与之通信。若要与 S7-200 CPU 通信，则在组态 STEP 7-Micro/WIN 使用 PPI 协议，使能多主站，并选中 PPI 高级选框。

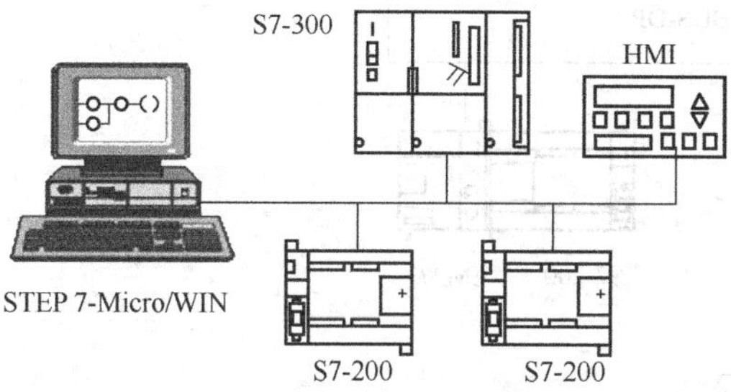

图 5-15 波特率可以达到 187.5 k 的多 CPU 通信网络

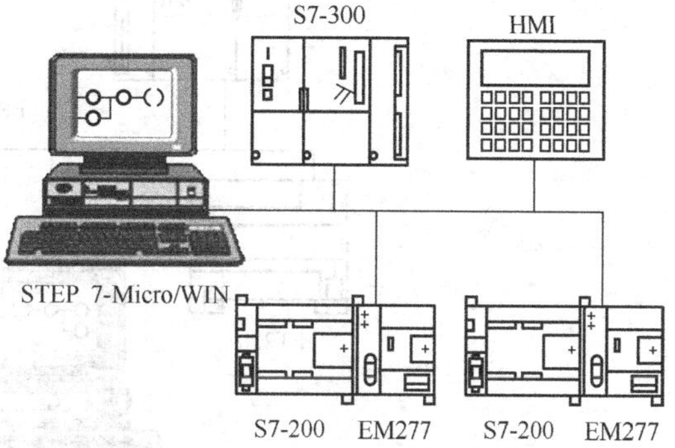

图 5-16 波特率高于 187.5 k 的多 CPU 通信网络

对于波特率高于 187.5 k 的情况，S7-200 CPU 必须使用 EM277 模块连接网络，如图 5-16 所示。STEP 7-Micro/WIN 必须通过通讯处理器（CP）卡与网络连接。在这个组态中，S7-300 可以用 XGET 和 XPUT 指令与 S7-200 通信，并且 HMI 可以监控 S7-200 或者 S7-300，EM277 只能作从站。STEP 7-Micro/WIN 可通过所连接的 EM 277 编程或监视 S7-200 CPU。为使用高于 187.5 K 的速率与 EM 277 通信，将 STEP 7-Micro/WIN 组态为通过 CP 卡使用 MPI 协议。

（2）PROFIBUS 网络

S7-315-2DP 作 PROFIBUS 主站，EM277 作 PROFIBUS 从站的网络如图 5-17 所示。S7-315-2DP 可以发送数据到 EM277，也可以从 EM277 读取数据。通信的数据量为 1 到 128 个字节。S7-315-2DP 读写 S7-200 的 V 存储器。网络支持 9600 到 12M 的波特率。

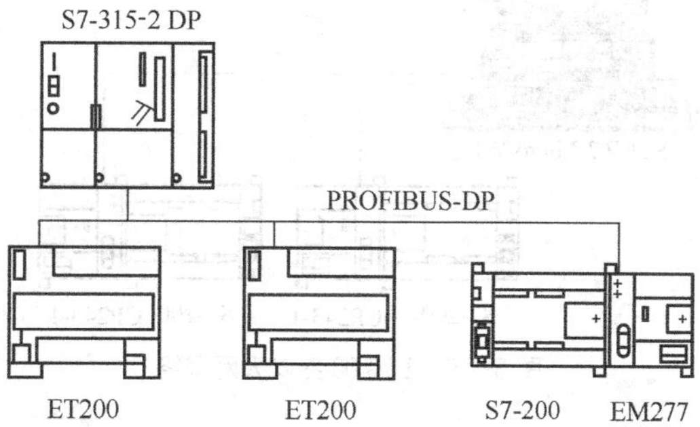

图 5-17 S7-315-2DP 网络

图 5-18 所示为有 STEP 7-Micro/WIN 和 HMI 的 PROFIBUS 网络，S7-315-2DP 作 PROFIBUS 主站，EM277 作 PROFIBUS 从站。在这个组态中，HMI 通过 EM277 监控 S7-200。STEP 7-Micro/WIN 通过 EM 277 对 S7-200 进行编程。网络支持 9600 到 12M 的波特率。当波特率高于 187.5k 时，STEP 7-Micro/WIN 要用 CP 卡，并需在 STEP 7-Micro/WIN 中使用 PROFIBUS 协议。如果网络上只有 DP 设备，则可以选择 DP 协议或标准协议。如果网络上有非 DP 设备（如 TD200），则可为所有的主站设备选择通用（DP/FMS）协议。网络上所有的主站都必须使

用同样的 PROFIBUS 网络协议（DP、标准或通用）。只有在所有主站设备都使用通用（DP/FMS）协议，并且网络的波特率小于 187.5k 时，PPI 多主站电缆才能发挥其功能。

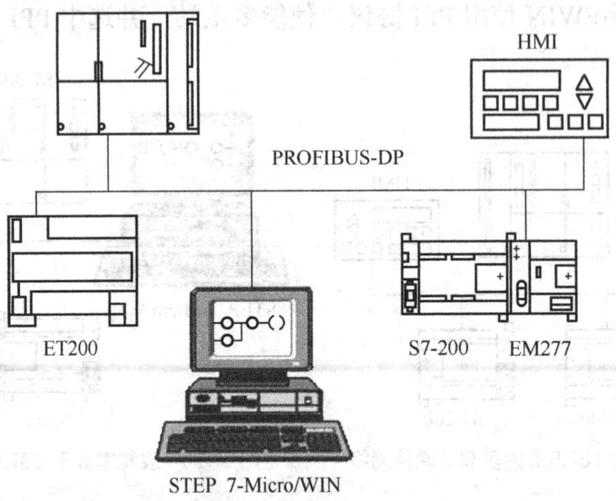

图 5-18 PROFIBUS 网络

（3）以太网或互联网网络

以太网或互联网设备的网络组态示例如图 5-19 所示，STEP 7-Micro/WIN 通过以太网连接与两个 S7-200 通信，而这两个 S7-200 分别带有以太网（CP 243-1）模块和互联网（CP 243-1 IT）模块。S7-200 CPU 可以通过以太网连接交换数据。安装了 STEP 7-Micro/WIN 之后，PC 上会有一个标准浏览器，我们可以用它来访问互联网（CP 243-1 IT）模块的主页。若要使用以太网连接，需组态 STEP 7-Micro/WIN 使用 TCP/IP。

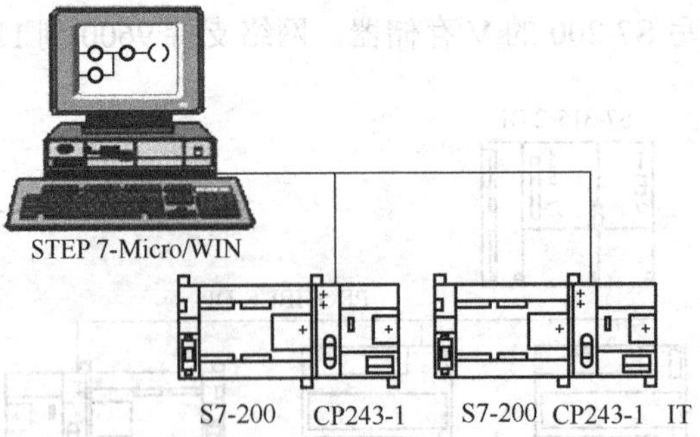

图 5-19 10/100 兆以太网网络

思考题与练习题

5-1 位触点指令有哪些？

5-2 标准触点与立即触点的概念及区别？

5-3 定时器指令有哪几类？

5-4 高速脉冲输出有几路，作用在输出口的地址编号是多少？

5-5 S7-200 CPU 支持哪几种网络协议？

第6章 S7-200开发软件

西门子 S7-200 系列可编程控制器使用 STEP7-Micro/WIN 软件编程。STEP 7-Micro/WIN 是基于 Windows 平台的编程软件，为用户开发、编辑和监控应用程序提供了良好的环境。STEP 7-Micro/WIN 适用于所有 SIMATIC S7-200 系列 PLC 机型软件编程；支持 STL、LAD、FBD 三种编程语言，用户可以根据自己的喜好随时在三者之间切换；同时 STEP 7-Micro/WIN 集成种类丰富的编程调试工具，支持汉化，易学易用，可以完整地支持工控自动化项目开发——大大降低 PLC 编程的复杂度。

6.1 编程软件的初步使用

一个典型的 PLC 控制系统主要由控制对象、PLC 控制器及控制器中运行的 PLC 程序组成。PLC 程序开发首先是根据控制对象的控制要求构建 PLC 硬件系统，再在 STEP 7-Micro/WIN 中编写应用程序，然后通过编程工具将程序下载到 PLC 中运行，完成对设备的自动化控制。

本节将以电机的启动与停止为例，简要介绍 PLC 程序开发的一般过程，初步了解 STEP 7-Micro/WIN 编程软件的使用。

6.1.1 PLC I/O 地址分配

简单的电机启/停控制系统示意如图 6-1 所示。电机的启动与停止分别由开始和停止开关控制，可编程控制器不断检测这两开关的输入状态，从而控制输出端口的上的马达启动器，达到控制电机启动与停止的目的。根据电机的控制要求，可编程控制器输入/输出端口点地址分配如表 6-1 所示。

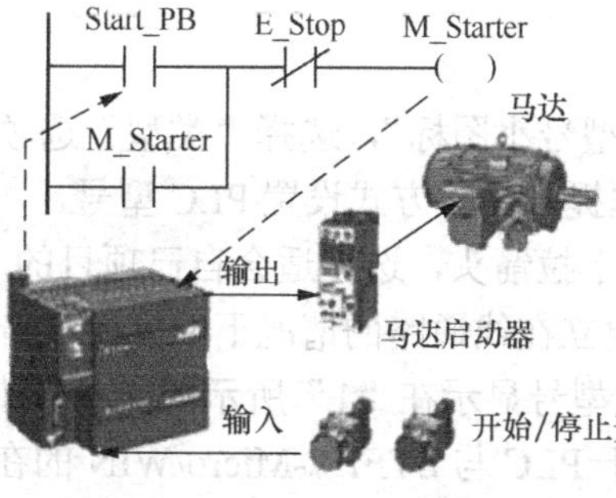

图 6-1　电机启/停控制系统示意图

表 6-1　　　　电机控制系统 PLCI/O 地址分配

符　　号	地　　址	注　　释
Start_PB	I0.0	启动开关
E_Stop	I0.1	停止开关
M_Starter	Q0.0	电机

6.1.2 使用 STEP 7-Micro/WIN 创建工程

STEP 7-Micro/WIN 编程软件可以从西门子官方网站下载，也可以通过光盘安装。关于编程软件的安装可以参阅相关文献资料，在此不作详述，本节主要介绍使用 STEP 7-Micro/WIN 进行梯形图快速编程，主要步骤如下。

（1）打开软件

双击桌面 STEP 7-Micro/WIN 图标进入 STEP 7-Micro/WIN 编辑界面，如图 6-2 所示。界面分为上中下三个层次，上部由菜单条和工具集组成；中部从左至右分别为浏览条、指令树和代码编辑窗口；最下部为信息输出窗口。STEP 7-Micro/WIN 软件首次默认打开一个新的工程文件，打开后可以鼠标左键单击“文件/新建”，建立新的工程。

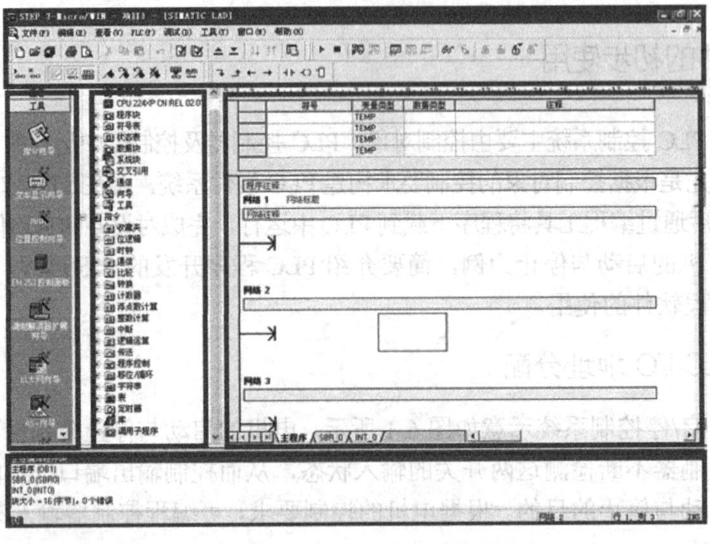

图 6-2　STEP 7-Micro/WIN 编辑界面

（2）指定 PLC 型号

鼠标右单击“指令树/CPU 型号小图标”，选择“类型”选项出现“PLC 类型”对话框，如图 6-3 所示。PLC 类型对话框提供 2 种方式设置 PLC 型号，一种是对话框选择输入，鼠标单击 6-3 图中“1”所示部分的下拉箭头，选择适合自己项目的 PLC 型号；另一种方式就是在 STEP 7-Micro/WIN 与 PLC 建立在线通路的情况下，鼠标单击 6-3 图中“2”所示的“读取 PLC”，系统将自动读取 PLC 的型号显示在“1”所示的文本框中，最后鼠标左单击“确认”按钮，PLC 型号设置完成。关于 PLC 与 STEP 7-Micro/WIN 的在线通信将在后续章节介绍，这里选择第一种方式设置 PLC 型号。

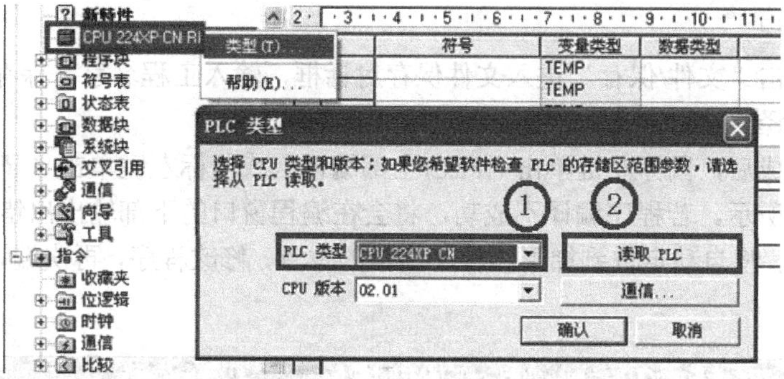

图 6-3 PLC 型号设置界面

（3）全局符号定义及地址分配

为了编程的方便和程序的清晰可读性，在进行梯形图编程之前，一般将整个系统所涉及的 I/O 端口、中间继电器（M）、字节/字存储单元等 PLC 内部编程资源进行全局符号定义及地址分配。当然这一步并不是必需的，对于初学者，建议这样做，养成良好的编程风格。符号定义如图 6-4 所示，鼠标双击“指令树/符号表/符号表”，在左边的表格中输入表 6-1 中的内容。

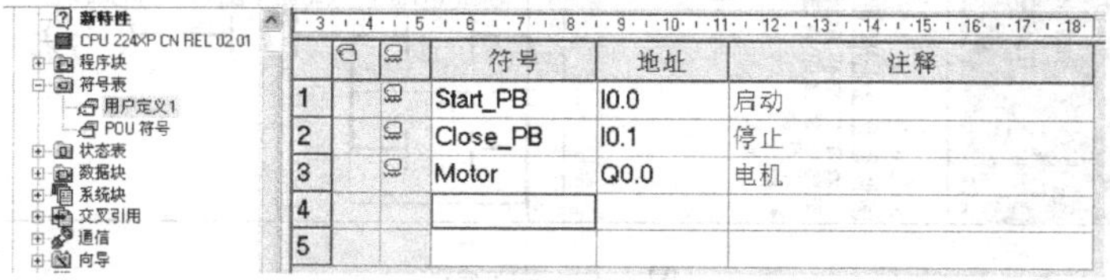

符号
地址
注释
Start_PB I0.0 启动
Close_PB I0.1 停止
Motor Q0.0 电机

图 6-4 全局符号定义及地址分配

（4）梯形图编程

鼠标双击“指令树/程序块/主程序”，在左边的程序编辑区输入梯形图程序。STEP 7-Micro/WIN 编程环境提供 2 种指令输入方法，一种是通过编程窗口上部的指令工具输入“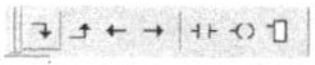”；另一种是鼠标左双击“指令树/指令”中的相应指令集中的指令，如图 6-5 所示。STEP 7-Micro/WIN 编程指令录入原则是从左到右，从上到下；并且以一定的功能块代码组织程序（网络），整个程序可以由多个编程网络块组成。本例中将电机的启动与停止代码放在网络 1 中实现。梯形图编程时，若触点、线圈及指令盒没有指定操作数，在指令的上方将是“??.?”形式，用鼠标左键单击“??.?”输入表 6-1 中所示的全局变量符号或分配的地址，完成指令与 PLC 编程元件的联接，实现程序控制功能。

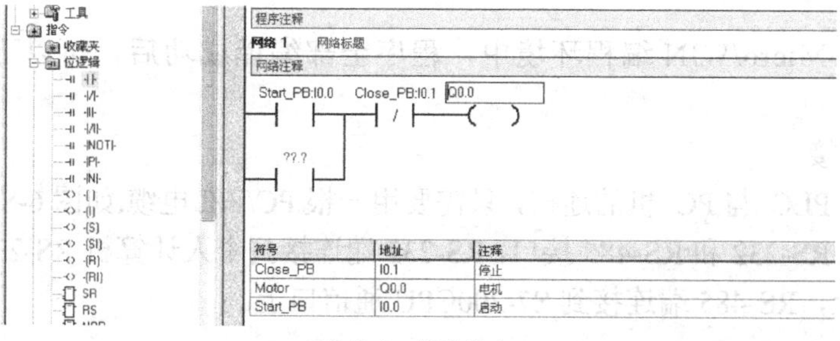

图 6-5 指令录入

（5）保存工程

鼠标左键单击“文件/保存”进入文件保存对话框，输入工程名字，保存工程。

（6）程序编译

程序编辑完成后，鼠标左键单击“PLC/全部编译”或鼠标左键单击“☑☑”指令，完成编译，如图 6-6 所示。若程序编译不成功，将会在编程窗口的下部输出出错提示，鼠标左双击出错提示信息，将自动定位到梯形图程序出错的位置，修改程序，再次编译直到成功为止，如图 6-7 所示。

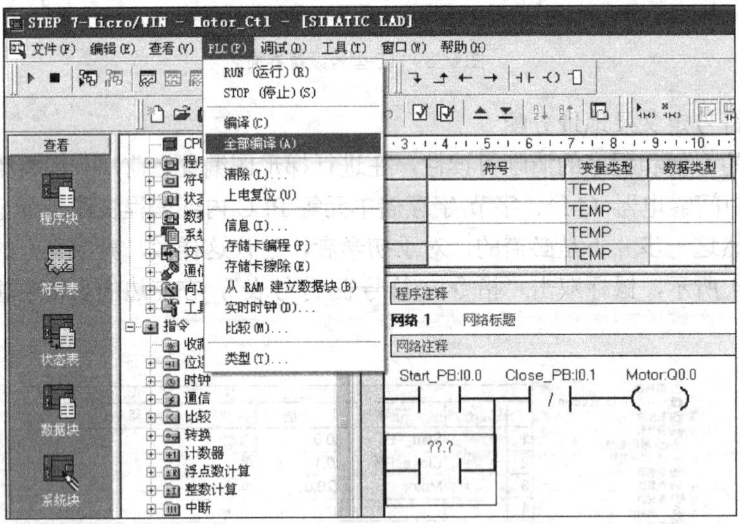

图 6-6 程序编译

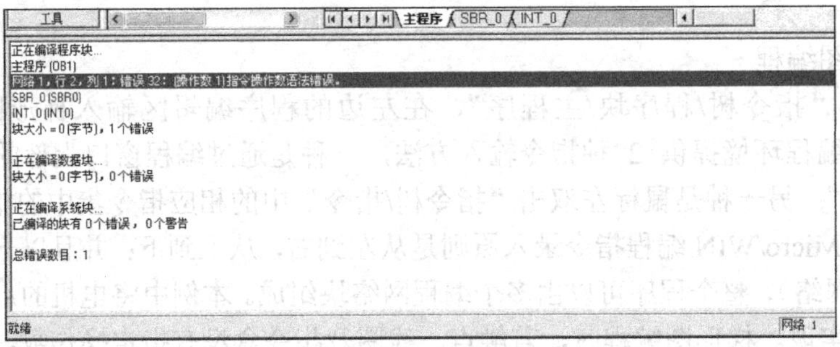

图 6-7 程序编译出错输出窗口

6.1.3 程序下载与调试

在 STEP 7-Micro/WIN 编程环境中，程序全部编译成功后，可以下载到 PLC 中去执行。

（1）硬件连接

典型的单台 PLC 与 PC 机的连接，只需要用一根 PC/PPI 电缆,如图 6-8 所示。PC/PPI 电缆的两端分别为 RS-232 和 RS-485 接口，RS-232 端连接到个人计算机 RS-232 通信口 COM1 或 COM2 接口上，RS-485 端连接到 S7-200CPU 通信口上。

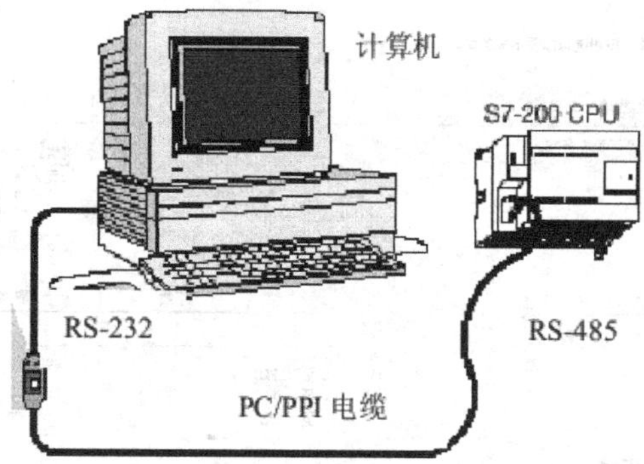

图 6-8 PLC 与计算机连接

（2）设置通信参数

鼠标左键单击“浏览条/通信”按钮出现通信设置对话框。在这里可以设置 PLC 地址、网络参数、通信协议等内容，一般保持默认即可，如图 6-9 所示。

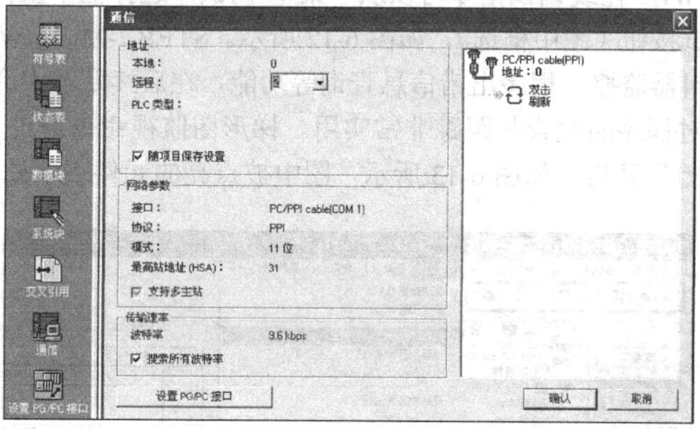

图 6-9 PLC 通信设置

（3）程序下载

鼠标左键单击菜单栏中“PLC/存储卡编程”或单击工具条上“≚”按钮进入程序下载对话框，保持默认参数下载程序，如图 6-10、图 6-11 所示。

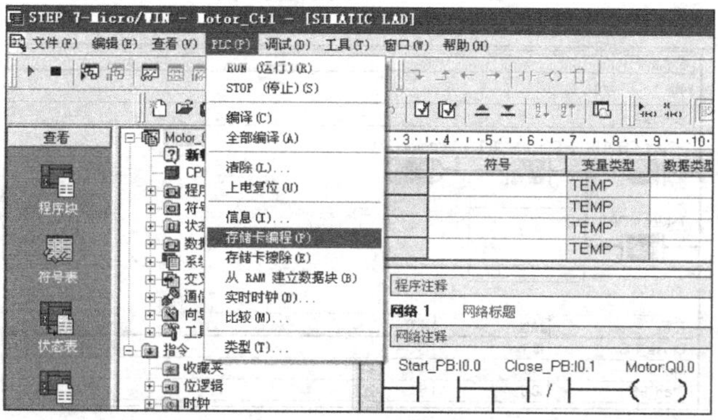

图 6-10 PLC 程序下载命令

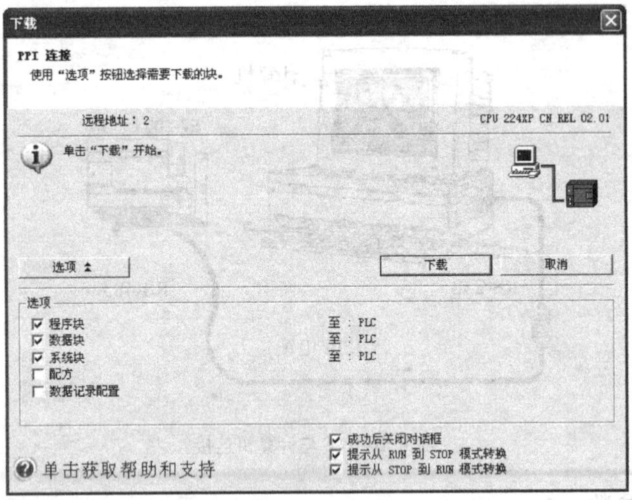

图 6-11 PLC 程序下载对话框

（4）程序调试及监控

STEP 7-Micro/WIN 在线调试指令可以从“菜单/调试”选择框中获得或直接鼠标左单击调试工具条中的调试按钮（图中框选），如图 6-12 所示。STEP 7-Micro/WIN 调试提供交叉参考表检查、程序编辑器监控、程序出错信息查询等功能，在后续章节中介绍，这里介绍一种梯形图监视功能，对程序的检查与跟踪非常实用。梯形图监视命令通过“菜单/调试/开始程序状态监控”或“ ”开启，如图 6-13 所示，图中被点亮的元件表示处于接通状态。

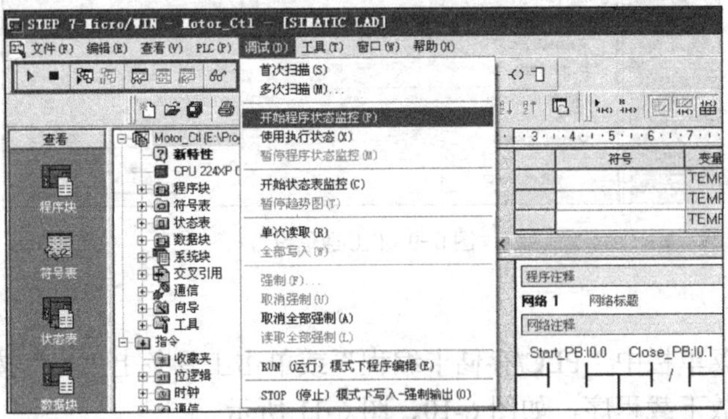

图 6-12 PLC 在线调试工具

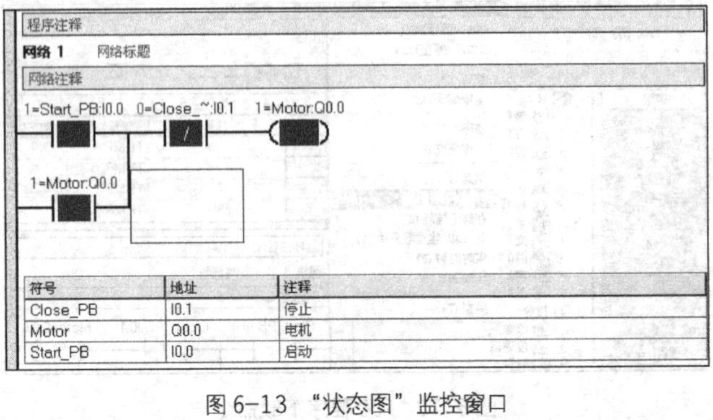

图 6-13 “状态图”监控窗口

6.2 编程软件功能

STEP 7-Micro/WIN 基于 Windows 平台的编程软件，具有文档的编辑与管理、程序的语法检查、在线调试与监控等功能，主要完成用户应用程序的开发。STEP 7-Micro/WIN 的主界面采用了标准的 Windows 程序界面，如标题栏、主菜单条、工具条等，如图 6-14 所示。

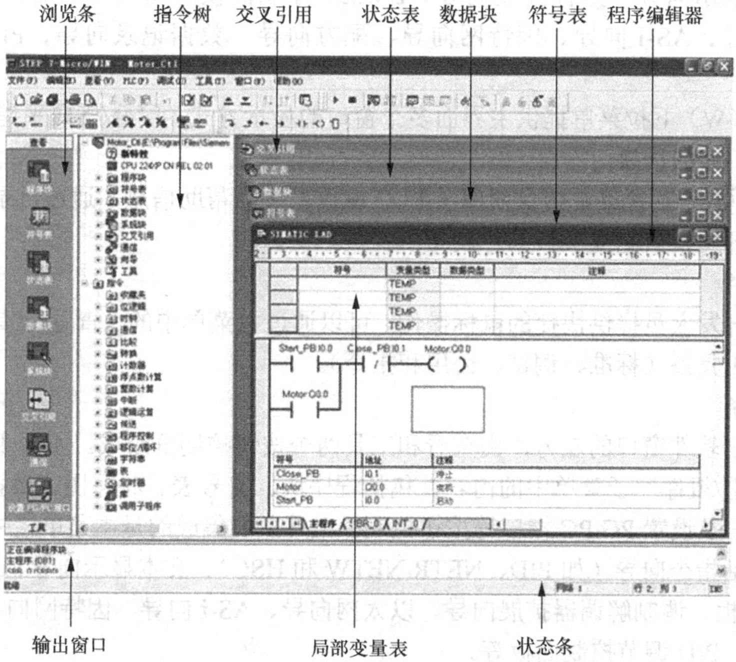

图 6-14 STEP 7-Micro/WIN 的主界面

（1）主菜单

主菜单中由文件、编辑、查看、PLC、调试、工具、窗口、帮助 8 个菜单选项组成，如图 6-15 所示。各菜单选项功能如下。

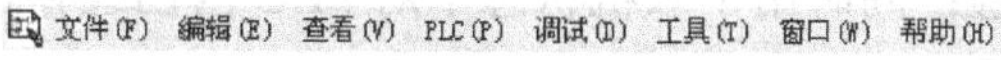

图 6-15 主菜单

- ✧ 文件（F）下拉菜单中的操作有新建、打开、关闭、保存、另存为、导入/导出、上/下载、新建库、添加/删除库、页面设置、打印预览、打印设置等。
- ✧ 编辑（E）下拉菜单提供编辑程序用的操作，如撤销、剪切、复制、粘贴、全选、插入、删除、查找、替换、转到等。
- ✧ 查看（V）下拉菜单提供设置编程环境的相关操作，如 STL/LAD/FBD 三种编程语言环境的切换、程序编辑器/符号表/状态表/数据块/交叉引用等组件窗口的打开、符号寻址/符号表/信息表的打开、POU/网络注释功能的开启、主界面上部工具栏相关工具指令集的打开、主界面框架布局（浏览条/指令树/输出窗口）设置等。

- ✧ PLC（P）下拉菜单提供与 PLC 在线联机时的相关操作，如 PLC 的运行方式设置（RUN/STOP）、在线编程、清除程序数据、实时时钟、PLC 程序比较、存储卡操作、程序编译（支持离线）等。
- ✧ 调试（D）下拉菜单提供联机调试相关的操作，如首次/多次扫描、开始程序状态监控、使用执行状态、开始状态表监控、单次读、强制/取消强制、RUN 模式下编程、STOP 模式下写入-强制输出等。
- ✧ 工具（T）下拉菜单提供特殊功能指令向导（如 PID、NETR/NETW 和 HSC）、文本显示向导、定位控制向导、EM235 控制面板、调制解调器扩展向导、以太网向导、AS-i 向导、因特网向导、配方向导、数据记录向导、PID 调节控制面板等。
- ✧ 窗口（W）下拉菜单提供主界面多个窗口的显示方式（层叠/横向平铺/纵向平铺）及各窗口间的切换。
- ✧ 帮助（H）下拉菜单提供西门子 PLC 编程相关的帮助信息，通过目录和索引检阅，协助开发人员完成项目的开发。

（2）工具条

工具条为开发人员提供快捷的鼠标操作，可以通过主菜单中的“查看/工具栏”选项来开启或关闭四种工具条（标准、调试、公用和指令）。

（3）浏览条

浏览条位于软件窗口的左方，由查看和工具两个按钮控制群组成。查看主要集成的是主菜单栏中“查看/组件”子菜单中的内容，包括程序块、符号表、状态图、数据块、系统块、交叉引用、通信及设置 PG/PC 接口等按钮控制。工具主要集成的是主菜单栏中“工具”菜单中的内容，包括指令向导（如 PID、NETR/NETW 和 HSC）、文本显示向导、定位控制向导、EM235 控制面板、调制解调器扩展向导、以太网向导、AS-i 向导、因特网向导、配方向导、数据记录向导、PID 调节控制面板等。

（4）指令树

指令树以树形结构提供编程时用到的所有快捷操作命令和 PLC 指令，它由项目分支和指令分支组成，如图 6-16 所示。

图 6-16 指令树

（5）程序编辑器

程序编辑器为程序的文本编辑窗口，支持梯形图（LAD）、语句表（STL）及功能表图编程；同时用于联机状态下对 PLC 内已经存在的程序代码进行上载或修改。

（6）局部变量表

每一个程序块都对应一个局部变量表，用于本程序块的编程或带参数子程序的参数传递。

（7）输出窗口

输出窗口用于显示程序编译结果信息。我们主要关注程序编译后的错误代码和位置信息，便于检查程序，修改错误。

（8）状态条

状态条用来显示软件的执行情况。编辑程序时显示光标所在网络号、行号/列号、运行程序时的状态等。

6.3 编程软件的使用

STEP 7-Micro/WIN 编程主要掌握工程文件的建立、程序的编辑、通信参数的设置及程序的下载与调试等几个方面的内容。

（1）建立工程

STEP 7-Micro/WIN 提供三种方式处理程序文件，即新建程序文件、打开已有程序文件和从 PLC 中上载程序文件，相关命令在主菜单的“文件”子菜单中。

新建程序文件默认以“项目 1”命名，可以通过“文件/保存”为文件命名；对已有程序文件，可以通过“文件/另存为”为文件该名。

程序文件的程序块（默认情况下）中包含 1 个主程序（MAIN）、1 个子程序（SBR-0）和 1 个中断程序（INT-0）。在一个项目文件中，主程序只能有一个，默认名称为 MIAN；子程序和中断程序可以含有多个，可以通过鼠标右键单击指令树中程序块区域，在“插入”子菜单中选择添程序，并可通过鼠标右键单击程序块区域中子程序，对子程序进行更名，如图 6-17 所示。

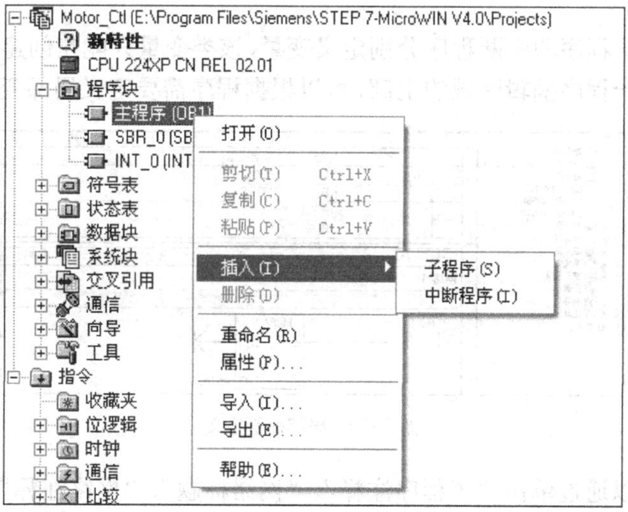

图 6-17 程序添加及重命名

（2）编辑程序

梯形图编程元件主要有线圈、触点、指令盒、标号及连接线，可以通过工具条按钮输入或双击指令树中相应指令图标输入。鼠标左双击指令树程序块区域中某一程序，进入程序编辑器窗口。程序编辑器为一个文档编辑窗口，其插入、删除、复制、粘贴等文档编辑指令与 Word 文档编辑指令相似。将光标定位到需要编辑的位置，右键单击选择相应文档处理指令，支持文档快捷键编辑操作与块操作，如图 6-18 所示。

用户在编程时可以定义具有实际意义的符号地址表和局部变量表，使程序结构清晰易读。符号表可作为全局变量进行引用，通过单击引导条中“符号表”图标或指令树中“符号表”进入符号表窗口。在窗口中单击各单元格输入符号名、地址及注释，如图 6-19 所示。

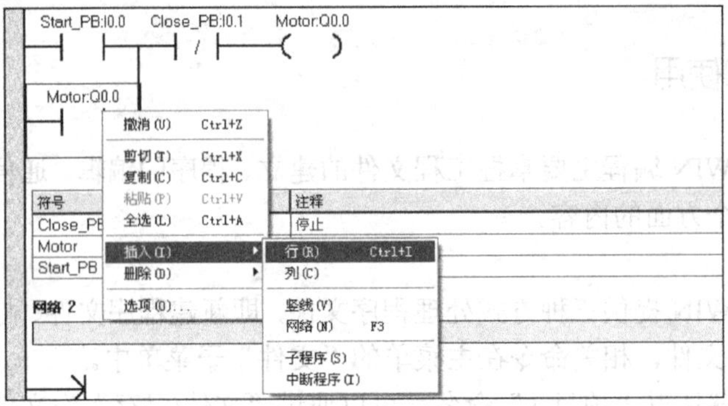

图 6-18 程序编辑操作

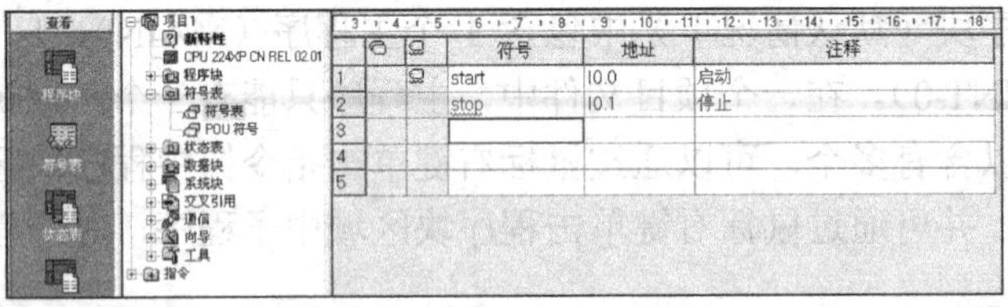

图 6-19 符号表操作

局部变量表为子程序和中断程序分别定义变量，该类变量只能在创建它的子程序中有效。局部变量表在各自子程序编辑区域的上部，可以根据程序需要定义局部变量，如图 6-20 所示。

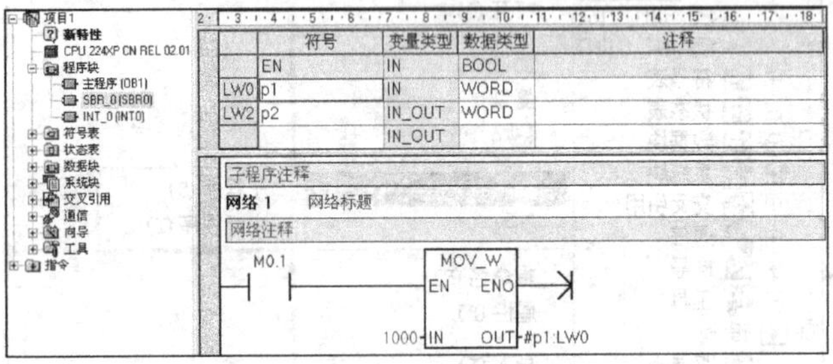

图 6-20 局部标量定义

程序编辑时可以通过单击“子程序注释”、“网络标题”、“网络注释”对程序进行解释说明，使程序层次清晰，易于理解。程序编辑完成后，可通过鼠标左键单击“PLC/全部编译”对文件进行编译。若程序编译不成功，将会在输出窗口提示出错，鼠标双击出错信息，系统将自动定位出错的位置，修改程序，再次编译直到成功为止。

（3）通信参数设置

程序编译通过后，下一步就是建立 PLC 与计算机的硬件连接，并设置通信参数。

对于简单的单主站网络来说，编程站可以通过 PPI 电缆或编程站上的通讯处理器（CP）卡与 S7-200 CPU 进行通信。鼠标左键单击浏览条中“通信”图标进入通信设置对话框，设置 PLC 地址为 2（从站地址）；单击“设置 PG/PC 接口”，进入设置对话框，根据系统实际具备的条件选择编程站与 PLC 的通信方式，一般我们选择“PC/PPI cable（PPI）”，如图 6-21 所示。鼠标左键双击“PC/PPI cable（PPI）”或单击“属性”按钮，分别进入 PPI 通信参数设置和本地连接设置界面。在 PPI 设置界面中设置编程站（主站）地址、超时时间及传输速率等；在本地连接对话框中设置编程站端口地址，如图 6-22 所示。

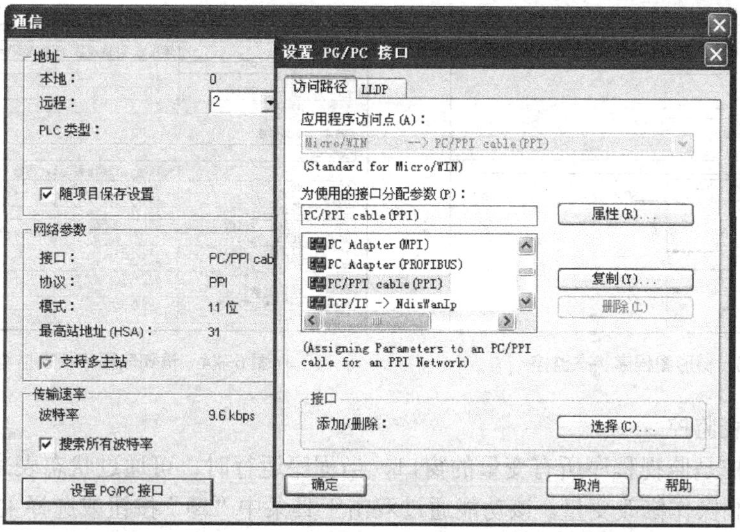

图 6-21 通信设置

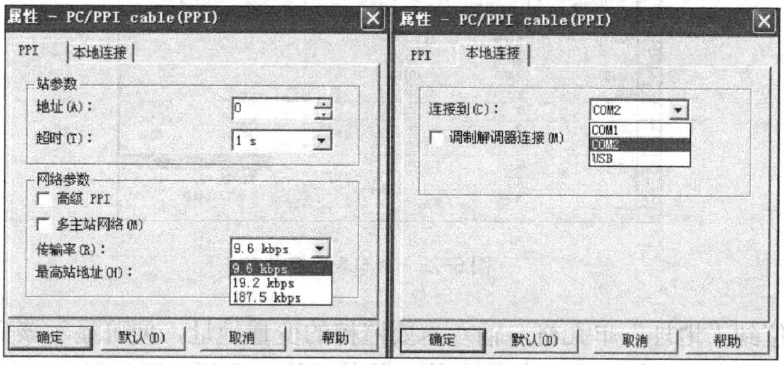

图 6-22 主站参数设置

（4）程序下载

鼠标左键单击菜单栏中“PLC/存储卡编程”或单击工具条上“≚”按钮进入程序下载对话框，保持默认参数下载程序。

6.4 程序调试及运行监控

STEP 7-Micro/WIN 具有非常丰富的编程调试功能，本节主要介绍程序编辑器监控与状态图表监控这两个重要的功能，其他调试功能可参阅相关文档。

（1）程序编辑器监控

STEP 7-Micro/WIN 提供梯形图、语句表及功能块图编辑方式，支持程序编辑器在线程序监控功能。

程序的监控通过选择主菜单中“调试”菜单的“开始程序状态监控”命令打开。在梯形图程序监控中，各元件被点亮表示元件处于接通状态，并且直接在梯形图中显示所有操作数的值，如图 6-23 所示；在语句表程序状态监控中，以表格的形式显示每一条语句的操作数值，如图 6-24 所示。

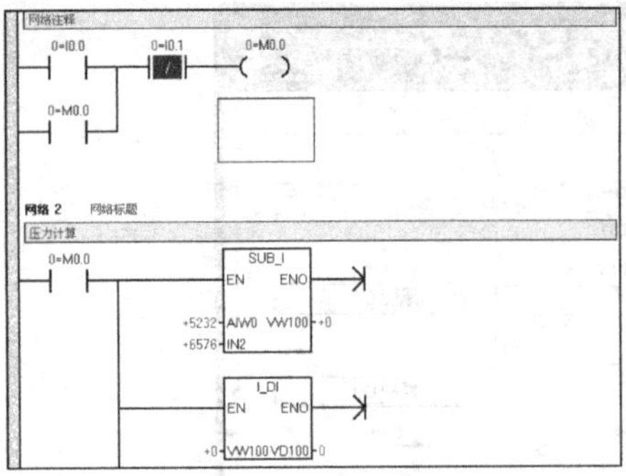

图 6-23 梯形图程序状态监控

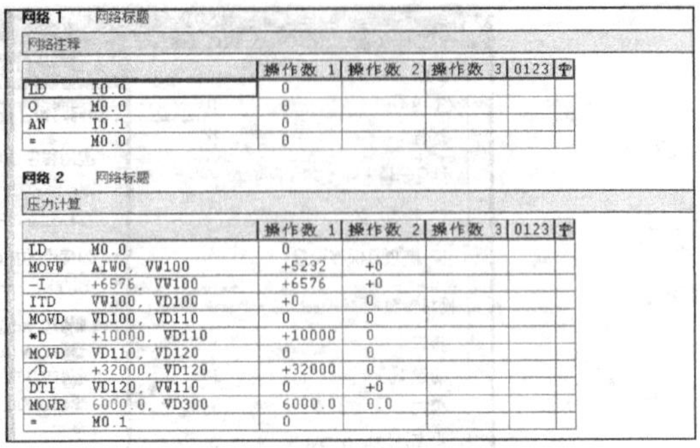

图 6-24 语句表程序状态监控

（2）状态表监控

状态表监控是监视程序所有变量的窗口，当程序运行时，可通过状态表来读、写、监视变量，并可强制操作修改变量。该功能通过双击工具条中“ ”按钮或选择主菜单中“调试”菜单的“开始状态表监控”命令打开，如图 6-25 所示。

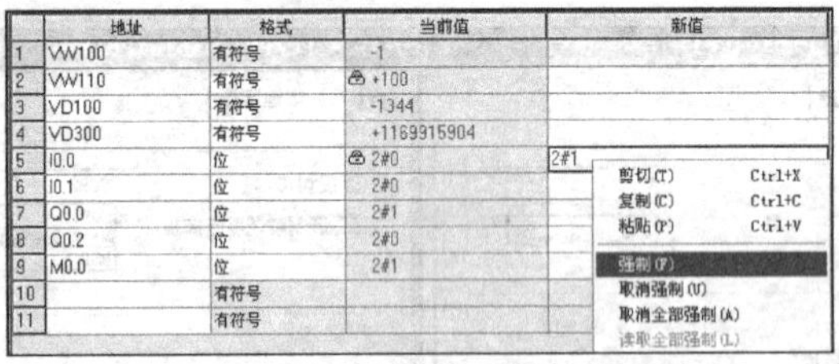

地址 格式 当前值 新值
1 VW100 有符号 -1
2 VW110 有符号 +100
3 VD100 有符号 -1344
4 VD300 有符号 +1169915904
5 I0.0 位 2#0 2#1
6 I0.1 位 2#0
7 Q0.0 位 2#1
8 Q0.2 位 2#0
9 M0.0 位 2#1
10 有符号
11 有符号
剪切(T) Ctrl+X
复制(C) Ctrl+C
粘贴(P) Ctrl+V
强制(F)
取消强制(U)
取消全部强制(A)
读取全部强制(L)

图 6-25 状态表监控

将光标定位到“地址”单元格，输入需要监控的变量地址，便可显示该变量在当前程序运行时的值（如果表格不够，可以鼠标右单击某单元格，选择“插入行”命令）；同时将光标定位到“新值”单元格，输入一个数值，再次选中该单元格（鼠标单击），然后右键单击选择“强制”，就可将这个新值传送到 PLC 中运行。强制后的变量当前值改变，系统在变量的当前值项加“ ”图标标注，并且变量可以多次强制。

思考题与练习题

6-1 怎样在 STEP 7-Micro/WIN 中建立工程？

6-2 怎样在工程中定义符号及变量？

6-3 怎样设置单主站 PLC 系统通信参数？

6-4 怎样监控 PLC 程序？

第7章 常用机床的PLC控制

传统的机床控制线路主要采用接触器、继电器进行控制，采用机械变速机构的方法进行主轴旋转、工作台运动的调速，这种控制方式具有结构复杂、电气线路繁杂、操作繁琐，可靠性差、故障率高、能耗高、效率低、维修难度大、维修周期长等诸多缺点。由于上述缺点造成操作人员劳加强度增大，维修人员工作量增大，影响了生产效率。

可编程序控制器（PLC）具有可靠性高、抗干扰能力强、功能强、能耗低、使用维修方便等优点。把PLC控制技术应用于生产设备的自动控制中，使原来由接触器—继电器电路完成的大部分功能，更换成由程序来完成，这样可大大减少硬件电路的繁杂程度，提高设备的可靠性，有效降低设备的故障率。在程序中增加故障判断功能，有助于维修人员查找故障，降低维修难度，缩短维修周期，提高生产效率。

随着变频技术的不断发展，三相异步电动机的变频调速成本不断下降。采用变频器对电动机进行变频调速，可省去结构复杂的机械变速机构。进一步提高了生产设备的工作可靠性，大大降低了能耗，使变速操作大大简化，也降低了生产设备的制造成本。

基于PLC的生产设备的自动控制系统设计，其步骤可简化为如下所示：

1．根据电气控制的功能和要求，进行初步的方案设计，例如，确定电机的控制方式、调速方式、控制电路的供电方式、PLC的选用、电路保护方式，确定技术性能指标、工作环境要求等。

2．根据控制方式确定输入、输出设备，并进行PLC的I/O端口分配。

3．根据I/O端口分配的使用情况和控制功能要求，确定所选PLC的型号是否符合要求。如果要采用变频调速，需要根据电动机的规格，选择变频器的型号。

4．设计并绘制PLC控制系统的电路，包含主电路、以PLC为控制核心的控制电路、调速电路、辅助电路和保护环节。

5．根据控制要求和电路，编写PLC程序，建议采用梯形图（LAD）、顺序功能图（SFC）编程语言。SFC编程可省去繁琐的触头串并联，有利于程序的编写和维护。设计程序时，先完成基本功能，再增加联锁保护环节，最后增加故障判断功能。

6．连接好硬件电路，把编写好的程序写入PLC中进行空载调试运行，针对不足之处修改完善。

7．进行带负载调试运行，针对不足之处修改完善。

8．进行极限条件测试，针对不足之处修改完善。

7.1 车床的PLC控制

以CA6140普通卧式车床为例进行设计。

7.1.1 方案设计

1. PLC 的选择

选用 CPU224/AC/DC/RLY 型。

2. 主轴电动机的双向旋转和调速控制方式

传统的 CA6140 卧式车床，其主轴电动机为主轴旋转、刀架及刀具的进给运动提供动力，采用机械变速箱、挂轮箱和进给箱实现换向和调速。现应用现化控制技术，可考虑采用由 PLC 发出控制指令，通过变频器实现主轴电动机的正反向旋转，给变频器输入可调控制电压，通过变频器实现主轴电动机的变频调速。这种调速方法可获得更宽且更灵活的变速范围。这种控制方式可大大简化机械传动变速机构的复杂程度，也大大降低能耗。根据主轴电动机的额定输出功率，选用三菱 FR-E740-7.5K 型变频器。

3. 刀架快速移动电动机和冷却泵的控制

PLC 接收外部输入信号后，由程序控制输出端口，通过继电器控制快移电动机和冷却泵电动机。

4. 安全保护措施

控制线路除了应有的欠压、失压、过载、短路保护措施外，还要增加变频器和 PLC 的保护措施，有利于延长成本较高的电器的使用寿命。

5. 故障诊断功能

增加若干个故障报警指示灯，电路出现故障就会发出对应的报警指示信号，维修人员可通过指示灯的提示查找故障，提高检修效率。

7.1.2 PLC 的 I/O 端口分配

I/O 端口分配如表 7-1 所示。

表 7-1　CA6410 型卧式车床的 PLC 的 I/O 端口分配

输入端口		输出端口	
I0.0	SB_3 变频器和主轴电动机停止按钮	Q0.0	主轴电动机交流接触器 KM
I0.1	SB_4 变频器和主轴电动机启动按钮	Q0.1	冷却泵继电器 KA_1
I0.2	SA_4 冷却泵电动机启停开关	Q0.2	刀架快移电动机继电器 KA_2
I0.3	SB_5 刀架快移电动机点动按钮	Q0.3	未用
I0.4	变频器异常检测	Q0.4	PLC 电源指示灯 HL_2
I0.5	FR_1 主轴电动机过载保护检测	Q0.5	故障指示灯 HL_3
I0.6	FR_2 冷却泵过载保护检测	Q0.6	故障指示灯 HL_4
I0.7	KM 主轴接触器检测	Q0.7	未用
I1.0	KA_1 冷却泵继电器检测	Q1.0	未用
I1.1	KA_2 刀架快移继电器检测	Q1.1	未用
I1.2	未用		
I1.3	未用		
I1.4	未用		
I1.5	未用		

7.1.3 电路控制原理

车床控制电路图如图 7-1 所示。

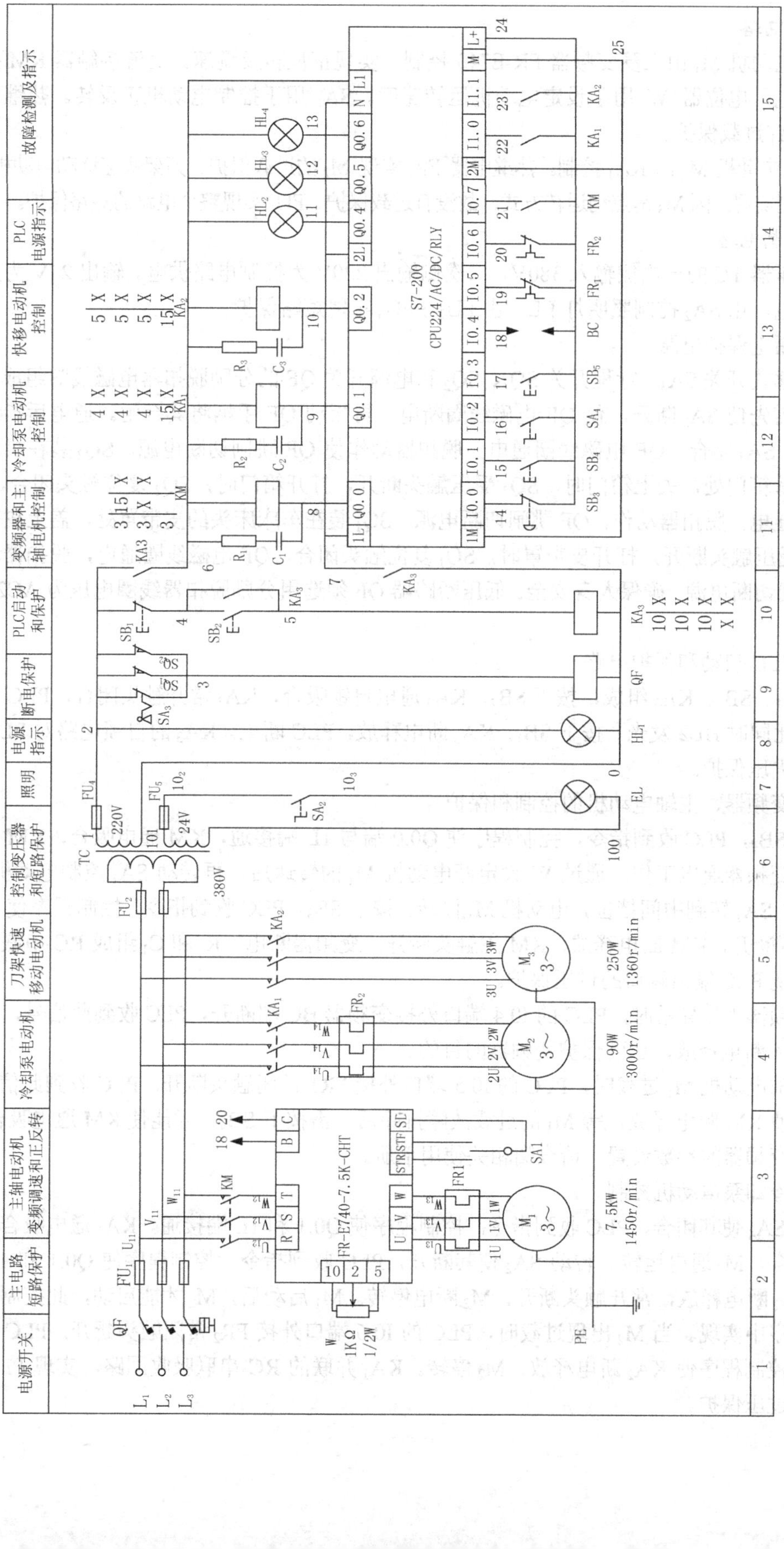

图7-1 基于S7-200PLC控制的CA6140型卧式车床控制电路

1. 主电路

主轴电动机 M_1 由三菱变频器 FR-E740 控制，实现正反转及调速。交流接触器 KM 控制变频器通电，电位器 W 用于设定电动机运转速度。SA_1 用于控制电动机正反转。热继电器 FR_1 实现 M_1 过载保护。

冷却泵电动机 M_2 由 KA_1 控制。热继电器 FR_2 实现 M_2 的过载保护。刀架快速移动电动机 M_3 由 KA_2 控制实现。因 M_3 是点动运转方式，故没有过载保护。FU_1 实现整个电路的短路保护。

2. 控制电路

由变压器 TC 的一次侧输入 380V，二次侧输出 220V 为控制电路供电。输出 24V 为照明灯电路供电。由 SA_2 控制照明灯 EL，由 FU_2～FU_5 实现短路保护。

（1）断电保护电路

由钥匙式开关 SA_3、行程开关 SQ_1、SQ_2 和电源开关 QF 的分励脱扣器电磁线圈组成。接通电源时需先使 SA_3 断开，使 QF 电磁线圈断电，再扳动 QF 手柄将其合闸。通电后指示灯 HL_1 发光。SA_3 闭合，QF 电磁线圈通电，脱扣器动作使 QF 跳闸切断电源。SQ_2 装在机床控制配电盘壁箱门处，关上箱门时，SQ_2 受压触头断开，打开箱门时，SQ_2 复位触头闭合，QF 电磁线圈通电，脱扣器动作，QF 跳闸切断电源。SQ_1 装在车床床头的皮带罩处，盖上皮带罩时，SQ_2 受压触头断开，打开皮带罩时，SQ_1 复位触头闭合，QF 电磁线圈通电，脱扣器动作使 QF 跳闸切断电源。确保人身安全。低压断路器 QF 须选用分励脱扣器线圈电压为 AC220V 的类型。

（2）PLC 启动和保护电路

由 SB_1、SB_2、KA_3 组成，按下 SB_2，KA_3 通电自锁吸合，KA_3 常开触头闭合，PLC 通电工作，与此同时 HL2 发光。按下 SB_1，KA_3 断电释放，PLC 断电。KA_3 的自锁电路对 PLC 实现欠压和失压保护。

（3）变频器、主轴电动机的控制和保护

按下 SB_4，PLC 收到指令，控制程序使 Q0.0 端与 1L 端接通，KM 通电吸合，KM 主触头闭合，变频器通电工作。通过 W 设定好电动机 M_1 的转速后，再转动 SA_1 控制电动机 M_1 的正反转。SA_1 转到中间挡位，电动机 M_1 停转。按下 SB_3，PLC 收到指令，控制程序使 Q0.0 端与 1L 端断开，KM 断电释放，KM 主触头断开，变频器断电。R_1 和 C_1 组成 RC 串联吸收回路，实现 PLC 输出端口的过压保护。

当变频器工作异常时，PLC 的 I0.4 端口外接变频器 BC 端断开，PLC 收到此信号，控制程序使 KM 断电释放，达到保护变频器的目的。

当主轴电动机 M_1 过载时，PLC 的 I0.5 端口外接 FR1 常闭触头断开，PLC 收到此信号，控制程序使 KM 断电释放，等 M_1 的过载故障排除后，需按下 SB_4，才能使 KM 通电吸合。

有关变频器的参数设置，请查阅相关使用手册。

（4）冷却泵电动机控制

转动 SA_4 使其闭合，PLC 收到指令，控制程序使 Q0.1 和 1L 端接通。KA_1 通电吸合，常开触头闭合，M_2 通电运转。转动 SA_2 使其断开，PLC 收到指令，控制程序使 Q0.1 和 1L 端断开。KA_1 断电释放，常开触头断开，M_2 断电停转。M_1 启动后，M_2 才能启动，此控制功能在控制程序中实现。当 M_2 出现过载时，PLC 的 I0.6 端口外接 FR_2 常闭触头断开，PLC 收到此信号，控制程序使 KA_2 断电释放，M_2 停转。KA_1 并联的 RC 串联吸收回路，实现 PLC 输出端口的过压保护。

（5）刀架快速移动电动机的控制

按住 SB_5，PLC 收到指令，控制程序使 Q0.2 和 1L 端接通。KA_2 通电吸合，常开触头闭合，M_3 通电运转。实现刀架快速移动。松开 SB_5，PLC 收到指令，控制程序使 Q0.2 和 1L 端断开。KA_2 断电释放，常开触头断开，M_3 断电运转。KA_2 并联的 RC 串联吸收回路，实现对 PLC 输出端口的过压保护。

（6）故障检测及指示功能

PLC 的 I0.4～I1.1 端口外接的变频器 BC 端（变频器内的常闭触头）、FR_1、FR_2 常闭触头和 KM、KA_1、KA_2 常开触头，给 PLC 输入检测信号。电路出现某些常见故障时（PLC 故障除外），这些触头中的某一个或几个会相应动作，PLC 收到相关信号后，控制程序会使故障报警指示灯点亮，发出报警信号，维修人员可根据信号种类进行快速检修，有利于缩短检修时间，提高检修效率。电路故障类型与指示灯点亮状态的对应关系如表 7-2 所示。

表 7-2 故障指示灯指示信息

HL3	HL4	故障类型
亮	灭	变频器异常
灭	亮	M_1 过载
亮	亮	M_2 过载
闪烁	灭	KM 未吸合或异常
灭	闪烁	KA_1 未吸合或异常
闪烁	闪烁	KA_2 未吸合或异常

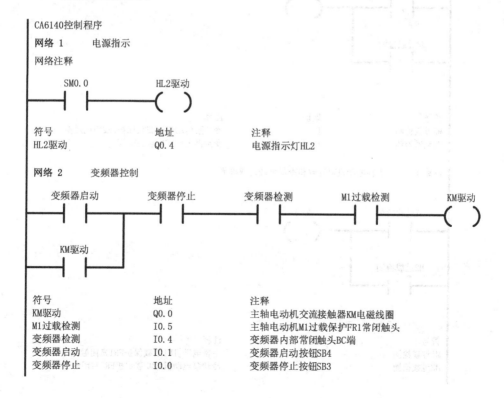

7.1.4 编写控制程序

CA6140控制程序

网络 1 电源指示

网络注释

符号	地址	注释
HL2驱动	Q0.4	电源指示灯HL2

网络 2 变频器控制

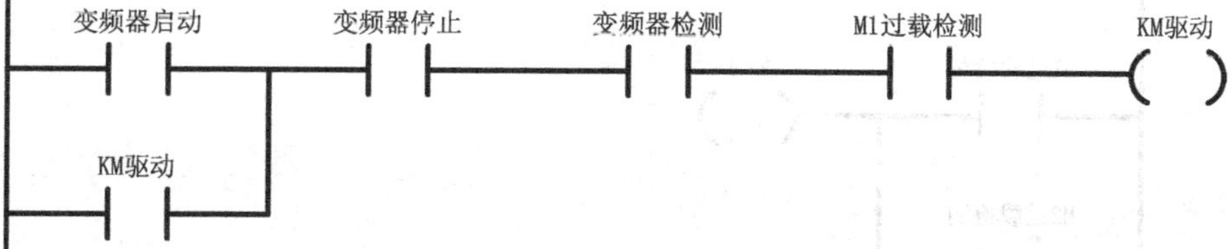

符号	地址	注释
KM驱动	Q0.0	主轴电动机交流接触器KM电磁线圈
M1过载检测	I0.5	主轴电动机M1过载保护FR1常闭触头
变频器检测	I0.4	变频器内部常闭触头BC端
变频器启动	I0.1	变频器启动按钮SB4
变频器停止	I0.0	变频器停止按钮SB3

网络 3 冷却泵M2控制

符号	地址	注释
KA1驱动	Q0.1	冷却泵电动机继电器KA1电磁线圈
KM驱动	Q0.0	主轴电动机交流接触器KM电磁线圈
M2过载检测	I0.6	冷却泵电动机过M2载保护FR2常闭触头
冷却泵启停	I0.2	冷却泵电动机启停开关SA4

网络 4 快移电动机M3控制

符号	地址	注释
KA2驱动	Q0.2	刀架快速移动电动机继电器KA2电磁线圈
快移启动	I0.3	刀架快速移动点动按钮SB5

网络 5 变频器异常和冷却泵M2过载检测

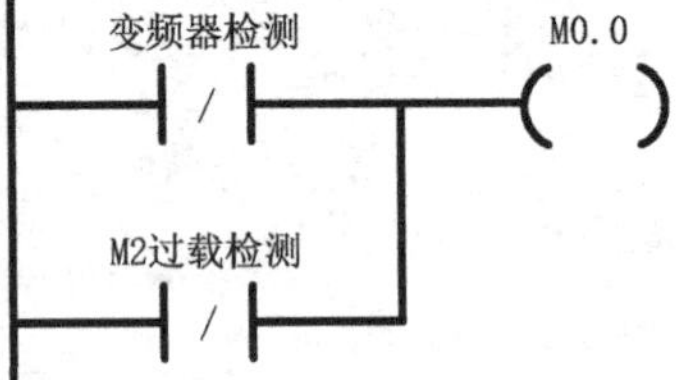

符号	地址	注释
M2过载检测	I0.6	冷却泵电动机过M2载保护FR2常闭触头
变频器检测	I0.4	变频器内部常闭触头BC端

网络 6 主轴电动机M1过载和冷却泵M2过载检测

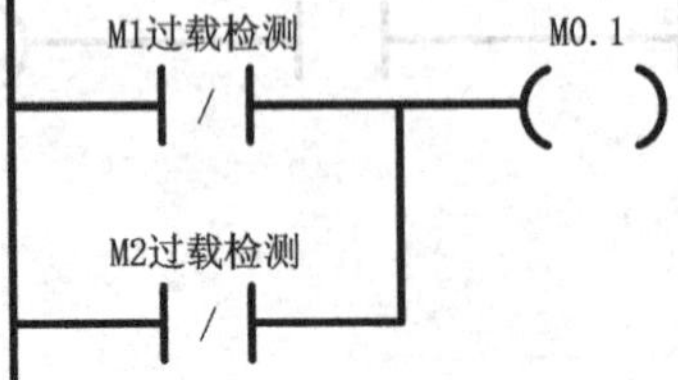

符号	地址	注释
M1过载检测	I0.5	主轴电动机M1过载保护FR1常闭触头
M2过载检测	I0.6	冷却泵电动机过M2载保护FR2常闭触头

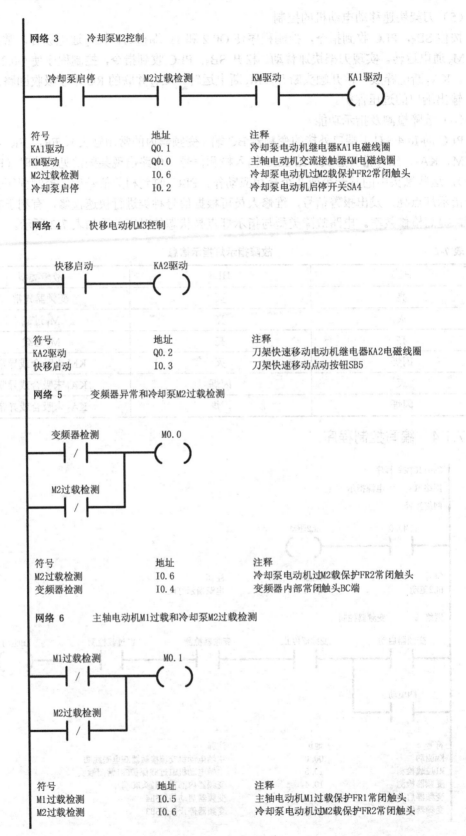

网络 7　　主轴交流接触器KM和快移电动机继电器KA2检测

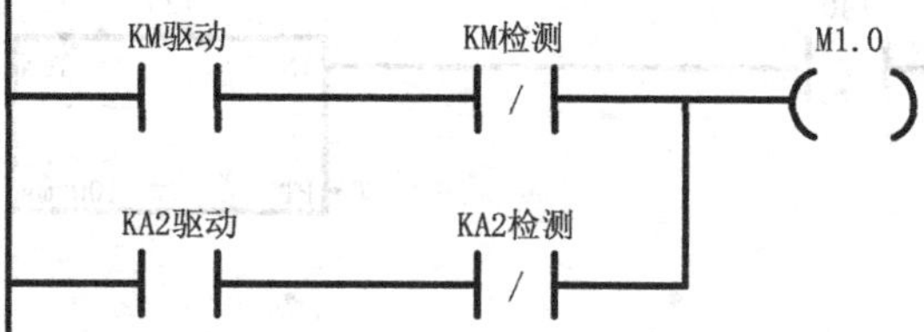

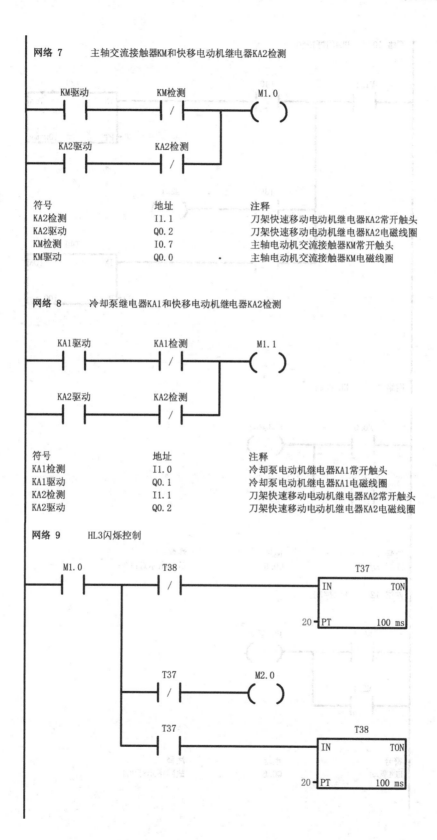

符号	地址	注释
KA2检测	I1.1	刀架快速移动电动机继电器KA2常开触头
KA2驱动	Q0.2	刀架快速移动电动机继电器KA2电磁线圈
KM检测	I0.7	主轴电动机交流接触器KM常开触头
KM驱动	Q0.0	主轴电动机交流接触器KM电磁线圈

网络 8　　冷却泵继电器KA1和快移电动机继电器KA2检测

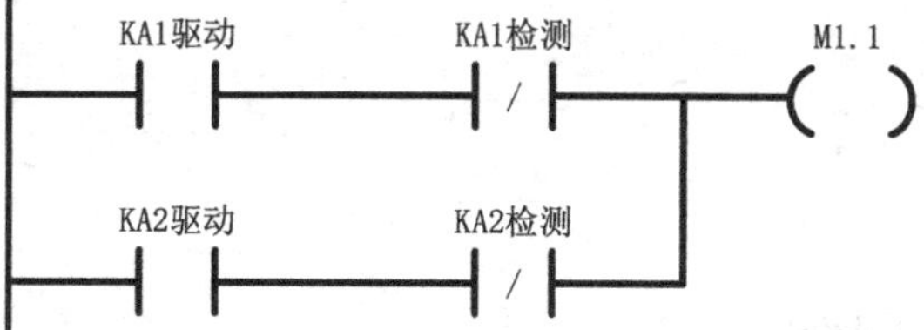

符号	地址	注释
KA1检测	I1.0	冷却泵电动机继电器KA1常开触头
KA1驱动	Q0.1	冷却泵电动机继电器KA1电磁线圈
KA2检测	I1.1	刀架快速移动电动机继电器KA2常开触头
KA2驱动	Q0.2	刀架快速移动电动机继电器KA2电磁线圈

网络 9　　HL3闪烁控制

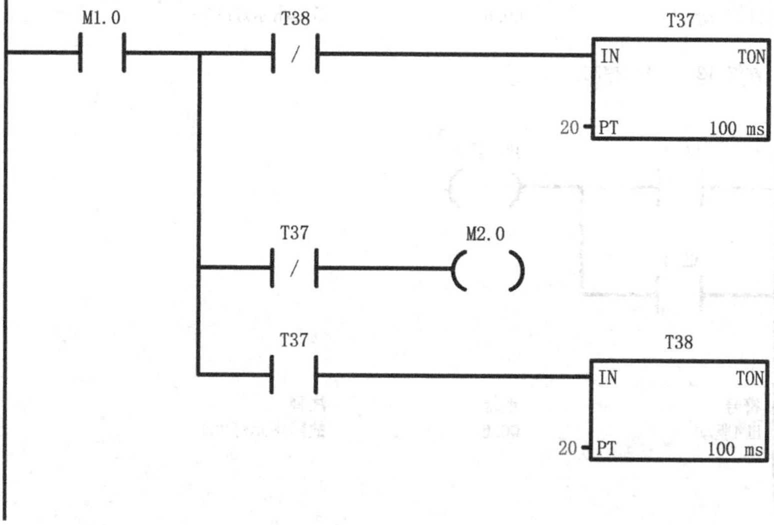

网络 10　　HL4闪烁控制

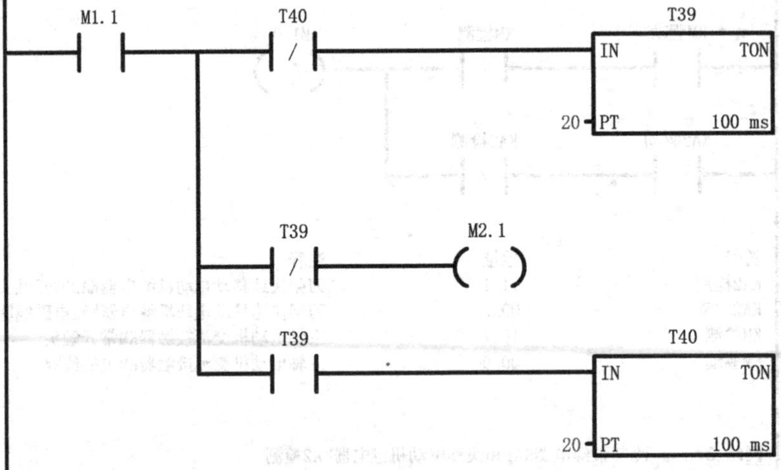

网络 11　　HL3控制

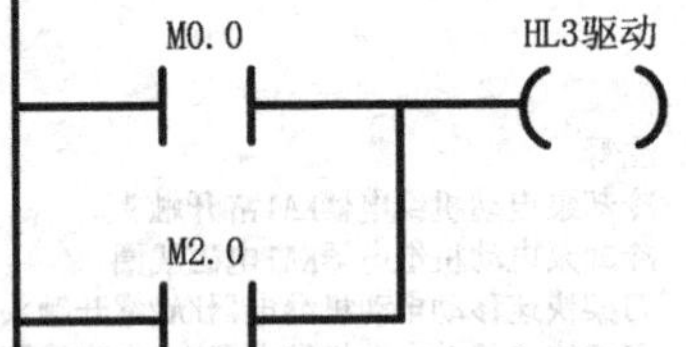

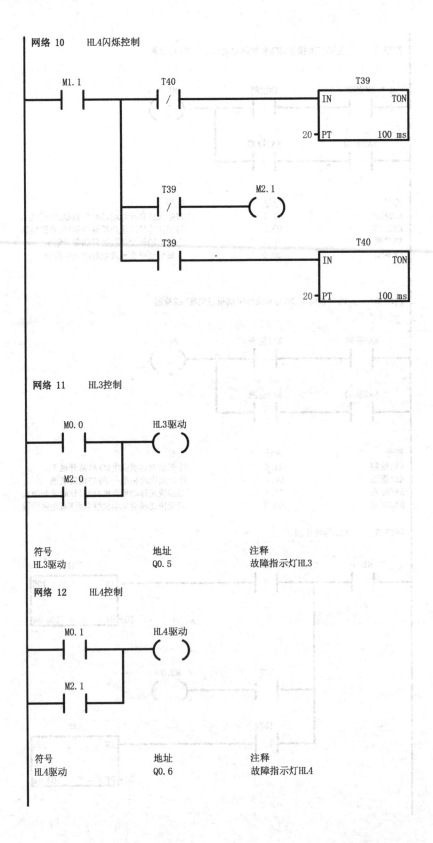

符号	地址	注释
HL3驱动	Q0.5	故障指示灯HL3

网络 12　　HL4控制

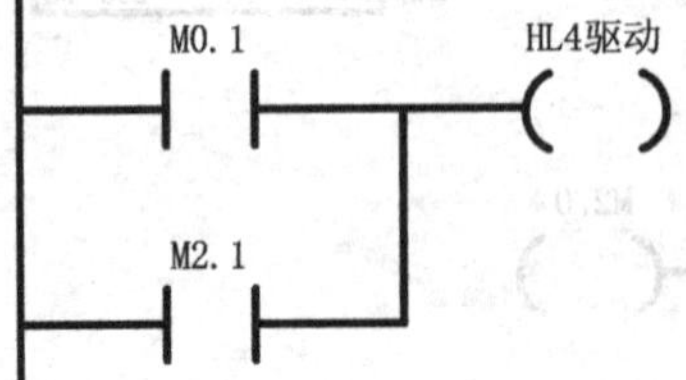

符号	地址	注释
HL4驱动	Q0.6	故障指示灯HL4

7.2 钻床的PLC控制

本节以Z3050型摇臂钻床的电气控制线路为例进行分析。

7.2.1 方案设计

1. PLC的选择

选用CPU224/AC/DC/RLY型。

2. 主轴电动机的控制方式

由于钻床的主轴通常是单向旋转，且没有较高的调速要求。因此不采用变频器，由启动按钮给PLC发出指令，PLC驱动交流接触器控制主轴电动机正转。为节省输入端口，减少程序步数，把停止按钮和热继电器串联共用一个输入端口。

3. 摇臂升降的控制

由PLC接收按钮指令，PLC驱动交流接触器实现摇臂升降电动机的正反转点动控制。摇臂升降电动机正转，驱动摇臂上升；摇臂升降电动机反转，驱动摇臂下降。摇臂电动机的正反转，不仅在程序中加入联锁保护控制，而且在外部电路中串联交流接触器常闭触头进行联锁控制。可靠地防止短路。考虑是点动控制，因此对摇臂的升降限位保护，采用升降终端限位行程开关分别与正反转点动按钮串联共用一个输入端口。

在摇臂升降之前，由PLC控制液压泵电动机正转执行摇臂的松开操作，摇臂松开到位时，PLC收到由松开行程开关发出的信号，停止液压泵运转。然后使摇臂升降电动机运转，执行摇臂的升降操作。升降操作结束后，由PLC控制液压泵反转执行摇臂的夹紧操作，夹紧到位时，PLC收到由夹紧行程开关发出的信号，停止液压泵运转。

由PLC的断电延时型定时器实现延时控制和联锁控制。使得当执行摇臂升降操作时，禁止执行立柱和主轴箱的松夹操作。

4. 立柱和主轴箱的松夹控制

主轴箱和立柱的松开与夹紧的液压分配方式，由三档转换开关选择，PLC收到信号后，或同时或单独直接驱动电磁阀YA_1、YA_2，实现液压分配。

由PLC接收按钮指令，PLC驱动交流接触器实现液压泵电动机的正反转点动控制。液压泵电动机正转，执行立柱、主轴箱松开操作；液压泵电动机反转，执行立柱、主轴箱松开操作。液压泵电动机的正反转，也要求程序和外部电路中同时加入联锁控制。在控制程序中，采用PLC内部的断电延时型定时器，实现摇臂升降的禁止操作和电磁阀YA_1、YA_2的控制。采用PLC内部的通电延时型定时器，实现液压泵电动机的延时运转控制。

考虑是点动控制，因此可以把液压泵电动机正反转交流接触器电磁线圈分别与热继电器串联。

5. 冷却泵电动机的控制

冷却泵电动机的控制方式保持不变。

6. 安全保护措施

控制电路中除了应有的断电、限位、欠压、失压、过载、短路保护措施外，还要增加PLC的保护措施，有利于延长高成本电器的使用寿命。

7. 工作状态指示和过压保护

在交流接触器、液压分配电磁阀上并联由限流电阻和指示灯构成的串联电路，一方面，可指示工作状态，而且当电路出现故障时，维修人员可通过指示灯的状况查找故障，提高检修效率。另一方面，在一定程度上替代 RC 串联吸收回路实现过压保护功能。选用额定电压为 220V 的指示灯，选用阻值较小、功率较大的电阻限流，保护指示灯。

7.2.2 PLC 的 I/O 端口分配

端口分配如表 7-3 所示。

表 7-3　　Z3050 型摇臂钻床的 PLC 的 I/O 端口分配

输入端口		输出端口	
I0.0	主轴电动机 M_1 过载保护 FR_1 主轴电动机 M_1 停止按钮 SB_3	Q0.0	主轴电动机交流接触器 KM_1
I0.1	主轴电动机 M_1 启动按钮 SB_4	Q0.1	摇臂升降电动机 M_2 正转交流接触器 KM_2
I0.2	摇臂升降电动机 M_2 正转点动按钮 SB_5 摇臂上升限位保护行程开关 SQ_2	Q0.2	摇臂升降电动机 M_2 反转交流接触器 KM_3
I0.3	摇臂升降电动机 M_2 反转点动按钮 SB_6 摇臂下降限位保护行程开关 SQ_3	Q0.3	液压泵电动机 M_3 正转交流接触器 KM_4
I0.4	摇臂松开行程开关 SQ_4	Q0.4	液压泵电动机 M_3 反转交流接触器 KM_5
I0.5	摇臂夹紧行程开关 SQ_5	Q0.5	立柱液压分配电磁阀 YA_1
I0.6	液压泵电动机 M_3 正转点动按钮 SB_7	Q0.6	主轴箱液压分配电磁阀 YA_2
I0.7	液压泵电动机 M_3 反转点动按钮 SB_8	Q0.7	未用
I1.0	液压分配电磁阀 YA_1 开关 $SA_{3\text{-}1}$	Q1.0	未用
I1.1	液压分配电磁阀 YA_1 和 YA_2 开关 $SA_{3\text{-}2}$	Q1.1	未用
I1.2	液压分配电磁阀 YA_2 开关 $SA_{3\text{-}3}$		
I1.3	未用		
I1.4	未用		
I1.5	未用		

7.2.3 电路控制原理

基于西门子 S7-200 的 Z3050 型摇臂钻床的电气控制原理图如图 7-2 所示。

1. 主电路

主电路保持不变。

2. 控制电路

由控制变压器对 380V 变压后，输出 220V 和 24V 的电压，分别给控制电路和照明灯电路供电。FU_2～FU_4 实现短路保护。

由钥匙式开关 SA_2、配电箱柜门处行程开关 SQ_1 和电源开关 QF 的分励脱扣器电磁线圈组成断电保护电路。

由 SB_1、SB_2 和 KA_1 组成 PLC 启动和欠压、失压保护电路。

由 SB_3、SB_4、FR_1、KM_1、PLC 的 I0.0、I0.1 和 Q0.0 端口组成主轴电动机 M_1 的控制电路。当 M_1 过载时，FR_1 断开，KM_1 断电释放，M_1 停转。

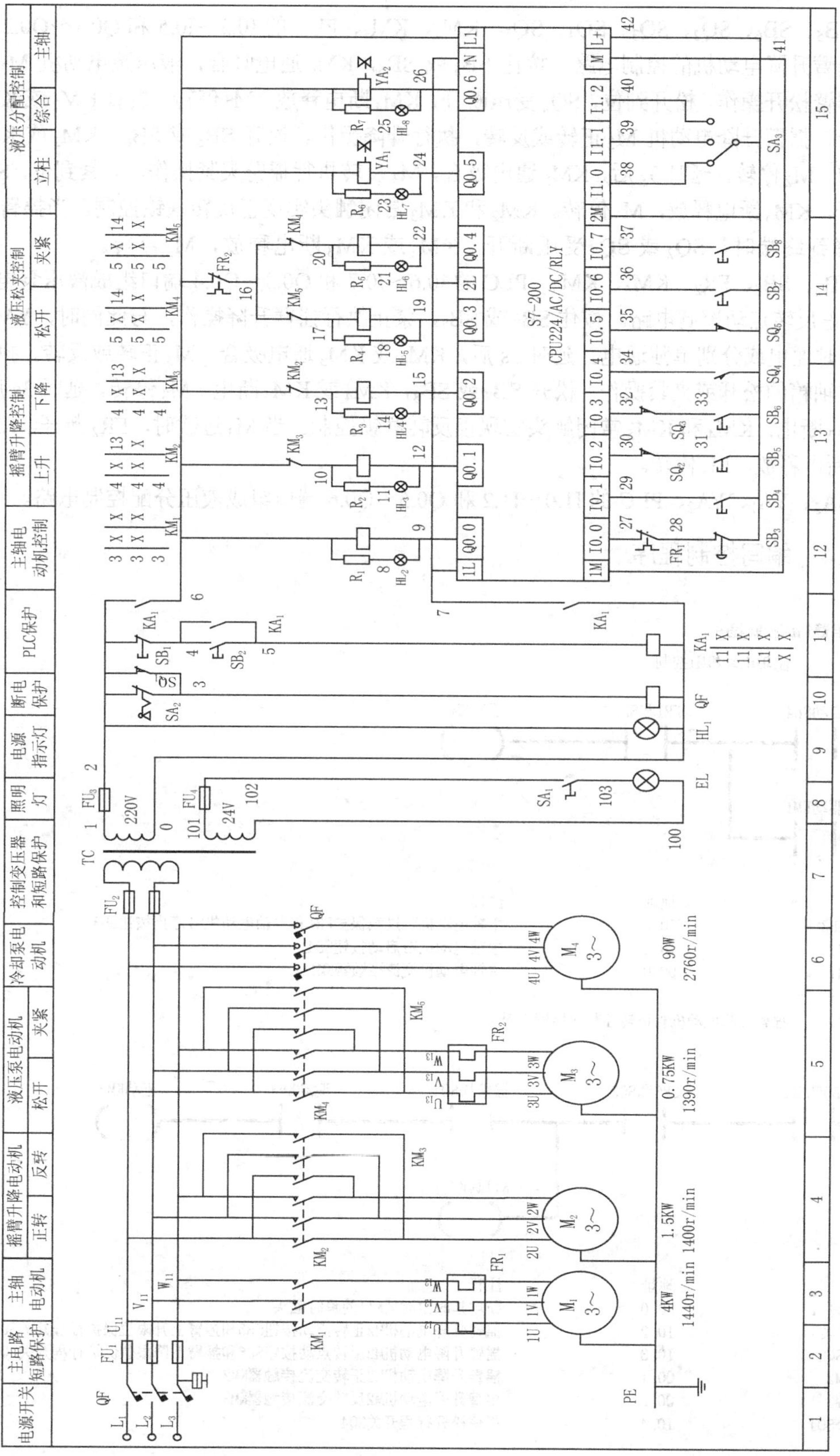

图 7-2 基于 S7-200PLC 控制的 Z3050 型摇臂钻床的电气原理图

由 SB_5、SB_6、SQ_2、SQ_3、SQ_4、SQ_5、KM_2、KM_3、PLC 的 I0.2～I0.5 和 Q0.1～Q0.2 端口组成摇臂升降电动机的控制电路。按住 SB_5 或 SB_6，KM_4 通电吸合，液压泵电动机 M_3 正转执行摇臂松开操作，松开到位，SQ_4 受压断开，KM_4 断电释放，M_3 停转。接着 KM_2 或 KM_3 通电吸合，摇臂升降电动机 M_2 正转或反转，执行升降操作。松开 SB_5 或 SB_6，KM_2 或 KM_3 断电释放，M_2 停转，延时 3s 后，KM_5 通电吸合，M_3 反转执行摇臂夹紧操作，夹紧到位，SQ_5 受压断开，KM_5 断电释放，M_3 停转。KM_2 和 KM_3 常闭触头实现正反转联锁控制。当摇臂上升或下降到终端时，SQ_2 或 SQ_3 受压断开，KM_2 或 KM_3 断电释放，M_2 停转。

由 SB_7、SB_8、FR_2、KM_4、KM_5、PLC 的 I0.6～I0.7 和 Q0.3～Q0.4 端口组成液压泵电动机 M_3 的正反转点动控制电路。按住 SB_7 或 SB_8，禁止执行摇臂升降操作，与此同时，YA_1、YA_2 或同时通电或分别单独通电。延时 3s 后，KM_4 或 KM_5 通电吸合，M_3 正转或反转，执行立柱、主轴箱的松开或夹紧操作。松开 SB_7 或 SB_8，KM_4 或 KM_5 断电，M_3 停转，延时 3s 后，YA_1、YA_2 断电。KM_4 和 KM_5 常闭触头实现正反转联锁控制。当 M_3 过载时，FR_2 断开，KM_4 或 KM_5 断电释放，M_3 停转。

由 SA_3、YA_1、YA_2、PLC 的 I1.0～I1.2 和 Q0.5～Q0.6 端口组成液压分配控制电路。

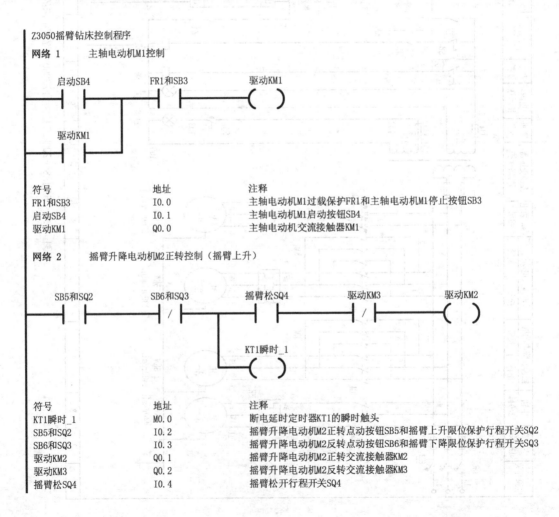

7.2.4 编写控制程序

Z3050摇臂钻床控制程序

网络 1 主轴电动机M1控制

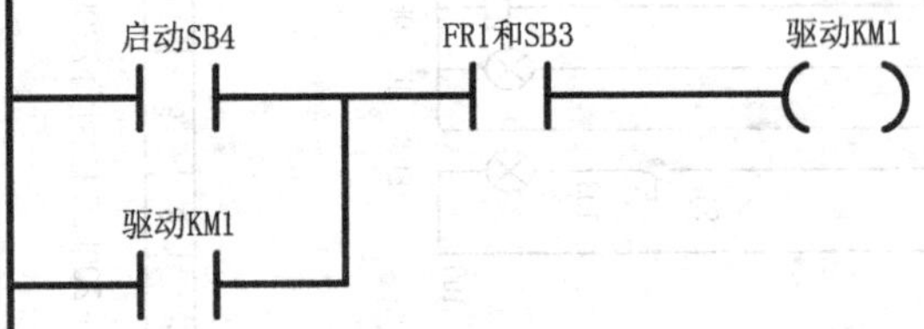

符号	地址	注释
FR1和SB3	I0.0	主轴电动机M1过载保护FR1和主轴电动机M1停止按钮SB3
启动SB4	I0.1	主轴电动机M1启动按钮SB4
驱动KM1	Q0.0	主轴电动机交流接触器KM1

网络 2 摇臂升降电动机M2正转控制（摇臂上升）

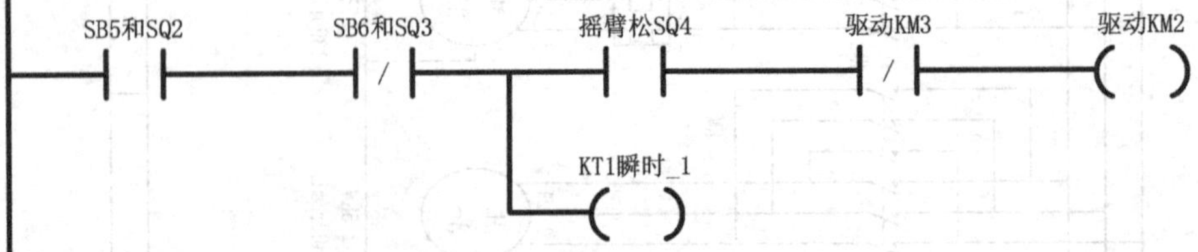

符号	地址	注释
KT1瞬时_1	M0.0	断电延时定时器KT1的瞬时触头
SB5和SQ2	I0.2	摇臂升降电动机M2正转点动按钮SB5和摇臂上升限位保护行程开关SQ2
SB6和SQ3	I0.3	摇臂升降电动机M2反转点动按钮SB6和摇臂下降限位保护行程开关SQ3
驱动KM2	Q0.1	摇臂升降电动机M2正转交流接触器KM2
驱动KM3	Q0.2	摇臂升降电动机M2反转交流接触器KM3
摇臂松SQ4	I0.4	摇臂松开行程开关SQ4

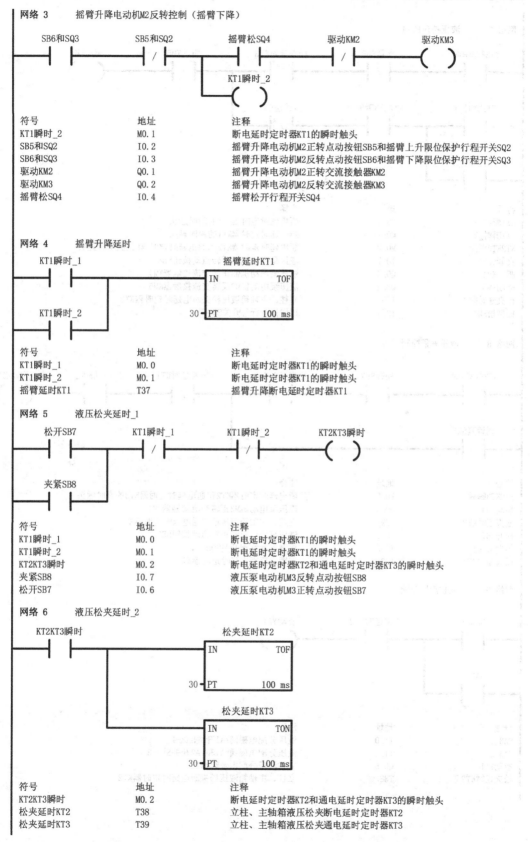

网络 3 摇臂升降电动机M2反转控制（摇臂下降）

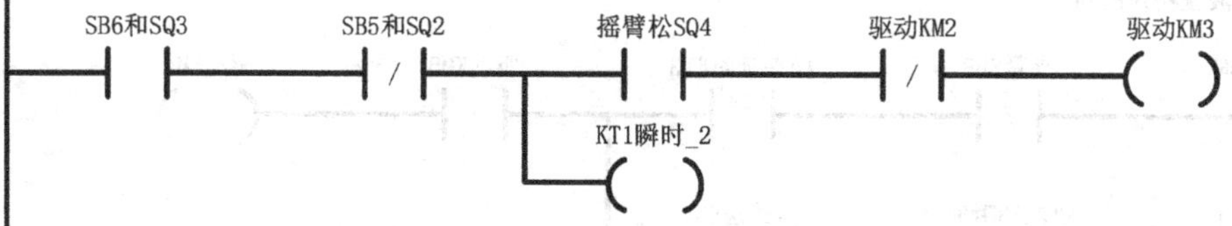

符号	地址	注释
KT1瞬时_2	M0.1	断电延时定时器KT1的瞬时触头
SB5和SQ2	I0.2	摇臂升降电动机M2正转点动按钮SB5和摇臂上升限位保护行程开关SQ2
SB6和SQ3	I0.3	摇臂升降电动机M2反转点动按钮SB6和摇臂下降限位保护行程开关SQ3
驱动KM2	Q0.1	摇臂升降电动机M2正转交流接触器KM2
驱动KM3	Q0.2	摇臂升降电动机M2反转交流接触器KM3
摇臂松SQ4	I0.4	摇臂松开行程开关SQ4

网络 4 摇臂升降延时

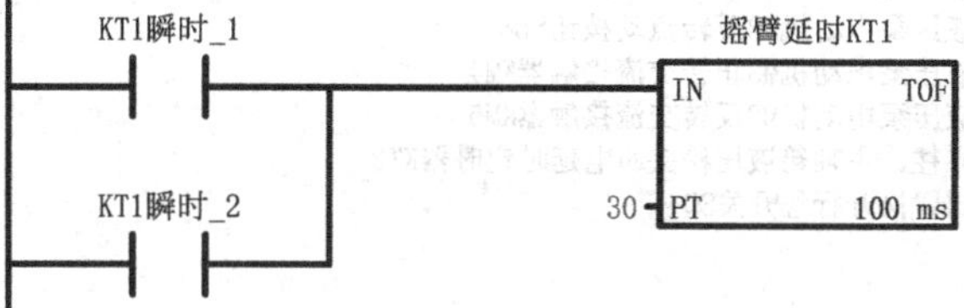

符号	地址	注释
KT1瞬时_1	M0.0	断电延时定时器KT1的瞬时触头
KT1瞬时_2	M0.1	断电延时定时器KT1的瞬时触头
摇臂延时KT1	T37	摇臂升降断电延时定时器KT1

网络 5 液压松夹延时_1

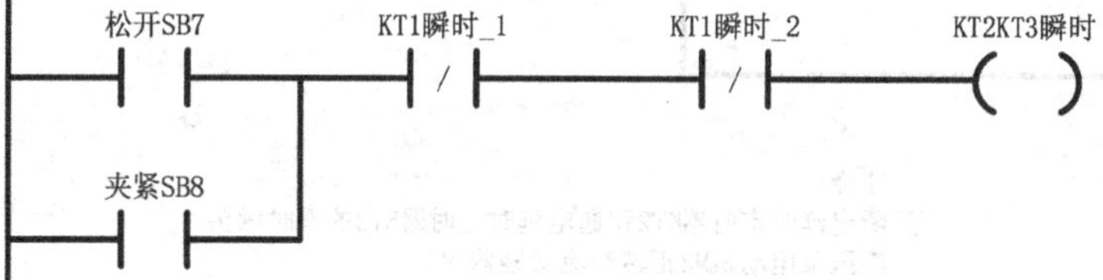

符号	地址	注释
KT1瞬时_1	M0.0	断电延时定时器KT1的瞬时触头
KT1瞬时_2	M0.1	断电延时定时器KT1的瞬时触头
KT2KT3瞬时	M0.2	断电延时定时器KT2和通电延时定时器KT3的瞬时触头
夹紧SB8	I0.7	液压泵电动机M3反转点动按钮SB8
松开SB7	I0.6	液压泵电动机M3正转点动按钮SB7

网络 6 液压松夹延时_2

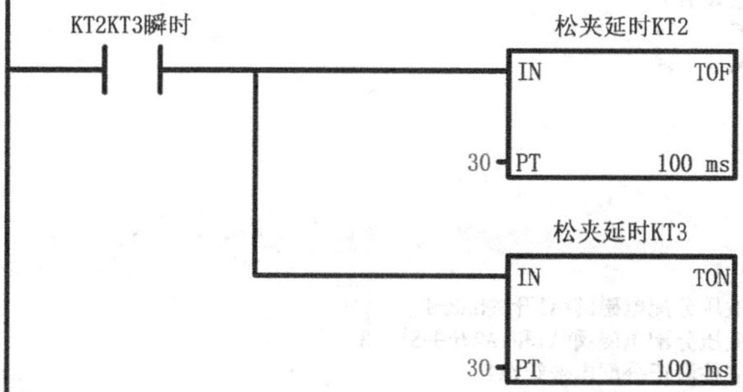

符号	地址	注释
KT2KT3瞬时	M0.2	断电延时定时器KT2和通电延时定时器KT3的瞬时触头
松夹延时KT2	T38	立柱、主轴箱液压松夹断电延时定时器KT2
松夹延时KT3	T39	立柱、主轴箱液压松夹通电延时定时器KT3

网络 7 液压松开控制

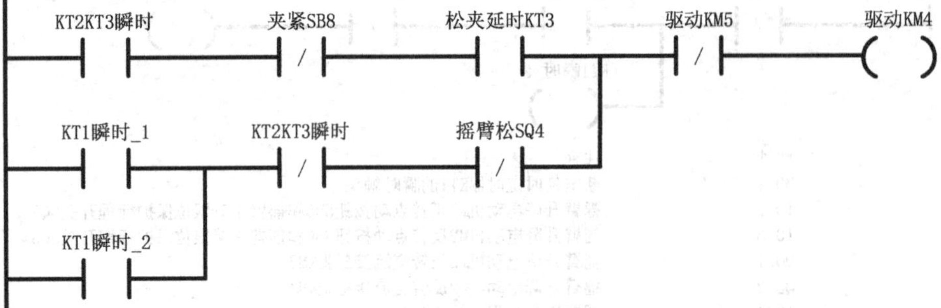

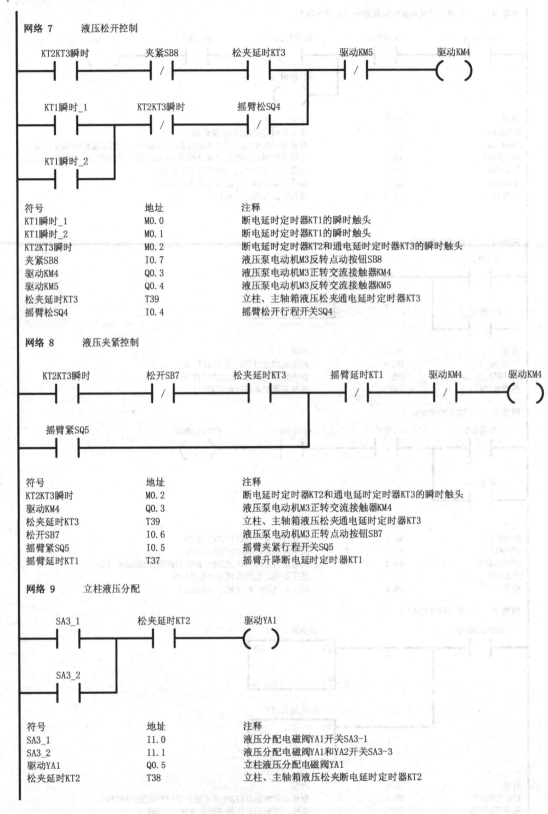

符号	地址	注释
KT1瞬时_1	M0.0	断电延时定时器KT1的瞬时触头
KT1瞬时_2	M0.1	断电延时定时器KT1的瞬时触头
KT2KT3瞬时	M0.2	断电延时定时器KT2和通电延时定时器KT3的瞬时触头
夹紧SB8	I0.7	液压泵电动机M3反转点动按钮SB8
驱动KM4	Q0.3	液压泵电动机M3正转交流接触器KM4
驱动KM5	Q0.4	液压泵电动机M3反转交流接触器KM5
松夹延时KT3	T39	立柱、主轴箱液压松夹通电延时定时器KT3
摇臂松SQ4	I0.4	摇臂松开行程开关SQ4

网络 8 液压夹紧控制

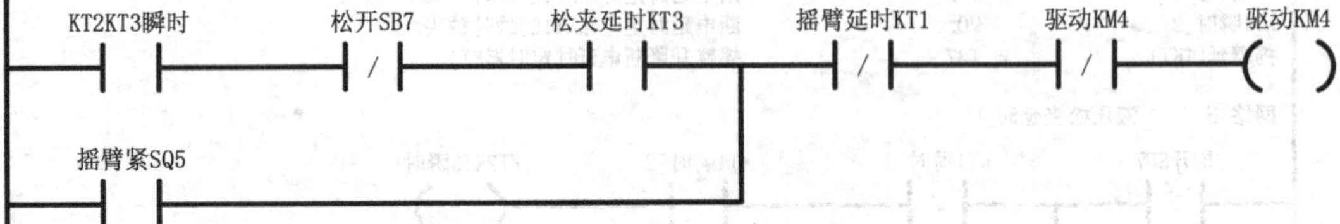

符号	地址	注释
KT2KT3瞬时	M0.2	断电延时定时器KT2和通电延时定时器KT3的瞬时触头
驱动KM4	Q0.3	液压泵电动机M3正转交流接触器KM4
松夹延时KT3	T39	立柱、主轴箱液压松夹通电延时定时器KT3
松开SB7	I0.6	液压泵电动机M3正转点动按钮SB7
摇臂紧SQ5	I0.5	摇臂夹紧行程开关SQ5
摇臂延时KT1	T37	摇臂升降断电延时定时器KT1

网络 9 立柱液压分配

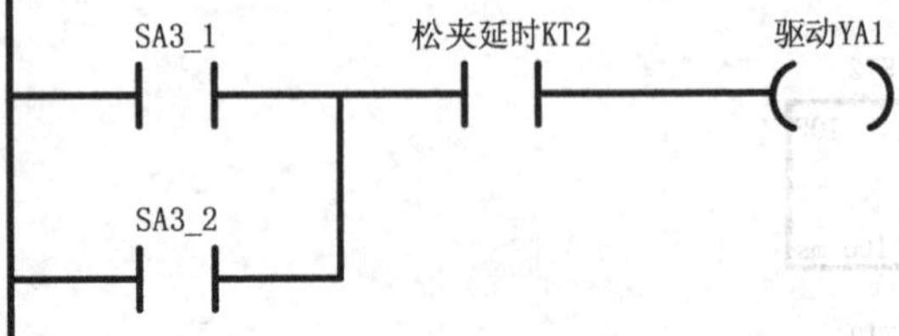

符号	地址	注释
SA3_1	I1.0	液压分配电磁阀YA1开关SA3-1
SA3_2	I1.1	液压分配电磁阀YA1和YA2开关SA3-3
驱动YA1	Q0.5	立柱液压分配电磁阀YA1
松夹延时KT2	T38	立柱、主轴箱液压松夹断电延时定时器KT2

网络 10　　主轴箱液压分配

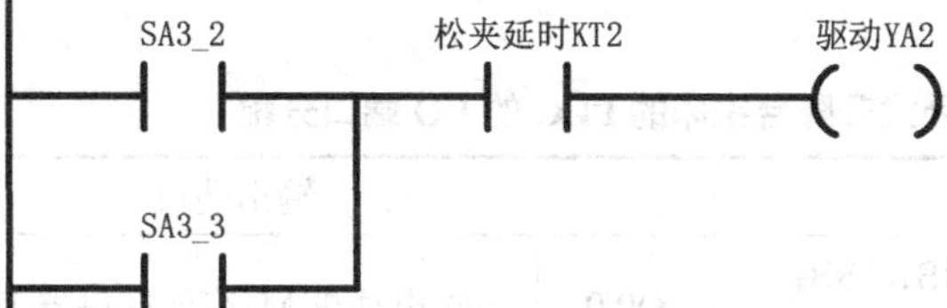

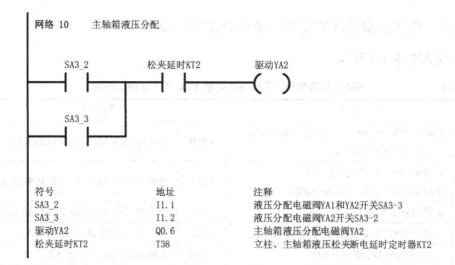

符号	地址	注释
SA3_2	I1.1	液压分配电磁阀YA1和YA2开关SA3-3
SA3_3	I1.2	液压分配电磁阀YA2开关SA3-2
驱动YA2	Q0.6	主轴箱液压分配电磁阀YA2
松夹延时KT2	T38	立柱、主轴箱液压松夹断电延时定时器KT2

7.3 铣床的PLC控制

以X6132（原X62W）型万能卧式升降台铣床为例进行设计。

7.3.1 方案设计

1. PLC的选择

选用CPU224/AC/DC/RLY型。

2. 主轴电动机的控制方式

由PLC控制变频器，通过变频器实现主轴电动机的正反转，给变频器输入可调控制电压，实现主轴电动机的变频调速。这种调速方法可获得更宽且更灵活的变速范围。还可简化机械传动变速机构的复杂程度，也大大降低能耗。由于变频器的低速性能较差，仍需要一定的机械变速机构。根据主轴电动机的额定输出功率，选用三菱FR-E740-7.5K。

3. 进给电动机的控制

PLC接收外部输入信号后，由程序控制输出端口，通过交流接触器控制进给电动机的正反转。工作台进给仍保留机械式变速方式。

4. 冷却泵电动机的控制

PLC接收外部输入信号后，由程序控制输出端口，通过继电器控制冷却泵电动机的运转。去掉控制电路中的中间继电器，改为由程序控制实现主轴先启动，冷却泵才能运转的工作方式。

5. 电磁离合器的控制

交流接触器和继电器的通电控制，由PLC的一组输出端口实现，另一组输出端口接直流电源，实现电磁离合器的控制。

6. 安全保护措施

控制线路除了应有的断电、欠压、失压、过载、短路保护措施外，还要增加变频器和PLC的保护措施，有利于延长高成本电器的使用寿命。

7.3.2 根据方案设计的要求，进行 PLC 的 I/O 端口分配

端口分配如表 7-4 所示。

表 7-4　X6132 型万能卧式升降台铣床的 PLC 的 I/O 端口分配

输入端口		输出端口	
I0.0	主轴电动机 M_1 两地停止按钮 SB_3、SB_4 主轴换刀转换开关 SA_4	Q0.0	主轴电动机 M_1 交流接触器 KM_1
I0.1	主轴电动机 M_1 过载保护 FR_1 冷却泵电动机 M_3 过载保护 FR_3	Q0.1	进给电动机 M_2 正转交流接触器 KM_2
I0.2	变频器异常检测 BC 端	Q0.2	进给电动机 M_2 反转交流接触器 KM_3
I0.3	主轴电动机 M_1 两地启动按钮 SB_5、SB_6	Q0.3	冷却泵电动机 M_3 继电器 KA_1
I0.4	主轴变速冲动行程开关 SQ_2	Q0.4	主轴制动电磁离合器 YC_1
I0.5	冷却泵启动开关 SA_5	Q0.5	进给电磁离合器 YC_2
I0.6	工作台快速进给点动按钮 SB_7、SB_8	Q0.6	快速移动电磁离合器 YC_3
I0.7	工作台纵向向右行程开关 SQ_3	Q0.7	未用
I1.0	工作台纵向向左行程开关 SQ_4	Q1.0	未用
I1.1	工作台横向向前及升降向下 行程开关 SQ_5	Q1.1	未用
I1.2	工作台横向向后及升降向上 行程开关 SQ_6		
I1.3	圆工作台转换开关 SA_6		
I1.4	进给变速冲动行程开关 SQ_7		
I1.5	未用		

7.3.3 电路控制原理

1. 主电路

如图 7-3 所示，QF 是带有分励式脱扣器的低压断路器，FU_1 实现主电路的短路保护。

KM_1 通电吸合，变频器通电控制主轴电动机 M_1 运转。SA_1 用于改变 M_1 的旋转方向，W 用于调节 M_1 的旋转速度。变频器的 BC 端接 PLC 输入端口 I0.2，实现变频器的保护。FR_1 实现主轴电动机的过载保护。

由 KM_2 和 KM_3 控制实现进给电动机 M_2 的正反转控制，KM_2 通电吸合，M_2 正转，KM_3 通电吸合，M_2 反转。FR_2 实现 M_2 的过载保护。

由 KA_1 控制冷却泵电动机 M_3 的运转。

2. 控制电路

控制电路如图 7-4 所示。

（1）供电方式和短路保护

380V 交流电压经控制变压器 TC_1 变压后，输出 220V 和 24V 交流电压。220V 给 QF_1

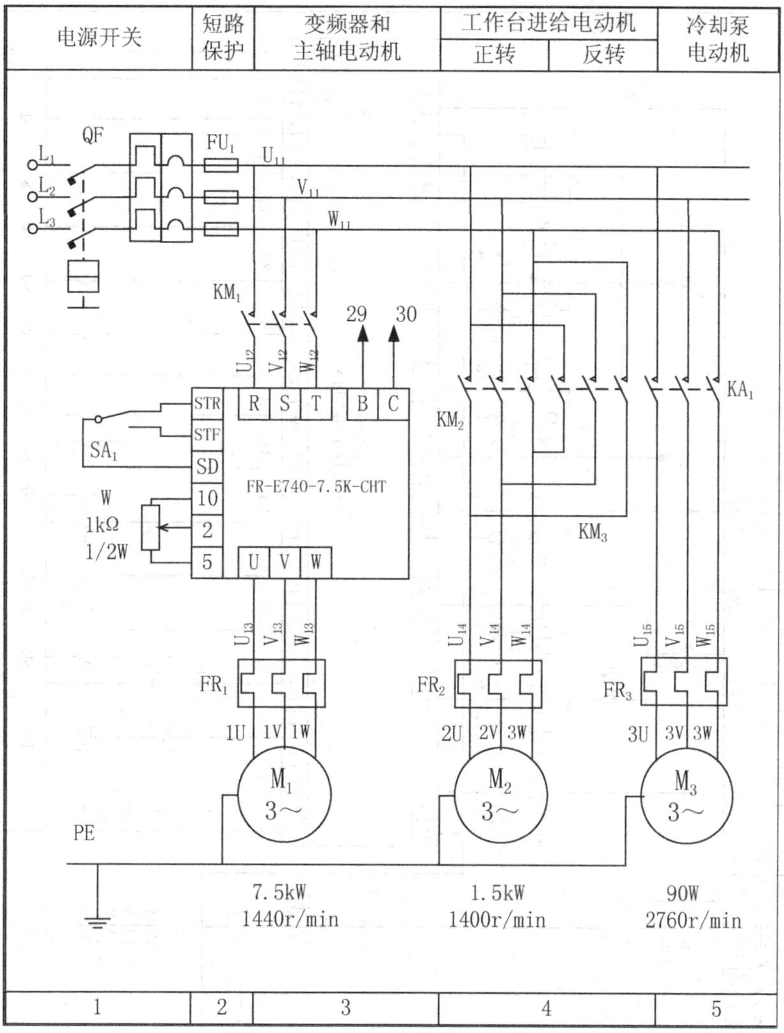

图 7-3 基于 S7-200 的 X6132 万能卧式升降台铣床的主电路

的分励脱扣器电磁线圈、PLC、接触器、继电器、指示灯等负载供电。24V 给照明灯供电。SA_2 为照明灯开关。

380V 交流电压经整流变压器 TC_2 变压后，输出 28V 交流电压。经整流后，通过 PLC 的 2L 和 Q0.4～Q0.6 输出端口给电磁离合器供电。

由 FU_2～FU_5 实现控制电路的短路保护。

（2）信号指示灯

HL_1 为电源指示灯，QF 合闸后，HL_1 点亮。HL_2～HL_8 分别与 KM_1～KM_3、KA_1、YC_1～YC_3 的线圈并联，可指示线圈的工作状态。当电路出现故障时，维修人员可通过指示灯的状况查找故障，提高检修效率。同时在一定程度上替代 RC 串联吸收回路实现过压保护功能。

（3）断电保护

SA_3 为钥匙式开关，插上钥匙并转动 SA_3 使其断开，才能使 QF_1 合闸。SQ_1 安装电气箱柜门内，关上柜门，SQ_1 受压断开，QF_1 脱扣器线圈断电。打开柜门，SQ_1 复位闭合，QF_1 脱扣器线圈通电。QF 跳闸切断电源。

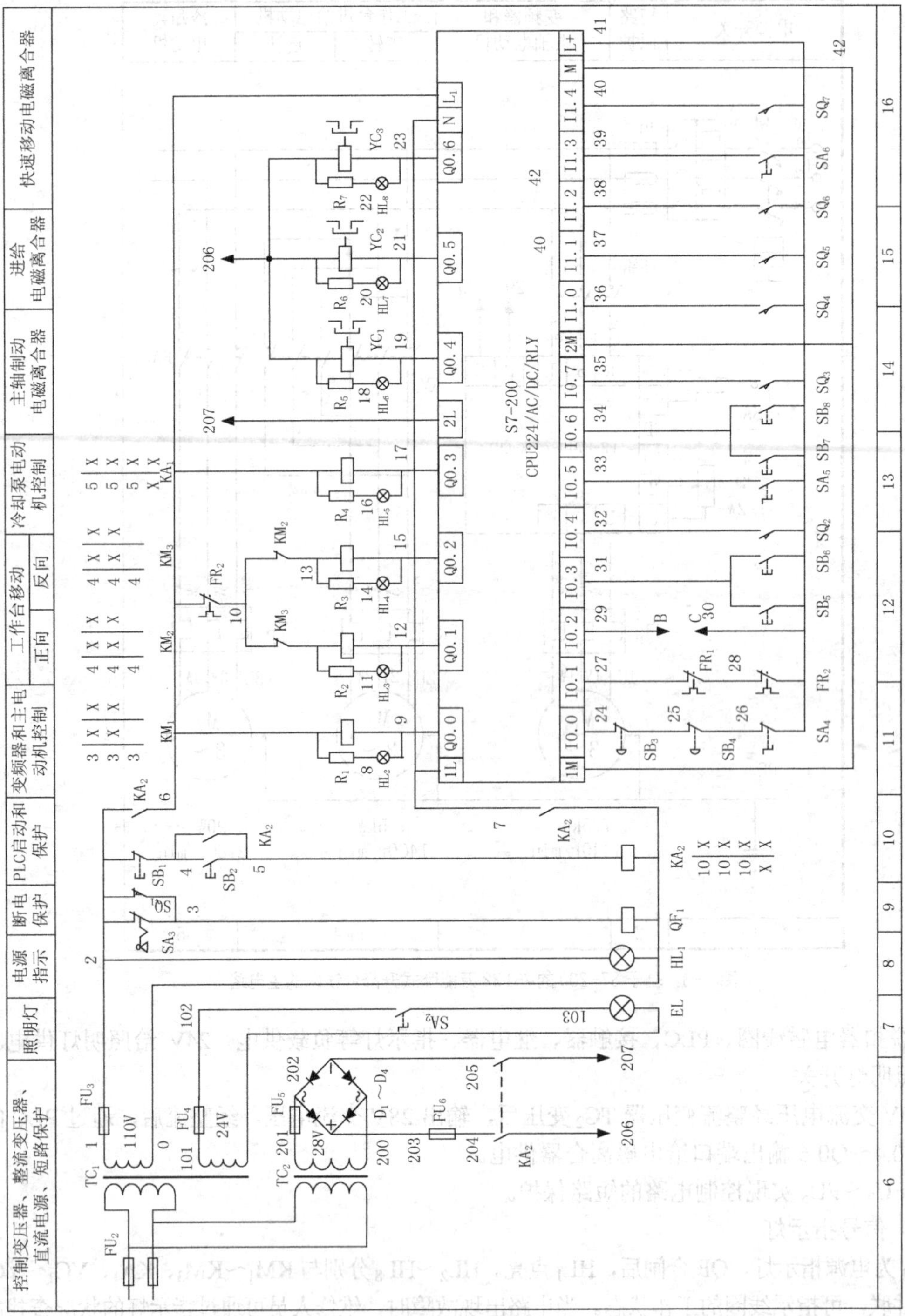

图 7-4 基于 S7-200 的 X6132 万能卧式升降台铣床的控制电路

（4）PLC 启动和保护

按下 SB_2，KA_2 通电吸合自锁，KA_2 常开触头闭合，PLC 通电工作。同时 PLC 的两组输出端口也得到供电。按下 SB_1，KA_2 断电释放，KA_2 常开触头断开，PLC 断电。KA_2 的自锁实现 PLC 的失压和欠压保护。

（5）主轴电动机的控制

两地停止按钮 SB_3、SB_4 和换刀开关 SA_4 串联一起占用 I0.0 端口，热继电器 FR_1 和 FR_2 的常闭触头串联在一起占用 I0.1 端口。这五个触头中的任何一个断开，都会使 KM_1 和 KA_1 断电释放，使 M_1 和 M_3 停转。两地启动按钮 SB_5、SB_6 并联占用 I0.3 端口，按下其中任何一个按钮，KM_1 通电吸合，变频器通电，可以进行 M_1 的正反转和调速。当进行机械变速时，变频器处于断电状态，机械变速操作完毕后，SQ_2 瞬间闭合一次，KM_1 瞬间通电吸合一次，实现 M_1 的冲动（短时点动）。当变频器工作异常时，接 I0.2 端口的 BC 端断开，KM_1 断电释放，切断变频器供电。按下 SB_3 或 SB_4，变频器和 M_1 停转，同时 YC_1 通电实现主轴制动。转动 SA_4 使其断开，KM_1 不能通电吸合，可进行换刀操作。

（6）冷却泵电动机的控制

变频器和主轴电动机 M_1 运转时，转动 SA_5，冷却泵电动机通电运转。变频器和 M_1 停止工作时，转动 SA_5 无效。

（7）进给电动机的控制

按住 SB_7 或 SB_8，YC_2 断电，YC_3 通电，根据 SQ_3～SQ_6 状态，KM_2 或 KM_3 通电吸合，进给电动机 M_2 正转或反转，实现工作台的快速移动。松开 SB_7 或 SB_8，M_2 停转。

纵向操作手柄扳到向右挡，SQ_3 受压闭合，KM_2 通电吸合，进给电磁离合器 YC_3 同时通电，进给电动机 M_2 正转，驱动工作台向右进给。纵向操作手柄扳到向左挡，SQ_4 受压闭合，KM_3 通电吸合，YC_3 同时通电，M_2 反转，驱动工作台向左进给。纵向操作手柄扳到中间挡，SQ_3 和 SQ_4 断开。

横向及升降操作手柄扳到向前或向下右档，SQ_5 受压闭合，KM_2 通电吸合，进给电磁离合器 YC_3 同时通电，进给电动机 M_2 正转，驱动工作台向前或向下进给。横向及升降操作手柄扳到向后或向上挡，SQ_6 受压闭合，KM_3 通电吸合，YC_3 同时通电，M_2 反转，驱动工作台向后或向上进给。横向及升降操作手柄扳到中间挡，SQ_5 和 SQ_6 断开。在 PLC 控制程序中加入联锁控制指令，使之工作台只能沿一个方向进给。

M_1 通电工作时，转动圆工作台开关 SA_6 使之闭合，M_2 驱动圆工作台做单向旋转。M_1 工作且 M_2 停转时，进给变速操作完毕后，SQ_7 瞬间闭合一次，KM_2 通电吸合一次，使 M_2 瞬时正向冲动。

7.3.4 编写控制程序

X6132万能卧式升降台铣床控制程序

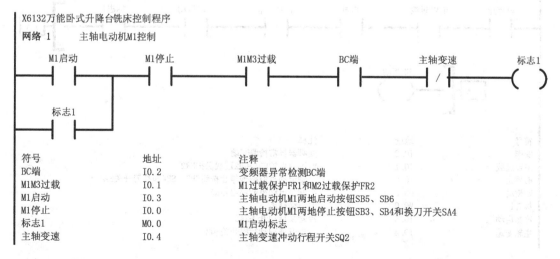

网络 1 主轴电动机M1控制

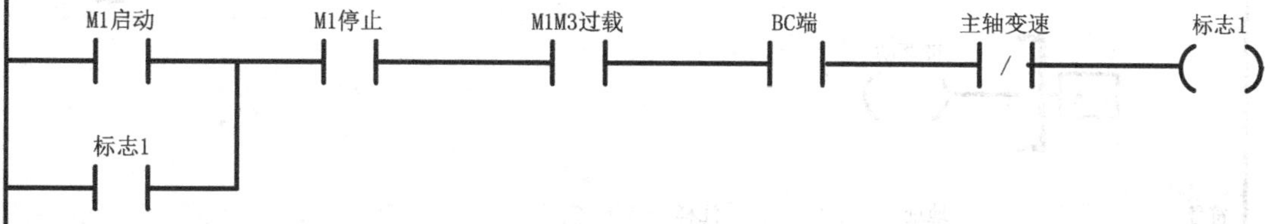

符号	地址	注释
BC端	I0.2	变频器异常检测BC端
M1M3过载	I0.1	M1过载保护FR1和M2过载保护FR2
M1启动	I0.3	主轴电动机M1两地启动按钮SB5、SB6
M1停止	I0.0	主轴电动机M1两地停止按钮SB3、SB4和换刀开关SA4
标志1	M0.0	M1启动标志
主轴变速	I0.4	主轴变速冲动行程开关SQ2

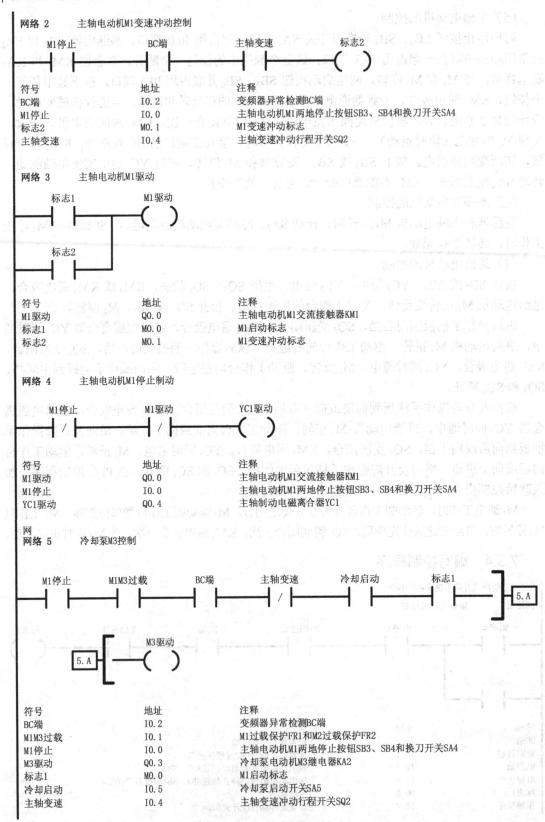

网络 2　　主轴电动机M1变速冲动控制

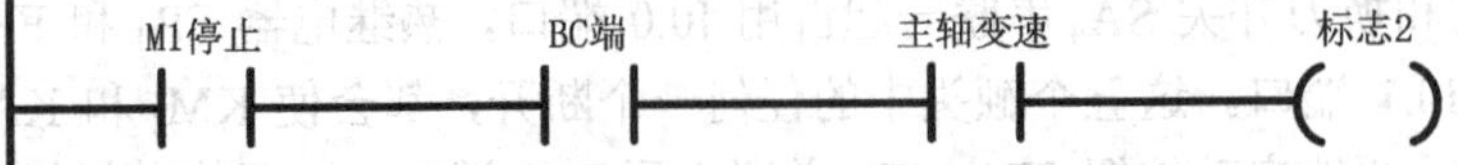

符号	地址	注释
BC端	I0.2	变频器异常检测BC端
M1停止	I0.0	主轴电动机M1两地停止按钮SB3、SB4和换刀开关SA4
标志2	M0.1	M1变速冲动标志
主轴变速	I0.4	主轴变速冲动行程开关SQ2

网络 3　　主轴电动机M1驱动

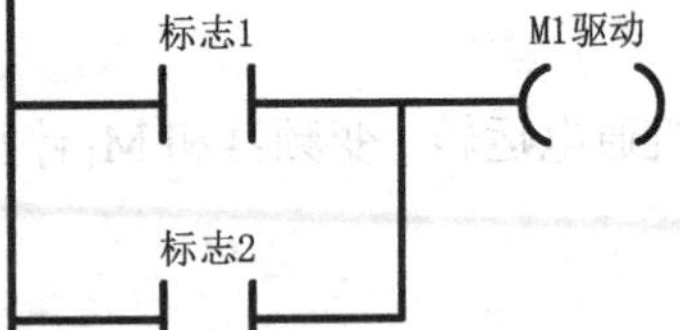

符号	地址	注释
M1驱动	Q0.0	主轴电动机M1交流接触器KM1
标志1	M0.0	M1启动标志
标志2	M0.1	M1变速冲动标志

网络 4　　主轴电动机M1停止制动

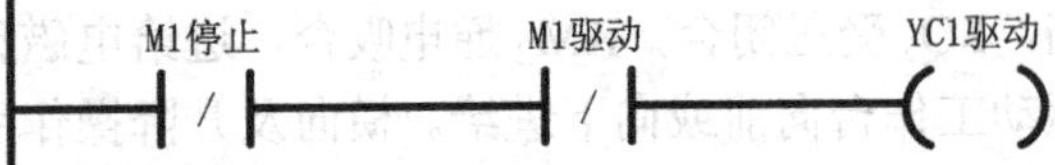

符号	地址	注释
M1驱动	Q0.0	主轴电动机M1交流接触器KM1
M1停止	I0.0	主轴电动机M1两地停止按钮SB3、SB4和换刀开关SA4
YC1驱动	Q0.4	主轴制动电磁离合器YC1

网

网络 5　　冷却泵M3控制

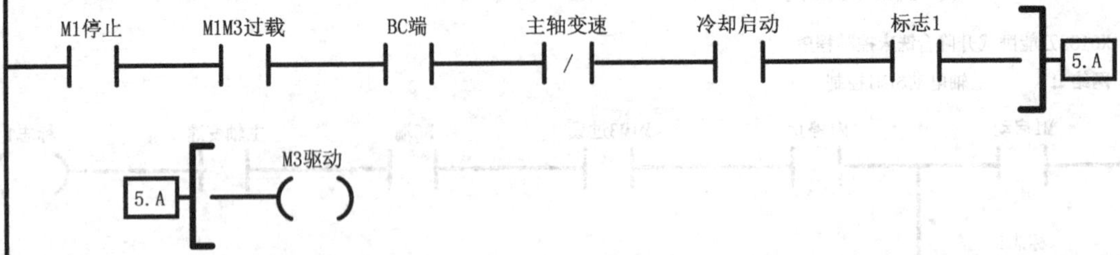

符号	地址	注释
BC端	I0.2	变频器异常检测BC端
M1M3过载	I0.1	M1过载保护FR1和M2过载保护FR2
M1停止	I0.0	主轴电动机M1两地停止按钮SB3、SB4和换刀开关SA4
M3驱动	Q0.3	冷却泵电动机M3继电器KA2
标志1	M0.0	M1启动标志
冷却启动	I0.5	冷却泵启动开关SA5
主轴变速	I0.4	主轴变速冲动行程开关SQ2

网络 6 工作台纵向向右、横向向后或升降向下的进给和快速移动控制，圆工作台控制，进给变速冲动控制

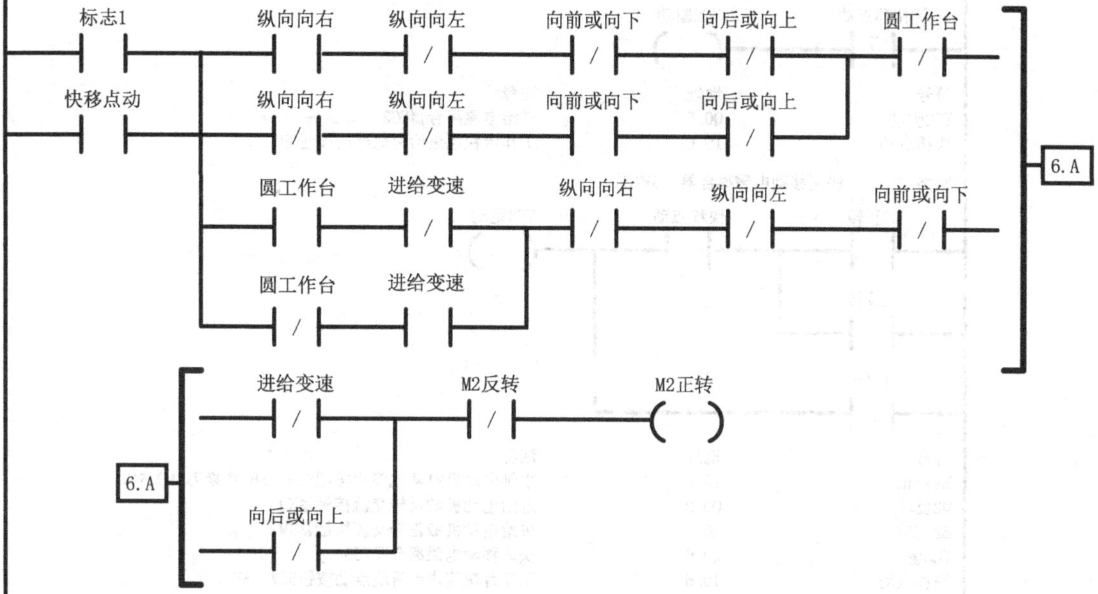

符号	地址	注释
M2反转	Q0.2	进给电动机M2反转交流接触器KM3
M2正转	Q0.1	进给电动机M2正转交流接触器KM2
标志1	M0.0	M1启动标志
进给变速	I1.4	进给变速冲动行程开关SQ7
快移点动	I0.6	工作台快速进给两地点动按钮SB7、SB8
向后或向上	I1.2	工作台横向向后及升降向上行程开关SQ6
向前或向下	I1.1	工作台横向向前及升降向下行程开关SQ5
圆工作台	I1.3	圆工作台转换开关SA6
纵向向右	I0.7	工作台纵向向右行程开关SQ3
纵向向左	I1.0	工作台纵向向左行程开关SQ4

网络 7 工作台纵向向左、横向向前或升降向上的进给和快速移动控制

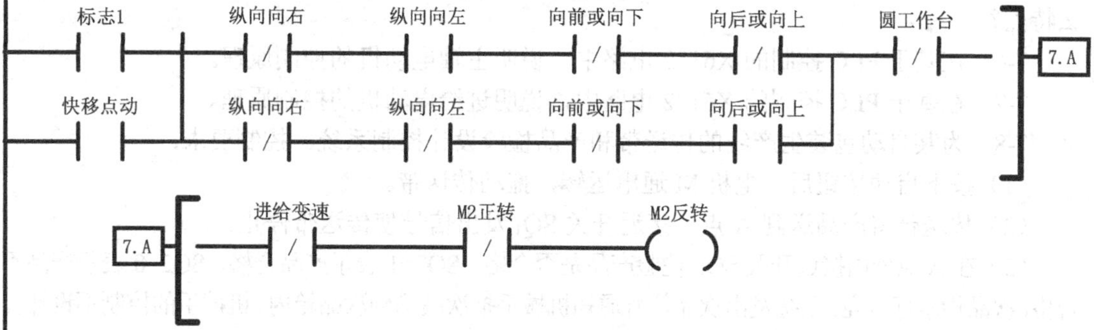

符号	地址	注释
M2反转	Q0.2	进给电动机M2反转交流接触器KM3
M2正转	Q0.1	进给电动机M2正转交流接触器KM2
标志1	M0.0	M1启动标志
进给变速	I1.4	进给变速冲动行程开关SQ7
快移点动	I0.6	工作台快速进给两地点动按钮SB7、SB8
向后或向上	I1.2	工作台横向向后及升降向上行程开关SQ6
向前或向下	I1.1	工作台横向向前及升降向下行程开关SQ5
圆工作台	I1.3	圆工作台转换开关SA6
纵向向右	I0.7	工作台纵向向右行程开关SQ3
纵向向左	I1.0	工作台纵向向左行程开关SQ4

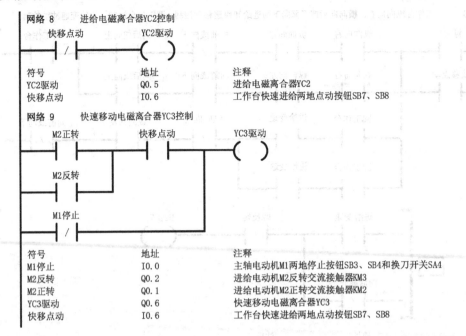

网络 8　　进给电磁离合器YC2控制

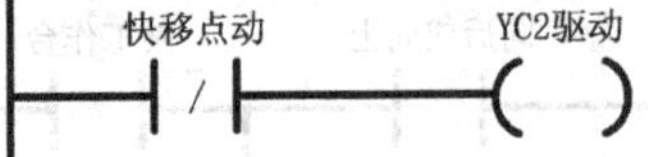

符号	地址	注释
YC2驱动	Q0.5	进给电磁离合器YC2
快移点动	I0.6	工作台快速进给两地点动按钮SB7、SB8

网络 9　　快速移动电磁离合器YC3控制

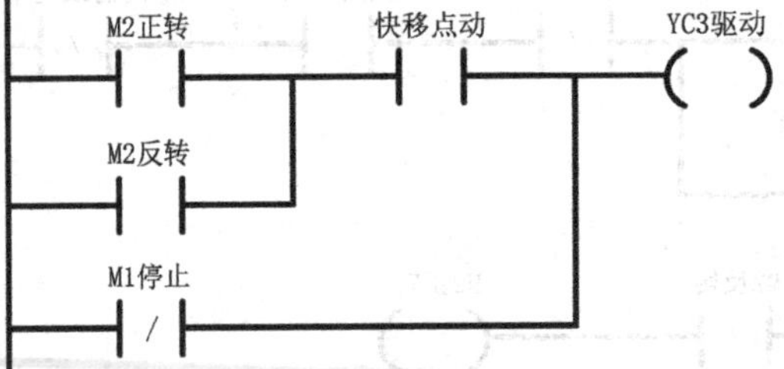

符号	地址	注释
M1停止	I0.0	主轴电动机M1两地停止按钮SB3、SB4和换刀开关SA4
M2反转	Q0.2	进给电动机M2反转交流接触器KM3
M2正转	Q0.1	进给电动机M2正转交流接触器KM2
YC3驱动	Q0.6	快速移动电磁离合器YC3
快移点动	I0.6	工作台快速进给两地点动按钮SB7、SB8

思考题与练习题

7-1　简述基于 PLC 的机床控制系统设计步骤。

7-2　在基于 PLC 控制的 CA6140 电路中，其故障检测及指示功能的作用是什么？

7-3　在基于 PLC 控制的 CA6140 电路中，说明变频器、主轴电动机的控制和保护原理。

7-4　在基于 PLC 控制的 Z3050 电路中，说明 PLC 启动和保护电路的目的和原理。

7-5　在基于 PLC 控制的 Z3050 电路中，主轴电动机和液压泵电动机的过载保护各有什么特点？

7-6　在基于 PLC 控制的 X6132 电路中，说明主轴电动机的控制原理。

7-7　在基于 PLC 控制的 X6132 电路中，说明进给电动机的控制原理。

7-8　为某自动包装生产线的传送带和产品检验设计控制系统。控制要求：

（1）按下启动按钮后，电机 M 通电运转，拖动传送带。

（2）传送带将产品送到 A 点，接近开关 SQ_1 发出信号使传送带停止。

（3）在 A 点处由接近开关 SQ2 检验产品是否合格，SQ2=1 表示产品合格，SQ2=0 表示产品不合格，次品指示灯点亮。系统发出次品信号通知机械手把次品拣到次品箱内（机械手的控制不设计）。

（4）5s 后传送带继续前行，把下一个产品送到 A 点。

（5）按下停止按钮，待本次循环结束后传送带停止。

（6）具备必要的短路和过载保护。

7-9　为某生产设备的三台电机设计控制系统。要求如下。

（1）三台电机单向运转。

（2）按下启动按钮，实现三台电机的自动逆序启动，启动顺序为 M3→M2→M1。时间间隔 3s。

（3）按下停止按钮，实现三台电机的自动顺序停车，停车顺序为 M1→M2→M3。时间间隔 3s。

（4）具备必要短路和过载保护。

附录A 低压电器产品型号编制方法 摘自 JBT 2930—2007

产品型号可以使用通用型号或企业专用型号。

A.1 通用型号组成

A.1.1 通用型号组成型式

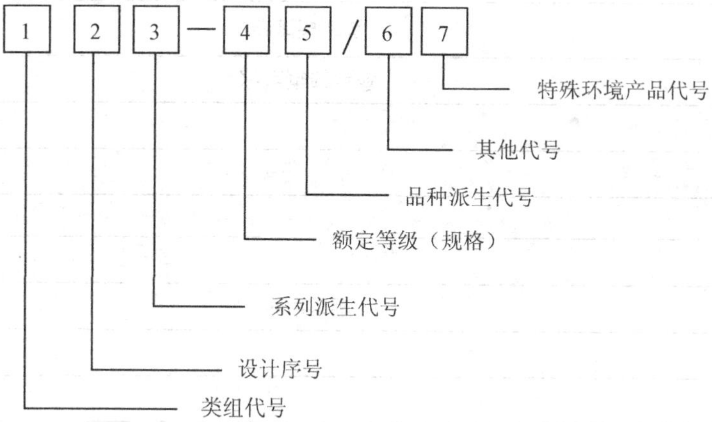

A.1.2 通用型号组成部分的确定

（1）类组代号

用两位或三位汉语拼音字母，第一位为类别代号，第二、三位为组别代号，代表产品名称，由型号登记部门按表 A-1 确定。

（2）设计序号

用阿拉伯数字表示，位数不限。由型号登记部门统一编排。

（3）系列派生代号

一般用一位或两位汉语拼音字母，表示全系列产品变化的特征。由型号登记部门根据表 A-2 统一确定。

表 A-1　　低压电器产品型号类组代号表

类别及名称		第一位组别代号及名称																							第二组别代号及名称									
		A	B	C	D	E	F	G	H	J	K	L	M	N	P	Q	R	S	T	U	W	X	Y	Z	D	G	J	L	R	S	T	X	Z	H
H	空气式开关、隔离器、隔离开关及熔断器组合电器				隔离器			熔断器式隔离器	开关熔断器组（负荷开关）			隔离开关					熔断器式开关	转换隔离器				旋转式开关	其他	组合开关										

续表

类别及名称		第一位组别代号及名称																							第二组别代号及名称									
		A	B	C	D	E	F	G	H	J	K	L	M	N	P	Q	R	S	T	U	W	X	Y	Z	D	G	J	L	R	S	T	X	Z	H
R	熔断器								汇流排式			螺旋式	密闭管式					半导体元件保护（快速）	有调料封闭管式			熔断信号器	其他	自复						半导体元件保护（快速）				
D	断路器										真空		灭磁				快速				万能式		其他	塑料外壳式				漏电			可通信	限流		
K	控制器		控制与保护开关电路					鼓形							平面				凸轮				其他				交流				可通信		直流	

续表

类别及名称		第一位组别代号及名称																							第二组别代号及名称									
		A	B	C	D	E	F	G	H	J	K	L	M	N	P	Q	R	S	T	U	W	X	Y	Z	D	G	J	L	R	S	T	X	Z	H
C	接触器					固态		高压		交流	真空		灭磁		中频			时间					其他	直流		高压	交流							混合式（无弧）
Q	起动器	按钮式		电磁式						减压							软	手动		油浸	无触点	星三角	其他	综合										
J	控制继电器			可编程	漏电							电流			频率		热	时间	通用		温度		其他	中间										
L	主令电器	按钮								接近开关	主令控制器							主令开关	足踏开关	旋钮	万能转换开关	行程开关	超速开关											

续表

类别及名称		第一位组别代号及名称																							第二组别代号及名称									
		A	B	C	D	E	F	G	H	J	K	L	M	N	P	Q	R	S	T	U	W	X	Y	Z	D	G	J	L	R	S	T	X	Z	H
Z	电阻器变阻器			旋臂式								励磁			频敏	起动	非线性电力				液体起动	电阻器												
T	自动转换开关电器									接触器式					一体式						万能断路器式			塑壳断路器式							可通信		智能型	
B	总线电器																		接口															
M	电磁铁															牵引					起动		液压	制动			交流				推动器		直流	
P	组合电器																							终端										

续表

类别及名称		第一位组别代号及名称																							第二组别代号及名称									
		A	B	C	D	E	F	G	H	J	K	L	M	N	P	Q	R	S	T	U	W	X	Y	Z	D	G	J	L	R	S	T	X	Z	H
A	其他		保护器	插座	信号灯			电涌保护器（过电压保护器）	接线盒	交流接触器节电器		电铃							插头			电子消弧器	模数化电压表		多功能电子式		交流	漏电	热		可通信		直流	
F	辅助电器						导线分流器			接线端子排																								

表 A-2 派生代号表

派生代号	代表意义
C	插入式、抽屉式
E	电子式
J	交流、放溅式、节电型
Z	直流、防震、正向、重任务、自动复位、组合式、中性接线柱式、智能型
W	失压，无极性、外销用、无灭弧装置、零飞弧
N	可逆、逆向
S	三相、双线圈、防水式、手动复位，三个电源、有锁住机构、塑料熔管式、保持式，外置式通信接口
P	单相、电压的、防滴式、电磁复位、两个电源、电动机操作
K	开启式
H	保护式、带缓冲装置
M	灭磁、母线式、密封式，明装式
Q	防尘式、手车式、柜式
L	电流的、摺板式、剩余电流动作保护、单独安装式
F	高返回、带分励脱扣、多纵缝灭弧结构式、防护盖式
X	限流
T	可通信、内置式通信接口

（4）额定等级（规格）

用阿拉伯数字表示，位数不限，根据各产品的主要参数确定，一般用电流、电压或容量参数表示。

（5）品种派生代号

一般用一位或两位汉语拼音字母，表示系列内个别品种的变化特征，由型号登记部门根据表 A-2 统一确定。

（6）其他代号

用阿拉伯数字或汉语拼音字母表示，位数不限，表示除品种以为的需要进一步说明的产品特征，如级数、脱扣方式、用途等。

（7）特殊环境产品代号

表示产品的环境适应性特征，由登记部门根据表 A-3 确定。

表 A-3　特殊环境产品代号表

代　　号	代表意义
TH	湿热带产品
TA	干热带产品
G	高原型

A.2　企业产品型号组成

A.2.1　企业产品型号组成形式（推荐）

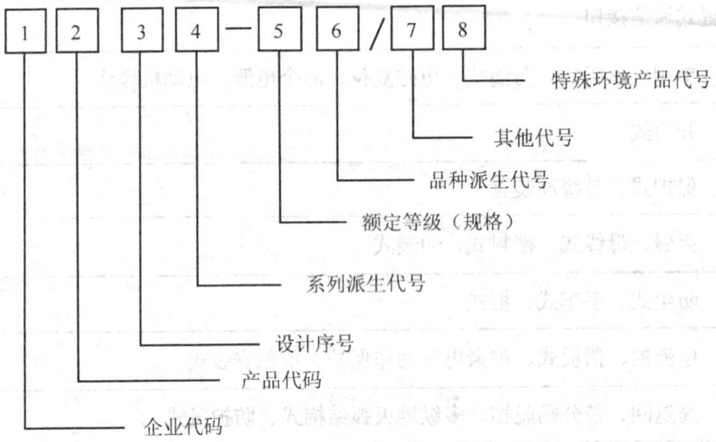

A.2.2　企业产品型号组成部分的确定

（1）企业代码

用两位或三位汉语拼音字母，表示企业特征。由企业自行确定，并保持唯一性。一般一家企业使用一种企业代码。

（2）产品代码

一般用一位或两位汉语拼音字母，代表产品名称，由型号登记部门根据表 A-4 统一确定。

（3）设计序号

用阿拉伯数字表示，位数不限。由企业自行编排。

（4）系列派生代号

一般用一位或两位汉语拼音字母，表示全系列产品变化的特征，由型号登记部门根据表 A.2 推荐使用。

（5）额定等级（规格）

用阿拉伯数字表示，位数不限，根据各产品的主要参数确定，一般用电流，电压或容量参数表示。

（6）品种派生代号

一般用一位或两位汉语拼音字母，表示系列内个别品种的变化特征，由型号登记部门根据表 A-2 推荐使用。

（7）其他代号

用阿拉伯数字或汉语拼音字母表示，位数不限，表示除品种以外的需进一步说明的产品特征，如极数、脱扣方式、用途等。

（8）特殊环境产品代号

表示产品的环境适应性特征，由型号登记部门根据表 A-3 推荐使用。

表 A-4 产品名称代码表

产品名称	代码	产品名称	代码
塑料外壳式断路器	M	控制与保护开关电器、控制器	K
万能式断路器	W	行程开关、微动开关	X
真空断路器	V	自动转换开关电器	Q
开关、开关熔断器组、熔断器式刀开关	H	熔断器	F
隔离器、隔离开关等	G	小型断路器	B
电磁起动器	CQ	剩余电流动作断路器	L
手动起动器	S	电涌保护器	U
交流接触器	C	终端组合电器	P
热继电器	R	终端防雷组合电器	PS
电动机保护器	D	漏电继电器	JD
万能转换开关	Y	插头、插座	A
按钮、信号灯	AL	通信接口、通信适配器	T
电流继电器、时间继电器、中间继电器	J	电量监控仪	E
软起动器	RQ	过程 IO 模块	I
接线端子	JF	通信接口附件	TF

附录B S7-200存储器范围及特性

描述	CPU 221	CPU 222	CPU 224	CPU 224XP CPU 224XP si	CPU 226
用户程序大小在运行模式下编辑不在运行模式下编辑	4096 字节 4096 字节	4096 字节 4096 字节	8192 字节 12288 字节	12288 字节 16384 字节	16384 字节 24576 字节
用户数据大小	2048 字节	2048 字节	8192 字节	10240 字节	10240 字节
输入映像寄存器	I0.0–I15.7	I0.0–I15.7	I0.0–I15.7	I0.0–I15.7	I0.0–I15.7
输出映像寄存器	Q0.0–Q15.7	Q0.0–Q15.7	Q0.0–Q15.7	Q0.0–Q15.7	Q0.0–Q15.7
模拟量输入(只读)	AIW0–AIW30	AIW0–AIW30	AIW0–AIW62	AIW0–AIW62	AIW0–AIW62
模拟量输出(只写)	AQW0–AQW30	AQW0–AQW30	AQW0–AQW62	AQW0–AQW62	AQW0–AQW62
变量存储器(V)	VB0–VB2047	VB0–VB2047	VB0–VB8191	VB0–VB10239	VB0–VB10239
局部存储器(L)[1]	LB0–LB63	LB0–LB63	LB0–LB63	LB0–LB63	LB0–LB63
位存储器(M)	M0.0–M31.7	M0.0–M31.7	M0.0–M31.7	M0.0–M31.7	M0.0–M31.7
特殊存储器(SM)只读	SM0.0–SM179.7 SM0.0–SM29.7	SM0.0–SM299.7 SM0.0–SM29.7	SM0.0–SM549.7 SM0.0–SM29.7	SM0.0–SM549.7 SM0.0–SM29.7	SM0.0–SM549.7 SM0.0–SM29.7

续表

描述	CPU 221	CPU 222	CPU 224	CPU 224XP CPU 224XP si	CPU 226
定时器保持接通延时 1ms 10ms 100ms 开/关延时 1ms 10ms 100ms	256(T0-T255) T0,T64 T1-T4, T65-T68 T5-T31, T69-T95 T32,T96 T33-T36, T97-T100 T37-T63, T101-T255	256(T0-T255) T0,T64 T1-T4, T65-T68 T5-T31, T69-T95 T32,T96 T33-T36, T97-T100 T37-T63, T101-T255	256(T0-T255) T0,T64 T1-T4, T65-T68 T5-T31, T69-T95 T32,T96 T33-T36, T97-T100 T37-T63, T101-T255	256(T0-T255) T0,T64 T1-T4, T65-T68 T5-T31, T69-T95 T32,T96 T33-T36, T97-T100 T37-T63, T101-T255	256(T0-T255) T0,T64 T1-T4, T65-T68 T5-T31, T69-T95 T32,T96 T33-T36, T97-T100 T37-T63, T101-T255
计数器	C0-C255	C0-C255	C0-C255	C0-C255	C0-C255
高速计数器	HC0-HC5	HC0-HC5	HC0-HC5	HC0-HC5	HC0-HC5
顺控继电器(S)	S0.0-S31.7	S0.0-S31.7	S0.0-S31.7	S0.0-S31.7	S0.0-S31.7
累加器寄存器	AC0-AC3	AC0-AC3	AC0-AC3	AC0-AC3	AC0-AC3
跳转/标号	0-255	0-255	0-255	0-255	0-255
调用/子程序	0-63	0-63	0-63	0-63	0-63
中断程序	0-127	0-127	0-127	0-127	0-127
正/负跳变	256	256	256	256	256
PI D 回路	0-7	0-7	0-7	0-7	0-7
端口	端口 0	端口 0	端口 0	端口 0,1	端口 0,1

注：LB 60～LB 63 为 STEP7-Micro/WIN32 的 3.0 版本或以后的版本软件保留。

附录C S7-200CPU 操作数范围

存取方式		CPU 221	CPU 222	CPU 224	CPU 224XP CPU 224XP si	CPU 226
位存取（字节.位）		0.0–15.7	0.0–15.7	0.0–15.7	0.0–15.7	0.0–15.7
	Q	0.0–15.7	0.0–15.7	0.0–15.7	0.0–15.7	0.0–15.7
	V	0.0–2047.7	0.0–2047.7	0.0–8191.7	0.0–10239.7	0.0–10239.7
	M	0.0–31.7	0.0–31.7	0.0–31.7	0.0–31.7	0.0–31.7
	SM	0.0–165.7	0.0–299.7	0.0–549.7	0.0–549.7	0.0–549.7
	S	0.0–31.7	0.0–31.7	0.0–31.7	0.0–31.7	0.0–31.7
	T	0–255	0–255	0–255	0–255	0–255
	C	0–255	0–255	0–255	0–255	0–255
	L	0.0–63.7	0.0–63.7	0.0–63.7	0.0–63.7	0.0–63.7
字节存取	IB	0–15	0–15	0–15	0–15	0–15
	QB	0–15	0–15	0–15	0–15	0–15
	VB	0–2047	0–2047	0–8191	0–10239	0–10239
	MB	0–31	0–31	0–31	0–31	0–31
	SMB	0–165	0–299	0–549	0–549	0–549
	SB	0–31	0–31	0–31	0–31	0–31
	LB	0–63	0–63	0–63	0–63	0–63
	AC	0–3	0–3	0–3	0–255	0–255
	KB（常数）	KB（常数）	KB（常数）	KB（常数）	KB（常数）	KB（常数）
字存取	IW	0–14	0–14	0–14	0–14	0–14
	QW	0–14	0–14	0–14	0–14	0–14
	VW	0–2046	0–2046	0–8190	0–10238	0–10238
	MW	0–30	0–30	0–30	0–30	0–30
	SMW	0–164	0–298	0–548	0–548	0–548
	SW	0–30	0–30	0–30	0–30	0–30
	T	0–255	0–255	0–255	0–255	0–255
	C	0–255	0–255	0–255	0–255	0–255
	LW	0–62	0–62	0–62	0–62	0–62
	AC	0–3	0–3	0–3	0–3	0–3
	AIW	0–30	0–30	0–62	0–62	0–62
	AQW	0–30	0–30	0–62	0–62	0–62
	KB（常数）	KB（常数）	KB（常数）	KB（常数）	KB（常数）	KB（常数）

续表

存取方式		CPU 221	CPU 222	CPU 224	CPU 224XP CPU 224XP si	CPU 226
双字存取	ID	0-12	0-12	0-12	0-12	0-12
	QD	0-12	0-12	0-12	0-12	0-12
	VD	0-2044	0-2044	0-8188	0-10236	0-10236
	MD	0-28	0-28	0-28	0-28	0-28
	SMD	0-162	0-296	0-546	0-546	0-546
	SD	0-28	0-28	0-28	0-28	0-28
	LD	0-60	0-60	0-60	0-60	0-60
	AC	0-3	0-3	0-3	0-3	0-3
	HC	0-5	0-5	0-5	0-5	0-5
	KD(常数)	KD(常数)	KD(常数)	KD(常数)	KD(常数)	KD(常数)

附录D S7-200CPU 指令集

A：布尔指令集

序号	名称		操作数	梯形图	备注
1	LD	装载			开始的常开触点
2	A	与		bit -| |-	串联的常开
3	O	或			并联的常开
4	LDN	取反装载			开始的常闭触点
5	AN	取反与		bit -|/|-	串联的常闭
6	ON	取反后或	bit		并联的常闭
7	LDI	立即装载			立即开始的常开触点
8	AI	立即与		bit -|I|-	立即串联的常开
9	OI	立即或			立即并联的常开
10	LDNI	取反后立即装载			立即开始的常闭触点
11	ANI	立即取反与		bit -|/I|-	立即串联的常闭
12	ONI	立即取反后或			立即并联的常闭
13	LDBx	装载字比较	IN1,IN2	X:<,<=,=,=>,>,<>	IN1 与 IN2 相比较
14	ABx	与字节比较	IN1,IN2	X:<,<=,=,=>,>,<>	IN1 与 IN2 相比较

续表

序号	名称		操作数	梯形图	备注
15	OBx	或字节比较	IN1,IN2	X:<,<=,=,=>,>,<>	IN1 与 IN2 相比较
16	LDWx	装载字比较	IN1,IN2	X:<,<=,=,=>,>,<>	IN1 与 IN2 相比较
17	AWx	与字比较	IN1,IN2	X:<,<=,=,=>,>,<>	IN1 与 IN2 相比较
18	OWx	或字比较	IN1,IN2	X:<,<=,=,=>,>,<>	IN1 与 IN2 相比较
19	LDDx	装载双字比较	IN1,IN2	X:<,<=,=,=>,>,<>	IN1 与 IN2 相比较
20	ADx	与双字比较	IN1,IN2	X:<,<=,=,=>,>,<>	IN1 与 IN2 相比较
21	ODx	或双字比较	IN1,IN2	X:<,<=,=,=>,>,<>	IN1 与 IN2 相比较
22	LDRx	装载实数比较	IN1,IN2	X:<,<=,=,=>,>,<>	IN1 与 IN2 相比较
23	ARx	与实数比较	IN1,IN2	X:<,<=,=,=>,>,<>	IN1 与 IN2 相比较
24	ORx	或实数比较	IN1,IN2	X:<,<=,=,=>,>,<>	IN1 与 IN2 相比较
25	NOT	取反	栈顶值取反（结果）	—|NOT|—	取反
26	NOP	空操作	N	N [NOP]	N 步空操作
27	EU	上升沿		—| P |—	脉冲信号
28	ED	下降沿		—| N |—	脉冲信号
29	=	输出	N	bit —( )	
30	= I	立即输出	N	bit —(I)	
31	S	置位	bit N	bit —(S) N	
32	SI	立即置位	bit N	bit —(SI) N	
33	R	复位	bit N	bit —(R) N	
34	RI	立即复位	bit N	bit —(RI) N	

B：传送，移位，循环和填充指令

序号	名称		操作数	梯形图	备注
1	MOVB	字节传送	IN，OUT	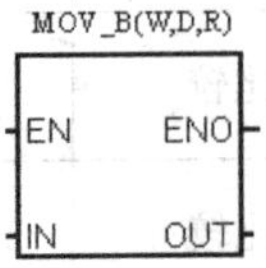	
2	MOVW	字传送	IN，OUT		
3	MOVD	双字传送	IN，OUT		
4	MOVR	实数传送	IN，OUT		
5	BIR	立即读	IN，OUT	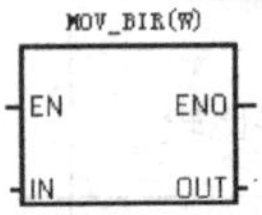	输入 IN 为 IB；OUT 为 VB，IB，QB，MB，*AC，*LD，等
6	BIW	立即写	IN，OUT		输入 IN 为 VB，IB，QB，MB，*AC，*LD 等；OUT 为 QB
7	BMB	字节块传送	IN，OUT，N	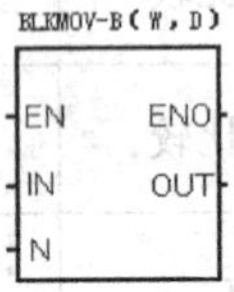	
8	BMW	字块传送	IN，OUT，N		
9	BMD	双字块传送	IN，OUT，N		
10	SWAP	交换字节	IN	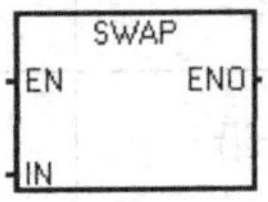	把输入 IN 字（W）的高低两个字节进行交换
11	SHRB	移位寄存器	DATA，S_BIT，N DATA：输入的二进制的值； S-BiT：将要移入的寄存的最低位。 N：指定移位寄存器的长度和移位方向	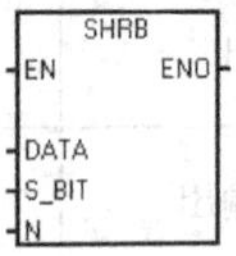	如 dita 为 I0.3，S_bitV10.1，N 为 8：就是把 I0.3 的值 0 或 1'，移入寄存器最低位，最高位溢出；如 N 为负，则从最高位移入，低位溢出
12	SRB	字节右移 *n* 位	OUT，N（SHR_B）	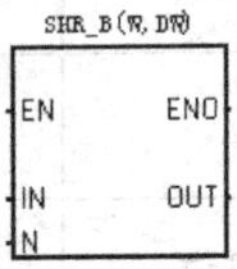	字节，字，双字向右移位可理解为字节的低位向高位移动，移位后空缺补“0”。或右边的数向左转移
13	SRW	字右移 *n* 位	OUT，N		
14	SRD	双字右移 *n* 位	OUT，N		

续表

序号	名称		操作数	梯形图	备注
15	SLB	字节左移 *n* 位	OUT，N（SHL_B）	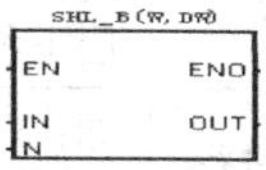	字节，字，双字向左移位可理解为字节的高位向低位移动，移位后空缺补“0”，或左边的数向右转移
16	SLW	字左移 *n* 位	OUT，N		
17	SLD	双字左移 *n* 位	OUT，N		
18	RRB	字节循环右移 *n* 位	OUT，N（R0R-B）	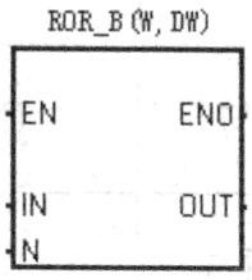	字节，字，双字向右循环移位可理解为字节的低位向高位循环移动。或右边的数向左循环转移
19	RRW	字循环右移 *n* 位	OUT，N		
20	RRD	双字循环右移 *n* 位	OUT，N		
21	RLB	字节循环左移 *n* 位	OUT，N（ROL-B）	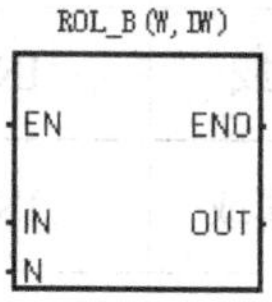	字节，字，双字向左循环移位可理解为字节的高位向低位循环移动，或左边的数向右循环转移
22	RLW	字循环左移 *n* 位	OUT，N		
23	RLD	双字循左右移 *n* 位	OUT，N		
24	FILL	用指定的元素填充存储空间	IN，OUT，N IN 为数据；OUT 为 WORD 型，N 为数字	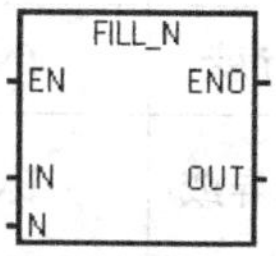	将 IN 中的数写入以 OUT 为首的 N 个字中去。写入后以 OUT 为首的 N 个字中均有 IN

C：逻辑指令

序号	名称		操作数	梯形图	备注
1	ALD	电路块串联	把复杂的电路分割成块，块与块并联或串联，依次类推，N 块与 N~1 块串联或并联；注意在构成关系的块中，每一小块前面都要用上装载开始指令		
2	OLD	电路块并联			
3	LPS	入栈	复制栈顶值压入栈的第一层，其他 1~9 层下移，原第 9 层消失		
4	LRD	读栈	复制栈的第 2 层数据压入栈的第一层，原第 1 层消失，下面的 3~9 层不变。（形成两个二层数据）		
5	LPP	出栈	栈内每一层数据往上提一位，原第一层数据从栈内消失		

续表

序号	名称		操作数	梯形图	备注
6	LDS n	装载堆栈	复制栈中 LDS 中‘N’所指的第 N 层数据到栈顶，并压入栈的第一层，其他 1～9 层下移，原第 9 层消失		
7	AENO	对 ENO 进行操作	如：（1）LDI0.1，装载开始；（2）DEC-BVB0;#VB0 中的数减 1;（3）AENO，#如减 1 指令成功则 ENO 输出		
8	ANDB	字节逻辑与	IN1 IN2 OUT	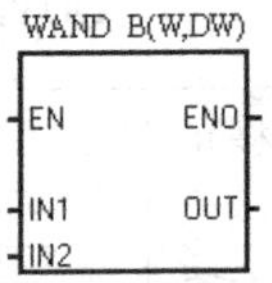	两个字节（字，双字）相与；是它们的高位与高位，低位与低位相与，执行‘1 和 1=1，1 和 0 或 0 和 1=0 的方针
9	ANDW	字逻辑与	IN1 IN2 OUT		
10	ANDD	双字逻辑与	IN1 IN2 OUT		
11	ORB	字节逻辑或	IN1 IN2 OUT	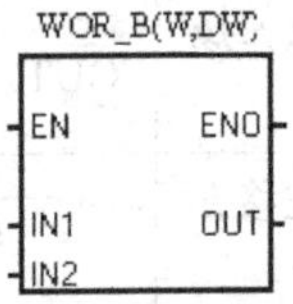	两个字节（字，双字）相或；是它们的高位与高位，低位与低位相或，执行‘1 和 1=1，1 和 0 或 0 和 1=1，0+0=0 的方针
12	ORW	字逻辑或	IN1 IN2 OUT		
13	ORD	双字逻辑或	IN1 IN2 OUT		
14	XORB	字节逻辑异或	IN1 IN2 OUT	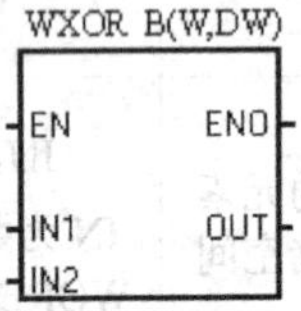	两个字节（字，双字）相异或；是它们的高位与高位，低位与低位相异或，执行‘1 和 1 或 0 和 0 均为 0，1 和 0 或 0 和 1 均为 1 的方针
15	XORW	字逻辑异或	IN1 IN2 OUT		
16	XORD	双字逻辑异或	IN1 IN2 OUT		
17	INVB	字节取反	IN OUT	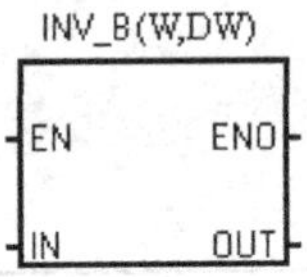	两个字节（字，双字）相取反；是 0 变 1，和 1 变 0 的方针
18	INVW	字取反	IN OUT		
19	INVD	双字取反	IN OUT		

D：表，查找和转换指令

序号	名称		操作数	梯形图	备注
1	ATT	DATA，TABLE	**填表**：向 TBL 中新增加一个字 DATA，TBL，表的首地址，为字型，DATA 为将要填入的字，为 INT 型	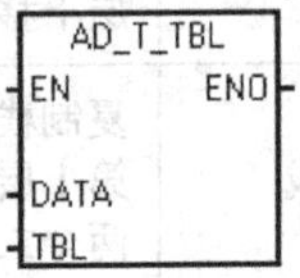	DATD 表将要输入的字，TBL 为以它为首的一个表，其中表中字第 1 个表示 TL，TL 中的数字表示的表中共有多少个字；第二个字表示 EC，EC 中的数字表示目前表中有多少个数，新增一次，EC 加 1

续表

序号	名称		操作数	梯形图	备注
2	LIFO	TABLE，DATA	后入先出 TBL 为 INT 型	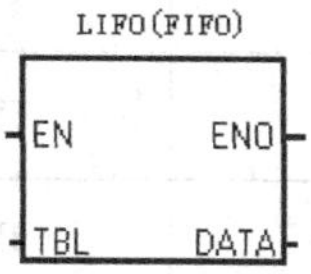	FIFO 把表 TBL 中先存入的第一个数移入 DATA 中，剩下的往上移；LIFO 把表 TBL 中最后存入的数移入 DATA 中。移走后 EC 减 1
3	FIFO	TABLE，DATA	先入先出 DATA 为 WORD 型		
4	FND=	TBL PATRN INDX	**查表**：其中 TBL 为表 EC 的地址，表中共有多少字；PTN，表示条件值的大小；INDX 表示查找到后输入其中；CMD 则为 1-4，分别为=，<>，<，>	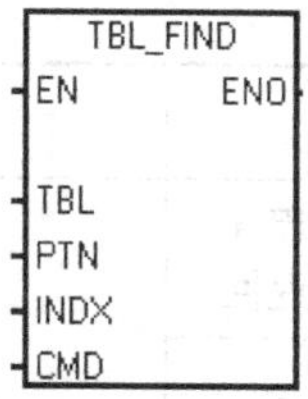	注：在查表指令中，TBL 的值比填表指令中高 2 个字节。一个是 VB200，另一个是 VB202。查找到时，把查到的数据写入 INDX 中，继续查，需把 INDX 加 1；查不到时，把 EC 中的数写入 INDX 中
5	FND<>	TBL PATRN INDX			
6	FND<	TBL PATRN INDX			
7	FND>	TBL PATRN INDX			
8	BCDI	BCD 码转换成整数	OUT	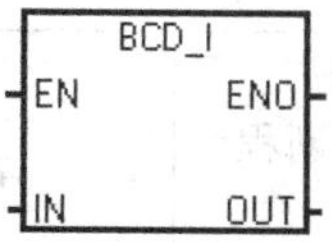 注：其他转换指令梯形图样式一样，只是指令不一样	BCD 码（十进制）与整数（十六进制数）之间的转换
9	IBCD	整数转换成 BCD 码	OUT		
10	BTI	字节转换成整数	IN，OUT		字节（八进制）与整数（十六进制数）之间的转换
11	ITB	整数转换成字节	IN，OUT		
12	ITD	整数转换成双整数	IN，OUT		双整数（三十二位）与整数（十六进制数）之间的转换 有小数的实数与没小数的双整数之间转换
13	DTI	双整数转换成整数	IN，OUT		
14	DTB	双整数转换成实数	IN，OUT		
15	TRUNC	实数四舍五入为双整数	IN，OUT		
16	ROUND	实数截位取整为双整数	IN，OUT		
17	ATH	ASCII 码→十六进制数	IN，OUT，LEN	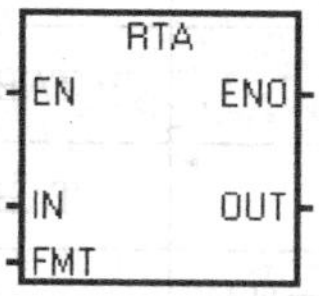	注：其他转换指令梯形图样式一样
18	HTA	十六进制数→ASCII 码	IN，OUT，LEN		
19	ITA	整数→ASCII 码	IN，OUT，LEN		
20	DTA	双整数→ASCII 码	IN，OUT，LEN		
21	RTA	实数→ASCII 码	IN，OUT，LEN		

续表

序号	名称		操作数	梯形图	备注
22	DECO	译码	IN，OUT	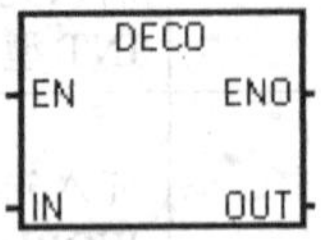	注：其他转换指令梯形图样式一样
23	ENCO	编码	IN，OUT		
24	SEG	7段译码	IN，OUT		

E：中断指令

序号	名称		操作数	梯形图	备注
1	CRET	从中断程序有条件返回			不需要填写，中断程序自动填写
2	ENI	允许中断		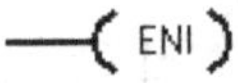	
3	DISI	禁止中断		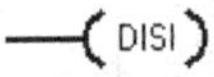	
4	ATCH	给事件分配中断程序	INT，EVET	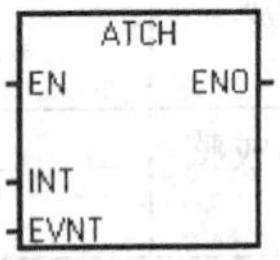	
5	DTCH	解除中断程序	EVENT	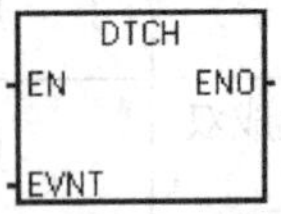	当输入EVNT中断号产生时，不执行任何中断
6	CLR_EVNT	中断调用	EVENT	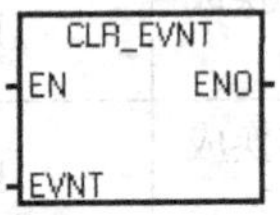	

F：通信指令

序号	名称		操作数	梯形图	备注
1	XMT	自由端口发送	TABLE，POPT		
2	RCV	自由端口接收	TABLE，POPT		
3	NETR	网络读	TABLE，POPT		
4	NEYW	网络写	TABLE，POPT		
5	GRA	获得端口地址	ADDR，POPT		
6	SPA	设置端口地址	ADDR，POPT		

G：高速计数器指令

序号	名称		操作数	梯形图	备注
1	HDEF	定义高速计数器模式	HSC，MODE	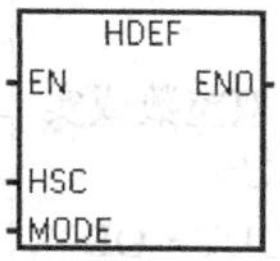	其中：HSC 为启用计数器的编号；MODE 为启用计数器的模式
2	HSC	激活高速计数器	N	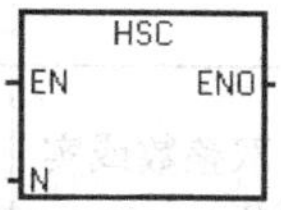	HSC 为启用计数器的编号
3	PLS	脉冲输出	X	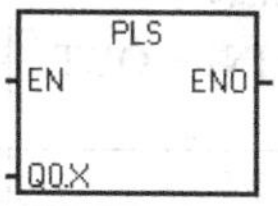	

H：定时器和计数器指令

序号	名称		操作数	梯形图	备注
1	TON	通电延时	Txxxx，pt	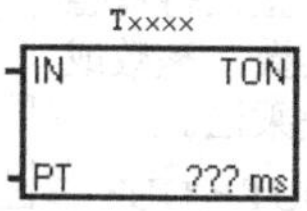	Txxx为定时器的编号，PT 设定值
2	TOF	断电延时	Txxxx，pt		
3	TONR	保持型通电延时	Txxxx，pt		
4	CTU	加计数器	Cxxxx，pv	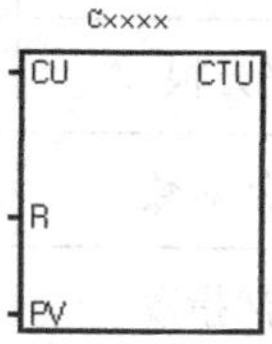	Txxx为计数器的编号，R 为计数器复位；VT 设定值
5	CTD	减计数器	Cxxxx，pv		
6	CTUD	加减计数器	Cxxxx，pv		

I：实时时钟指令

序号	名称		操作数	梯形图	备注
1	TODR	读实时时钟	T：以 'T' 开始的 8 个存储字节	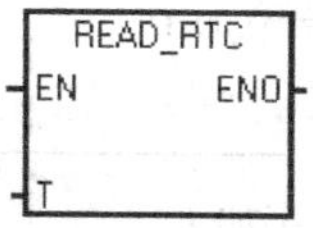	把 CPU 中原来的实时时钟读出来
2	TODW	写实时时钟	T：以 'T' 开始的 8 个存储字节	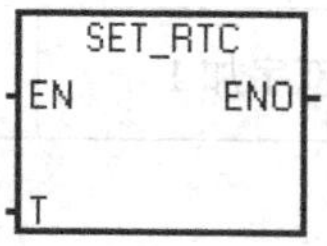	把设置好的实时时钟写入 CPU 中去

J：数学运算指令

序号	名称		操作数	梯形图	备注
1	ADD_I	整数，双整数或实数的加法。 INT＋OUT= OUT	IN1，IN2，OUT	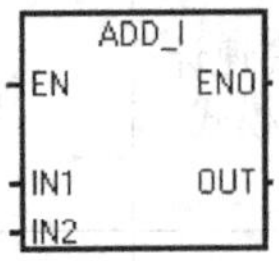	注：其他转换指令梯形图样式一样
2	ADD_DI		IN1，IN2，OUT		
3	ADD_R		IN1，IN2，OUT		
4	SUB_I	整数，双整数或实数的减法。 OUT－IN1= OUT	IN1，IN2，OUT	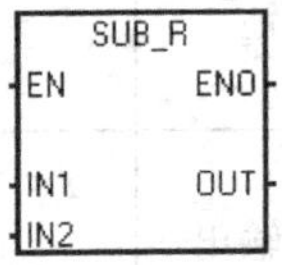	注：其他转换指令梯形图样式一样
5	SUB_DI		IN1，IN2，OUT		
6	SUB_R		IN1，IN2，OUT		
7	MUL	整数乘整数得双整数，实数，整数或双整数乘法。 IN1×OUT= OUT	IN1，IN2，OUT	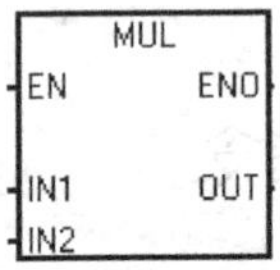	注：其他转换指令梯形图样式一样
8	MUL_R		IN1，IN2，OUT		
9	MUL_I		IN1，IN2，OUT		
10	MUL_DI		IN1，IN2，OUT		
11	DIV	整数除整数得双整数，实数，整数或双整数乘法。 IN1÷OUT= OUT	IN1，OUT	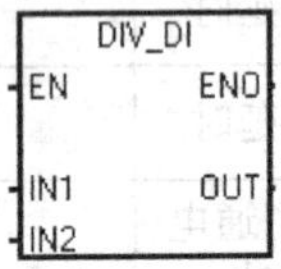	注：其他转换指令梯形图样式一样
12	DIV_R		IN1，OUT		
13	DIV_I		IN1，OUT		
14	DIV_DI		IN1，OUT		
15	SQRT	平方根	IN1，OUT	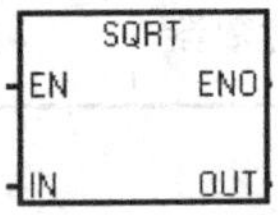	注：其他转换指令梯形图样式一样
16	LN	自然对数	IN1，OUT		
17	EXP	自然指数	IN1，OUT		
18	SIN	正弦	IN1，OUT		
19	COS	余弦	IN1，OUT		
20	TAN	正切	IN1，OUT		
21	INCB	字节加 1	OUT	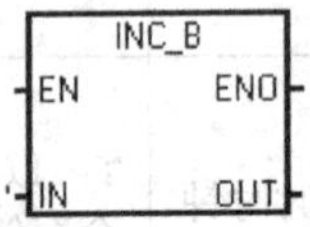	注：其他转换指令梯形图样式一样
22	INCW	字加 1	OUT		
23	INCD	双字加 1	OUT		

续表

序号	名称		操作数	梯形图	备注
24	DECB	字节减 1	OUT	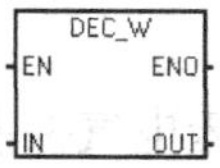	注：其他转换指令梯形图样式一样
25	DECW	字减 1	OUT		
26	DECD	双字减 1	OUT		
27	PID	PID 回路	Table，Loop	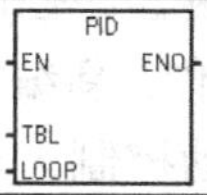	

K：程序控制指令

序号	名称		操作数	梯形图	备注
1	END	程序的条件结束		不需要填写程序自动填写	程序结束只在主程序中用
2	STOP	切换到停止模式		在中断中，则中断程结束，反回执行剩下的主程序，结束后从 RUN 到 STOP	在主程序中使用，则程序从 RUN 到 STOP
3	WDR	看门狗复位			监控定时器复位指令
4	JMP	跳转指定的标号	N	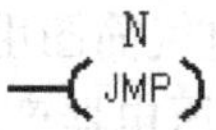	两个配套使用，一个 JMP 开始另一个 LBL 结束
5	LBL	标号结束	N	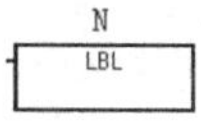	
6	CALL	调用子程序	N（N1，N2，，）		
7	CRET	反回子程序			
8	FOR	FOR/NEXT 循环	INDX，INIT，FINAL	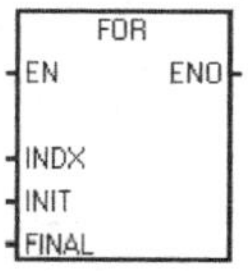	INDX：为正在执行的循环次数计数；INIT：为循环次数的初始值；FINAL：为循环次数的设定值
9	NEXT	FOR/NEXT 循环	循环结束	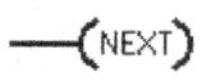	
10	LSCR	顺控继电器段的启动	N		
11	SCRT	顺控继电器段的转换	N		
12	SCRE	顺控继电器段的结束			

参 考 文 献

［1］王炳实，王兰军．机床电气控制．北京：机械工业出版社，2012．
［2］王永华．现代电气控制及 PLC 应用技术．北京：北京航空航天大学出版社，2008．
［3］吴中俊，黄永红．可编程序控制器原理及应用．北京：机械工业出版社，2012．
［4］高安邦，智淑亚，徐建俊．新编机床电气与 PLC 控制技术．北京：机械工业出版社，2012．
［5］陈远龄．机床电气自动控制．重庆：重庆大学出版社，2008．
［6］齐占庆，王振臣．机床电气控制技术．北京：机械工业出版社，2013．
［7］张振国，方承远．工厂电气与 PLC 控制技术（第 4 版），北京：机械工业出版社，2012．
［8］黄媛媛．机床电气控制，北京：机械工业出版社 2009．
［9］廖常初．S7-200 PLC 编程及应用．机械工业出版社，2007．
［10］朱文杰．S7-200 PLC 编程及应用．北京：中国电力出版社，2012．
［11］西门子（中国）有限公司．S7-200 可编程序控制器系统手册，2008．
［12］西门子（中国）有限公司．Micro’n Power，2006．
［13］西门子（中国）有限公司．S7-200 CN 可编程控制器产品样本，2013．
［14］西门子（中国）有限公司．《help & Manual 3.0》．
［15］浙江求是科教设备公司．《西门子可编程控制器实验指导书》．
［16］GB-T 7159—1987 电气技术中的文字符号制订通则．
［17］GB/T 4728—2008 电气简图用图形符号．
［18］JBT 2930—2007 低压电器产品型号编制方法．